U0095294

广州民航职业技术学院

ivil Aviation College GZ

JIA SHI FAN XING GAO ZHI YUAN XIAO JIAN SHE XIANG MU CHENG GUO

家示范性高职院校建设项目成果

基于工作过程的

电子信息工程技术专业人才培养方案及课程开发案例

李斯伟　主　编

张建超　陈海涛　副主编

清华大学出版社

北京

内容简介

人才培养方案是关于人才培养的蓝图，是教育教学的纲领性文件，解决“培养什么人”、“如何培养人”的问题。本书共分为上、中、下三篇，其中上篇是探索篇，围绕高等职业教育人才培养模式的主要特征、内涵和外延以及人才培养模式与人才培养方案之间的关系展开讨论；中篇是实践篇，汇编了广州民航职业技术学院电子信息工程技术专业的工学结合人才培养方案，人才培养实施的条件、规范、流程与保障以及22门重点建设课程的课程标准；下篇是案例篇，以“光传输线路与设备维护”国家精品课程为例，给出了基于工作过程的课程设计与开发案例。

本书展示了国家示范性高职院校建设项目成果，介绍了教育教学改革的相关经验，这些经验具有很强的针对性和可操作性，可为高职专业建设提供建设性的指导和借鉴。

图书在版编目(CIP)数据

基于工作过程的电子信息工程技术专业人才培养方案及课程开发案例/李斯伟主编. —北京：清华大学出版社，2011.2
ISBN 978-7-302-24684-8

Ⅰ. ①基…　Ⅱ. ①李…　Ⅲ. ①电子技术－人才－培养－高等学校：技术学校－教学参考资料 ②信息技术－人才－培养－高等学校：技术学校－教学参考资料　Ⅳ. ①TN ②G202

中国版本图书馆 CIP 数据核字(2011)第 018593 号

责任编辑：刘　青　刘翰鹏
责任校对：袁　芳
责任印制：杨　艳

出版发行：清华大学出版社　　地　址：北京清华大学学研大厦 A 座
http://www.tup.com.cn　　邮　编：100084
社 总 机：010-62770175　　邮　购：010-62786544
投稿与读者服务：010-62776969，c-service@tup.tsinghua.edu.cn
质 量 反 馈：010-62772015，zhiliang@tup.tsinghua.edu.cn
印 装 者：北京市清华园胶印厂
经　销：全国新华书店
开　本：185×260　　印　张：19.75　　字　数：466 千字
版　次：2011 年 2 月第 1 版　　印　次：2011 年 2 月第 1 次印刷
印　数：1～1500
定　价：48.00 元

产品编号：037328-01

本书编审人员

主　　　编：李斯伟

副　主　编：张建超　陈海涛

参　　　编：徐佩安　李新勤　顾　倩　林冬梅　王　梅

宋之涛　胡成伟　林修杰　侯春雨　李伟群

何晓东　黄祥本　王　贵　李燕霞　李俊凤

企业指导顾问：戴　毅　姚　勇　王　琳　许俊义　张　东　王玉清

审　　　核：电子信息工程技术专业人才培养方案工作小组

前　言

我国高等职业教育已经进入一个改革和发展的新阶段，2006 年教育部《关于全面提高高等职业教育教学质量的若干意见》的 16 号文件，旨在进一步适应经济和社会发展对高素质高技能型人才的需求，推进高职人才培养模式的改革，提高人才培养质量。同年，《教育部、财政部关于实施国家示范高等职业院校建设计划，加快高等职业教育改革与发展的意见》的 14 号文件，提出在高职院校中开展示范院校建设工程，学习和借鉴德国职业教育的理念和方法，以推动基于工作过程的工学结合课程改革。

开展示范院校建设工程三年来，"校企合作、工学结合"已成为示范建设院校专业改革与建设的思想引领，在建设过程中融入产业、行业、企业、职业和实践等相关要素，积极推行工学结合的人才培养模式改革，解决了专业课程体系开发的思路与方法、教学资源建设的途径以及校企合作专业建设的有效机制建立等关键问题。

作为当前高等职业教育课程改革的研究者和实践者，广州民航职业技术学院电子信息工程技术专业积极借鉴德国、加拿大等国外先进的课程理念，探索具有工学结合特色的人才培养模式和课程体系改革。高等职业教育的根本任务是培养人，需要设计和开发具有科学性、实用性、发展性的人才培养方案。人才培养方案是关于人才培养的蓝图，解决"培养什么人"、"如何培养人"、"谁来培养人"、"靠什么条件培养人"和"如何评价人"等关键问题，是教育教学的纲领性文件，是师资团队、校内外实训基地等教学条件建设的前提，也是组织教学过程、安排教学任务的基本依据。因此，电子信息工程技术专业在人才培养方案的设计过程中，以服务广东区域经济的通信企业为宗旨，以培养具有通信服务岗位职业能力的高等应用型人才为目标。坚持以就业为导向，使学生获得与职业工作和发展需要相一致的职业知识、职业技能和职业态度；坚持以能力为本位，创设仿真或真实的职业学习情境，围绕职业能力组织课程内容，设计相应的实践教学活动；坚持以职业标准为依据，涵盖职业标准和企业岗位要求，获得职(专)业资格证书或达到职(专)业资格的基本要求；坚持以工作任务为引领，课程体系设置与工作过程密切结合，以工作任务整合理论与实践知识，包括工作过程知识(经验性知识)。在专业教学指导委员会的指导下，紧紧围绕人才培养的几个核心问题，明确了制定人才培养方案的思路、内容、方法与步骤，通过与企业深度合作，与企业共同优化设计专业人才培养方案，建构了以职业性、实践性、系统性、实用性和开放性为特征的工学结合人才培养方案。

作为人才培养方案的重要支撑——课程标准，它是对课程的基本规范和质量要求。这次课程改革将教师熟悉的教学大纲改用课程标准，反映了职业教育课程改革所倡导的基本理念。课程标准作为课程实施教学的参照，在一定程度上引导着课程改革的方向。电子信息工程技术专业课程标准的结构主要包括制定课程标准的依据、课程定位与作用、课程目标、内容标准、教学实施建议、教学团队基本要求、实验实训条件的基本要求以及课程教学资源开发与利用等。课程标准强调细化课程目标，每门课程的课程目标的陈述包括知识与技能(能力)、过程与方法以及情感态度与价值观三个方面，这与过去的教学大纲有着显著的区别。课程标准的这种框架，是经过学习和借鉴国外的课程标准，并结合我国的教育传统及教师的理解和接受水平；反复研究所形成的，将课程目标、内容及要求、课程教学实施等放在同等重要的地位。

本书分为上、中、下三篇内容，分别为探索篇、实践篇和案例篇。为了帮助读者理解高职教育教学改革的基本过程和在过程中遇到的问题，本书的上篇内容从人才培养模式的概念出发，给出了人才培养模式的内涵和外延、构成要素等内容，最后阐述了人才培养模式和人才培养方案之间的逻辑关系。中篇内容汇编了广州民航职业技术学院电子信息工程技术专业的人才培养方案，人才培养实施的条件、规范、流程与保障以及22门课程标准，下篇内容以广州民航职业技术学院的“光传输线路与设备维护”2009年国家精品课程建设为例，给出了基于工作过程的专业课程开发思路和方法，但这些实践仍然是探索性质的，目的是给高职院校同类专业提供建设性的指导和借鉴，在于抛砖引玉，做更多有益的探索。

在此，感谢成都航空职业技术学院的李学锋教授的指导，以及来自企业的工程师们的大力支持。

在编制专业人才培养方案和课程标准的过程中，还参考了大量的文献资料，向这些文献的作者表示深深的谢意！

由于编者水平有限，书中难免有疏漏之处，敬请读者批评指正。

编　者

2010年4月

目　录

上篇　探索篇

中篇　实践篇

下篇　案例篇

上篇　探索篇

探索以就业为导向的人才培养模式，是高职院校人才培养的共性问题。高职院校人才培养模式的概念、内涵、基本特征及构建的结构等是人才培养模式改革的基本依据。本篇通过对这些理论的综述，探讨高职人才培养模式的理论基础，揭示人才培养模式与人才培养方案制定的内在关系，为科学合理地制定高职人才培养方案，提供可遵循的思路与方法。

高等职业教育的人才培养模式

高等职业教育人才培养模式既是高职教育的基本问题，也是高职教育改革的关键问题。构建人才培养模式是高职教育的一个重要内容，高职教育只有定位在高等教育和职业教育的类型上，才能有正确的逻辑起点。本篇对近几年关于高职教育人才培养模式的理论研究作一详细的综述，首先分析高职教育人才培养模式概念的内涵、外延、构成要素及其特点，然后探讨高职人才培养模式改革的关键，最后讨论了人才培养方案的制订与人才培养模式的关系，为科学制定高职教育人才培养方案奠定逻辑基础。

一、人才培养模式概念的提出

1. 人才培养模式概念的政策体现

1995年，原国家教委全面启动并实施了《高等教育面向21世纪教学内容和课程体系改革计划》，首次明确提出了研究21世纪对人才素质的要求和改革教育思想、教育观念与人才培养模式的任务，因而带动了人才培养模式改革的热潮。

1998年，教育部召开的第一次全国普通高校教学工作会议的主要文件《关于深化教学改革，培养适应21世纪需要的高质量人才的意见》中指出：人才培养模式是学校为学生构建的知识、能力、素质结构，以及实现这种结构的方式，它从根本上规定了人才特征并集中体现了教育思想和教育观念，从培养目标、培养规格和培养方式三个方面来给"人才培养模式"下了定义。

2000年，教育部《关于加强高职高专教育人才培养工作的意见》，指出人才培养模式的基本特征是：以培养高等技术性专门人才为根本任务；学校与社会用人部门结合、师生与实践劳动者结合、理论与实践结合是人才培养的基本途径。

2004年，教育部《关于以就业为导向深化高等职业教育改革的若干意见》，提出高等职业教育应以服务为宗旨，以就业为导向，走产学研结合的发展道路。（2004年教育部办公厅颁发《关于全面开展高职高专院校人才培养工作水平评估的通知》，到2008年4月颁发新的评估方案，评估方案成为2004年之后高职院校建设的指挥棒，评估方案主要从办学指导思想来考察学院的定位与发展规划、教育思想观念。）

2006年，教育部《关于全面提高高等职业教育教学质量的若干意见》，再次将高职发展推向一个新的台阶，特别是借助100所示范性院校的建设，把高职教育改革发展引向纵深。2006年教育部《关于全面提高高等职业教育教学质量的若干意见》是目前高职教育改革发展的纲领性文件，将现有各国成功经验或模式，都移植过来，涵盖进来，明确指出把工学结合作为高等职业教育人才培养模式改革的重要切入点。

在人才培养模式的理论探讨中，对"人才培养模式"的理解存在着差异。理解上的差异影响着模式的构建，也制约其发展与延续、再生与重建。因此，必须从概念上弄清楚什么是一般意义上的人才培养模式。

2.“人才培养模式”的定性与定位

“人才培养”一词包含着两个方面的含义：一是关于社会需要的“人”，理想的“人”的观念；二是为了培养这种人的教育活动过程。在高等教育中，“人才”和“培养”是结合起来使用的，主要是指教育的活动过程。学校培养人的过程(教育)是系统状态的变化，是通过教育活动过程使学生逐渐成为人才。

“模式”一词也包含着两方面的内容：其一，存在的基础在于特点，与众不同的特点是这一模式区别于其他模式的标志；其二，特点在其发展过程中逐渐走向规范化。在教育学中，“特点”(特性)与“状态”两个词密切相关，状态是系统的特性和对其的量度和描述，而特性是在状态中表现出来的。

“人才培养”与“模式”两个词都有“状态”的含义。人才培养是状态的变化，模式是状态中表现出来的特性。由于状态是系统状态，系统的结构性含在其中，因此状态也就是结构状态。由两个词组所构成的“人才培养模式”一词，其内涵是在培养人的过程中呈现出的结构状态特征。结构状态特征又在过程中形成、变化、发展，而这又是由“模式”运行的内在机理——运行机制作用而成的，即由模式系统内部目标、制度、过程维度上的构成要素相互作用、相互制约而成的。因此，人才培养模式在状态上是规范化的、稳定的，其特点是一种模式区别于另一种模式；而运行机制则在本质上体现着模式在培养人的活动中的功能。由于有了运行机制，模式才能运动、变化、发展，才能发挥其在培养人才中的应有功效，只强调结构状态特征或运行机制都是片面的。各种人才培养模式都无一例外地是由模式内在的构成要素相互作用而成，并外显着模式的结构状态特征。

随着理论研究的不断深入，关于人才培养模式内涵的理解，见仁见智。到目前为止，有关人才培养模式内涵研究颇具代表性的观点主要有以下几种。

观点之一：“人才培养模式”是大学为实现其培养目标而采取的培养过程的构造样式和运行方式。同一类型的人才可以有不同的培养模式，但具体到某一种模式则必然有其独特的架构。从培养模式对微观人才培养过程意义的角度出发，人才培养模式是教学资源配置方式和教学条件组合形式，是人才培养过程中表面上不明显但实际上至关重要的一个因素。同样的教师、同样的教学条件、同样的学生，通过不同的培养模式所造就的人才，在质量规格上会有较大差异。

观点之二：“人才培养模式”是指在一定教育思想与教育观念指导下，由教育对象、目标、内容、方法、途径、质量评价标准等要素构成并且集中为教育教学模式的相对稳定的教育教学组织过程的总称。

观点之三：“人才培养模式”是以某种教育思想、教育理论为依托建立起来的既简约又完整的范型，可供学校教育工作者在人才培养活动中据以进行有序的实际操作，能够实现培养目标。它集中体现了人才培养的目的性、计划实施性、过程控制性、质量保障性等一整套方法论体系，是教育理论与教育实践得以发生联系和相互转化的桥梁与媒介。教育在一定程度上可以归结为两大方面的问题：“培养什么样的人”(培养目标)和“怎么样培养人”(培养的方式方法)，有人认为这两者的综合就是人才培养模式问题。它是为实现培养目标而采取的培养过程的构造样式和运行方式，主要包括专业设置、课程模式、教学设计和教育方法等构成要素。这种界定将人才培养模式仅限于教学模式这个范围内。

观点之四：“人才培养模式”是指在一定的教育理论、教育思想指导下，按照特定的培养目标和人才规格,以相对稳定的教学内容与课程体系、管理制度和评估方式,实施人才培养的过程的总和。它由培养目标、培养制度、培养过程、培养评价四个方面组成。

观点之五:"人才培养模式"是指在一定的教育思想和理念指导下,以人才培养活动为主体,为实现培养目标所设计形成的整个培养过程,包括从规划设计、目标确定、实施计划到过程管理的整个过程。在这个界定中,人才培养模式涉及了人才培养整个环节,涵括了人才培养过程中各项环境、条件等因素,是对人才培养模式宏观上的把握。

二、高职人才培养模式的内涵与诠释

高职人才培养模式既具有一般人才培养模式的特征,又具有高职教育类型的个性。将一般意义上的人才培养模式导入高等职业教育范畴,分析和界定高职人才培养模式,可引申出系列观点。到目前为止,有关高职人才培养模式的概念与内涵研究具有代表性的观点,可归纳如下。

1. 教学活动范畴观

这种观点基本等同于教学模式,是对高职人才培养模式的狭义的理解。这种观点认为,模式是某种事物的结构或过程的主要组成部分,以及这些部分之间的相互关系的一种抽象、简约化的描述。就高职人才培养模式的本质属性而言,高职人才培养模式是在一定的教育思想指导下,为实现高职人才培养目标而采取的人才培养活动的组织样式和运行方式。有人认为,人才培养模式是人才培养目标和人才培养方式的总和。也就是说,人才培养模式是在一定的教育理念支配下,为实现人才发展预期目标而制定的可操作方式和手段,它是教育者根据一定的人才培养目标,为受教育者设计的知识、能力、素质结构,以及实现这一结构采取的培养方式。也有人认为,高职人才培养模式是指学校为实现其培养目标而采取的培养过程的构造样式和运行方式,它主要包括专业设置、课程模式、教学设计、教育方法、师资队伍、培养途径与特色、实践教学等构成要素。这种观点主要是将高职人才培养模式界定在教学活动的范畴内对其内涵进行诠释的,强调在教学方式方法上来使用"人才培养模式"这一概念。事实上,"人才培养模式"是针对人才培养活动的整个过程而言的,"教学模式"等概念只是概括人才培养活动的某一方面。可以说,"人才培养模式"是对"教学模式"的拓展。

2. 教学与管理活动范畴观

这种观点认为,人才培养模式不仅是对培养过程的设计和建构,也是对人才培养过程的管理,是对人才培养模式的广义的、全面的理解。由于人才培养模式贯穿于人才培养的整个过程,它与专业培养计划、课程体系、评价体系等制度维度上的制约要素之间是包容与被包容的关系,而非并列关系。如有人认为,人才培养模式是在一定的教育思想或教育观念指导下,对培养目标与培养规格、培养过程、培养方法与途径、培养管理及培养条件与环境的系统组合。就高职教育而言,其人才培养模式的内涵是:

(1) 以培养工业工程生产第一线所需要的综合素质较高的工程技术应用型人才为办学宗旨;

(2) 形成以培养专业技术应用能力为主线的理论教学与实践教学体系;

(3) 形成学校与社会教学与生产相结合的人才培养途径;

(4) 具备一支教学水平较高并且具有较强实践能力的师资队伍;

(5) 具有良好的工程实践教学条件和环境;

(6) 具有科学规范和现代化的教育管理制度。

也有观点认为,高职人才培养模式是指高职院校为实现其培养目标,在现代职教理论指导下形成的相对系统、稳定的人才培养方式,它主要包括市场调查与专业设置、职业分析与课程设计、教学软硬环境的开发与教材开发、教学实践与管理、教学评价与改进、人才培养特色与途径、师资结构与队伍建设等要素。

3. 职业教育活动观

高等职业教育人才培养模式的研究必须突破传统概念的束缚,走向更宽广、更系统的领域,以此确定人才培养模式广义的概念界定以及高等职业教育人才培养模式应该充分关注的问题。将高等职业教育人才培养模式的概念界定为:根据社会、经济和科技发展的需要,在一定教育思想的指导下,高等职业教育的人才培养目标、制度、过程等要素的特定的多样化组合。这种观点认为,高职人才培养模式就是高职教育这一教育类型的教育模式,将人才培养模式内涵的界定扩大至整个教育活动的范畴内进行考虑,由高等职业教育与社会、经济、科技发展密切相关这一本质特征决定。根据上述高等职业技术教育人才培养模式的概念界定以及关于人才培养模式构建原则的论述,我们提出了高等职业教育人才培养模式的“三点两层式”的模式框架,如图 1-1 所示。

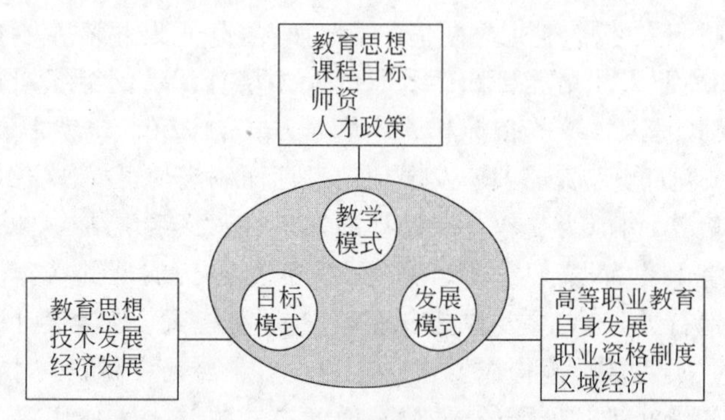

图 1-1 “三点两层式”模式框架图

高等职业教育人才培养模式框架的主体由目标模式、发展模式、教学模式三部分构成,并且三者形成了模式的两个层面:即宏观层面的目标模式、发展模式和微观层面的教学模式。同时,这三个模式不是孤立存在的,三者之间也是相互影响和关联的:模式框架中,目标模式对发展模式和教学模式起着直接、主导作用,也就是说目标模式中的内容基本决定了发展模式和教学模式的选择;当然,发展模式和教学模式的选择不是唯一的,而是根据环境和其他因素不同发生变化和多形式的。但是,无论其形式如何多样化,都是为了实现目标模式而做出的选择,必须体现目标模式的内容和达到目标模式的要求;发展模式和教学模式之间是互动的,即一定的发展模式必然会影响教学模式。反之,教学模式的选择也在一定程度上影响发展模式。

社会大环境是模式框架存在的大背景,当社会大环境发生变化时,模式框架也必然随之发生一定程度的变化,必须做出相应的调整。社会大环境中对各模式起主导作用的是社会经济、科技发展现况、区域发展的不平衡性、当今世界教育思潮、我国高等教育发展现状等因素,而这些影响因素对这三部分的作用方式和效果是不同的:其中,对目标模式产生直接影响的是教育思想、技术发展和经济发展的状况和特征;当前对发展模式起主导作用的是区域经济、高等职业教育自身发展状况以及职业资格制度；教育思想、课程目标、师资、人才政策等因素则对教学模式起着关键性的作用。

根据上述模式外在和内在因素的分析，以及高等职业教育的本质特征，提出当前高职人才培养模式的内涵是：目标模式是以终身教育思想为指导，以社会需求为导向，面向大众的培养高等技术应用型人才的高等教育；发展模式是建立在健全而有效的质量保障体系基础上，走产学研合作、学历与非学历并重、多样化的发展道路；教学模式是以培养高等技术应用型人才为目标，以现代教学理念为指导的动态、柔性、灵活多样的现代教学模式。由于办学模式涉及教学结构、办学体制、培养方式与途径、管理体制、招生就业制度、学校与社会联系等诸多方面。因此，上述“三点两层式”的模式框架中的“发展模式”事实上是一种办学模式。

三、高职人才培养模式的外延与构成要素

关于高职人才培养模式的外延及构成要素问题所争论的焦点主要是集中在外延的大小上，大致可以分为狭义的外延范畴和广义的外延范畴。

1. 狭义的外延范畴

狭义的外延范畴是指培养过程的构造样式及其运行方式，主要包括培养目标、专业设置、课程体系、教学设计和教学方式等构成要素。在这种狭义的外延范畴下，高职人才培养模式构成的历程大体是：根据社会对技术应用型人才的需求，结合自身学校的专业特点，初步确定人才培养目标，之后再进行调整、设置适应社会需求的专业，整合课程以形成课程体系，并设计教学过程，构建适宜的教学运行机制，采取恰当的教学方式与方法。

有人认为，高职人才培养模式是在一定的教育思想和理论指导下，为实现某一教育对象的培养目标及学制规定的教学任务而设计的教学活动总体结构及其运行机制，是教育思想理论的具体运用，是高职人才培养的蓝图，是组织与实施教学的依据。高职人才培养模式的核心是教学计划，主要包括：专业培养目标和人才规格，知识、能力、素质结构，教学内容与课程设置体系，教学环节及时间分配，教学进程安排及教学方式、方法、手段等。

还有人将高职人才培养模式分解为课程模式、教学模式、途径模式与评价模式，其中课程模式包括课程内容体系和课程结构体系；教学模式包括教师的教学形式、教学方法、教学手段，也有学生的学习方法、学习手段等；在途径模式中，途径是指人才培养过程中为完成特定培养目标或教学目标所采取的培养形式和创造的教学环境的总和；评价模式包括评价的指标体系、评价方法等。这些对高职人才培养模式的外延及构成要素的研究也都属于其狭义的外延范畴。

2. 广义的外延范畴

广义的人才培养模式则包括目标、制度、过程与方式甚至更多要素。持这一观点的研究者认为，人才培养模式并不只是培养人才的方式方法，也不是其构成要素的简单组合，而是在人才培养中形成的结构状态特征和运行机制。有人从目标维度、制度维度和过程维度三个方面来分析人才培养模式的基本构成要素，这一观点很有代表性，似乎越来越受到广大研究者们的认同。第一是目标维度：人才培养目标是培养人才的定位问题，社会对人才需求的多样性和人才的多种属性是确定培养目标的主要依据。高职院校要注意在与企业联合办学中确定培养目标，进而形成别具特色的高职人才培养模式。第二是制度维度：制度要素对保证培养目标的实现具有政策方面的导向作用，无论培养何种类型的人才和人才的何种

属性都离不开培养计划、专业设置、课程体系(包括实践教学课程)、评价体系等制度维度上的制约要素。第三是过程维度：培养目标是在教育过程中达到的,制度是教育过程的保障。因此,过程维度上的要素与模式的构建直接相关。过程维度上的要素主要有培养途径、教学组织形式等。产学合作是高职教育的一种极为重要的培养途径。

有人从高职人才培养的定位和高职人才培养模式的特色角度,提出了高职人才培养模式广义的外延范畴,很切合高职教育的实践需要,能给人以启发。他们认为,高职人才培养模式的构成要素包括如下几个方面。

(1) 服务区域定位：高职院校主要面向地方经济和行业需要,担负着为当地经济和社会培养生产一线技术应用型人才的任务,服务区域面向比较明确。

(2) 培养目标定位：高职人才培养目标既不同于普通高等教育培养的理论型、设计型人才,又不同于中等职业教育培养的技能操作型人才。它是培养能在生产第一线从事技术转化和管理工作,既有一定的专业理论知识,又有较强的实际操作能力的复合型技术人才。

(3) 专业设置：体现职业性和针对性。

(4) 教学设计：以培养学生职业能力和综合素质为宗旨。

(5) 课程体系：以能力为本位,基于工作过程的理念和方法设计课程体系。

(6) 校企合作、工学结合：高职人才的培养途径。

(7) 师资队伍：强调“双师型”。

还有人认为,高职人才培养模式的内涵包括三个层级的内容。第一层级：目标体系,主要指培养目标及规格;第二层级：内容方式体系,主要指教学内容、教学方法与手段、培养途径等;第三层级：保障体系,主要指教师队伍、实训基地、教学管理和教学评价等。

四、高职人才培养模式改革的关键

1. 人才培养模式改革的基本原则

(1) 突出特色、准确定位

以形成办学特色为指导思想和定位,通过科学分析社会需求、准确估价自身的办学实力、主动适应行业和区域经济社会发展的环境来实现正确定位,优化教学资源分配,制定切合实际的发展目标及独具特色的人才培养模式。

(2) 就业导向、能力本位

高职教育作为高等教育的一种类型,应充分体现出人才的职业性和高等性。要根据培养高素质技能型人才的定位,坚持以就业为导向、以岗位能力培养为主构建课程体系和制订人才培养方案。

(3) 工学结合、突出实践

校企合作、工学结合是高职人才培养模式改革的方向。建立教师深入生产一线的制度,调查企业对高素质技能型人才知识、能力、素质的要求,以此为依据修订教学计划、改革教学内容和课程体系。要加强“双师”结构教学团队建设,聘请企业领导或工程技术人员参与教学改革,建立稳定的顶岗实习基地,将就业与顶岗实习紧密结合。

(4) 特殊针对性与普遍适应性相统一

人才培养模式既要有普遍的适应性,普遍适应于学校专业群的整体实际;又要有一定的针对性,针对不同专业的个体差异。作为以就业为导向的高职教育,教学环节及课程的设置必须针对一定的职业岗位(群),同时还必须考虑培养学生的就业弹性与持续学习能力。

2. 人才培养模式改革的结构

(1) 宏观结构

高职院校的人才培养质量,既要求对内部质量特征进行自我评价,又要接受社会对其外显质量特征的评价。基于人才培养质量为核心的高职院校人才培养模式改革,一方面必须遵循高职教育外部关系规律,以就业为导向,调整专业设置以及培养目标和培养规格;另一方面必须遵循高职教育内部关系规律,以校企合作、工学结合确定专业培养目标和培养规格,调整专业的培养方案、培养途径,使高职人才培养模式中的诸要素更加协调,提高高职人才培养质量与培养目标的符合度。

高职人才培养模式改革是根据本地区经济与社会发展对不同层次、不同规格、不同类型的高素质技能型人才的客观需求,在正确的教育思想指导下,对学校和专业的人才培养目标进行恰当的定位;根据培养目标设计培养规格;根据培养目标与培养规格制定培养方案;根据培养目标、培养规格与培养方案选择培养途径并予以实施。高职人才培养模式的实施接受社会的评价,即高职院校向社会输送的毕业生群体是否适应本地区社会、经济发展的需要;接受学校对人才培养质量的评价,即学校培养出来的毕业生群体质量是否符合学校专业培养目标的定位;而且,高职人才培养结果必须用高职教育思想和教育观念予以评价。当高职人才培养模式实施所反映出来的培养结果与社会需求不相适应,甚至滞后于社会发展时,高职院校必须对人才的培养目标、培养规格、培养方案及培养途径进行调整。

(2) 微观结构

高职院校人才培养模式改革的微观结构包括三个层次:全校性的、专业性的和培养途径的改革。全校性人才培养模式改革,是高职院校主动适应社会的表现。它以社会需要为参照基准,首先优化学校的专业结构,并对每一个专业,包括增设的、合并后的专业重新定位培养目标、设计培养规格、制定培养方案、选择培养途径。专业人才培养模式改革,是专业整体适应社会的表现。当专业的人才培养结果反馈给社会,认为高职院校人才培养质量不能很好地适应社会的需要与高职教育发展趋势的时候,高职院校应当以社会对本专业人才的类型、规格要求为参照基准,对专业培养目标、培养规格进行调整,进而根据培养目标与培养规格,调整专业的培养方案与培养途径。

专业人才培养方案与培养途径的改革,是专业人才培养过程局部适应社会的表现。当某一专业人才培养结果用原培养目标进行评价时,人才培养质量不能很好地符合办学定位和专业培养目标时,应对该专业的培养方案与培养途径进行调整。

3. 高职人才培养模式改革应关注的问题

(1) 专业设置——体现职业性和针对性

专业设置是教学工作主动、灵活地适应社会需求的关键环节,是职业教育为经济、社会有效服务的关键,是学校教育与社会需求的结合点,是职业学校自身生存和发展的基础。高职教育作为高等教育的一种类型和自具特色的组成部分,在专业设置方面,必须有自己的特点。其专业方向应具有较强的职业定向性和针对性。在专业设置上要处理好三个关系:一是要树立市场意识,主动适应地区产业结构的调整;二是要解决好专业口径的宽与窄的问题,设置的专业口径应适当宽广一些,以拓宽学生的就业适应面;三是要处理好专业调整和相对稳定的关系。一个专业的成长需要时间、人力、物力上的保证。专业建设不仅要满足现在的需要，也要考虑到未来的需要。加强专业内涵建设，既要注意专业前景，也要考虑专业发展的基本条件。要通过整合、交叉渗透等形式，实现对传统专业的提升和改造，使之更加符合社会的需要。

(2) 教学设计——以培养学生职业能力和综合素质为宗旨

高职教育的培养目标是使学生具备从事一种或一类职业的能力，形成以培养学生职业能力和综合素质为宗旨的具有高职特色的专业教育设计模式。

① 职业能力。高职专业教学设计必须紧紧围绕高职专业的培养目标，从人才的社会需求分析调查和职业岗位(群)分析入手，分析出哪些是专业岗位(群)工作所需的综合能力与相关的专项能力，然后从理论教学到技能教学，从内部条件到外部环境，从教学软件到教学硬件，对专业教学进行全面系统的规划。这是编制一般教学计划行为的一种拓展、外延和深化。首先，要了解相关行业的基本情况，主要包括本行业背景和行业内企业的数量和规模、生产技术水平、对一线技术人才和管理人才的需求以及学生个体需求进行分析；再根据"有效需求"的原则，进一步分析相关的职业岗位的实际需求与分布情况，把专业培养目标分解细化，然后确定职业综合能力。职业综合能力主要由专业能力、方法能力和社会能力三项要素组成。对有关专业进行职业综合能力的分析与分解，是高职专业教学中最重要、最具特色的一项工作。

② 综合素质。高职人才的素质主要包括人文素质、专业素质和创新素质。人文素质，包括政治思想素质和道德品质素质。政治思想素质教育的核心是教育学生做一个忠诚于人民的人；道德品质素质教育是对学生进行认识、情感、意志、行为的形成与发展的教育；专业素质是高职学生必备的素质，是立身之本，是为社会经济发展服务的直接本领，主要包括专业开发素质、专业管理素质和创新素质。

(3) 课程体系——以能力为本位

高职教学的课程体系可分为三个模块，即理论教学体系、实践教学体系、素质教育体系。课程体系是保证高职培养目标的重要环节。原有的高职课程体系强调的是"专业对口"，是做事教育，追求课程的完整性，忽视课程的整合与重组，学生学到的只是一门门具体课程知识的堆砌，当运用所学知识去解决工作实践中碰到的具体问题时，又显得力不从心。根据高职教育人才培养目标应用性的特点，基础课程应该把真正属于基础性的内容精选出来，专业课程要把与专业有关的现代高新技术知识及时充实进去，充分考虑把那些最必需的知识教给学生。这样，既能保证传授最基础的内容、最新的技术知识，又能腾出一定的时间使学生接受更多的动态性知识，让学生学习和掌握一些具有应用潜力和再生作用、能为学生适应未来变化、服务知识经济的知识和本领。

构建高职课程体系应当体现以下三点。

① 理论课程与实践课程并重，形成理论与实践合一的体系；

② 基础课程与专业技术课程、实践训练课程及素质教育课程在一定结合点上，但又是相互渗透的；

③ 专业技术理论课程、实践训练课程及素质教育课程三方面，应围绕职业综合和专项能力的形成紧密地结合在一起。

(4) 校企合作——高职人才的培养途径

开展校企合作，狠抓实践教学，是高职教育的重要特色，培养学生把理论知识转化为实践能力，提高学生综合素质与创新素质的有效途径。高等职业教育是面向生产一线的职业岗位(群)或技术领域培养高级技术应用型人才，其人才培养方案的制定必须依靠企业的参与。企业参与学生培养工作，进行课程开发，是学校适应市场的切入点，是实现培养目标的保证。校企合作，工学结合，一方面学校为企业培养所需要的毕业生，为企业提供服务，为企业解决生产过程中的难题；另一方面，企业也向学校提出人才培养的要求，为学校的实践性教学提供保障。工学结合可以培养学生发现问题、勇于探索和执著追求的创新意识，促进学生创新能力的提高。

(5) 师资队伍——强调“双师结构”

“双师结构”教师队伍建设是落实人才培养模式的关键，是提高高职教育教学质量的关键。作为中国职教界特有的名词，“双师型”教师一般有两层意思。大多数人认为，“双师型”教师是反映从事职业教育的既能传授专业理论知识，又能指导专业实践，具备“双师”知识、素质、能力的教师。这是“双师型”教师的第一层意思。“双师型”教师的第二层意思，是指在教师队伍的群体结构上，由学校部分专业基础理论知识扎实、任教经验丰富的“理论型”专职教师，和部分从企业聘任的专业实践经验丰富的“技能型”兼职教师构成的“双师型”教师队伍。高职学院应制定师资队伍建设规划，加大教师队伍建设力度，可采取以下相应措施。

① 提高学历，鼓励在职学习进修；

② 有计划地安排现有教师到企业挂职锻炼或在校内实训基地参加实践锻炼；

③ 鼓励中青年教师积极申报科技项目开发、教学研究项目或参与企业的项目开发；

④ 重视专业带头人以及骨干教师的培养。

五、人才培养方案的制定与人才培养模式

1. 人才培养方案与人才培养模式之间的逻辑关系

人才培养模式最高的抽象和概括就是培养人的方式(即方法和形式)。人才培养模式是一个系统范畴，是人才培养过程中若干要素的有机组合。它又只是对人才培养过程，特别是其中管理过程的某种“提炼”，而不涉及具体的教学过程。人才培养模式包含以下几层意思。

第一，人才培养模式要有一定的教育思想理念作为指导。在人才培养模式中，教育思想理念居于指导和支配地位，它制约着培养目标、专业设置、课程体系和基本的培养方式。从这点意义上讲，教育思想理念应是人才培养活动的灵魂。

第二，人才培养模式的根本属性在于它是一种过程范畴，具体体现在对人才培养过程的策划、设计、建构和管理等环节上。

第三，人才培养模式的功能主要是“构造和运行”。它与非教育教学活动无关，应将培养模式与教学模式相区别开来。

第四，人才培养模式是一种标准样式，具备某种程度的系统性、范型性和可操作性。

人才培养模式的核心是人才培养方案。人才培养方案是教育思想理论的具体运用，是关于人才培养的蓝图，是教育教学的纲领性文件，是组织与实施教学的依据。培养目标和质量规格是人才培养方案的核心因素，对其他因素有制约作用。任何人才培养方案的制订都是为达到某种目标及规格而建立的，其他因素只是为实现该目标而采用的方式及手段，只有紧紧围绕人才培养目标才能起作用。依据一定的人才培养理论、原则和培养对象的知识、能力及素质结构，为达到培养目标的要求，对人才培养活动系统和要素进行优化设计，形成一

种培养方案，然后经过实践多次验证和修正，最后形成一种比较科学的人才培养方案。

人才培养方案是指人才培养模式的实践化形式，主要包括专业定位、培养目标的制定、教学计划和非教学途径的安排等。其中，培养目标的定位主要是明确人才的根本特征、培养方向、规格及业务培养要求；教学计划是“具体地规定着一定学校的学科设置、各门课程的教学进程、教学时数和各种活动”，是培养方案的实体内容，一般由课程的设置、学时学分结构和教学过程的组织安排这样三部分组成。

根据职业教育研究成果，高职人才培养模式的构成要素包括三个层级的内容，如图 1-2 所示。

第一层级：目标体系，主要指培养目标及人才规格。

第二层级：内容方式体系，主要指教学内容、教学方法与手段、培养途径等。

第三层级：保障体系，主要指教师队伍、实训实习基地、教学管理制度和教学评价等。

相应地，人才培养方案也应该着眼于这三大要素进行设计和实施。

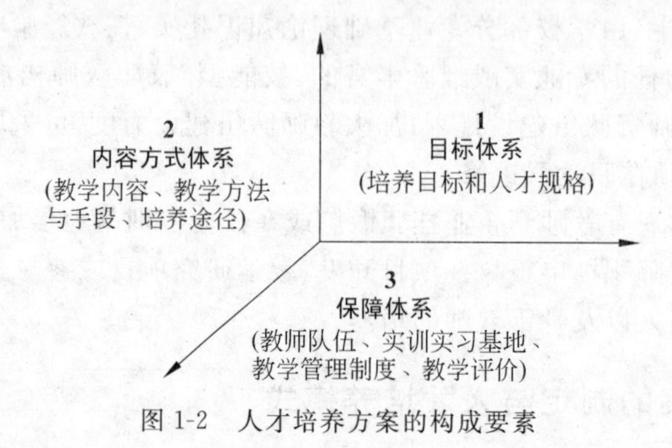

图 1-2 人才培养方案的构成要素

2. 人才培养方案编制的依据

高职发展是社会发展的产物，高职人才培养模式的改革是为了更多更好地为社会提供合格的人才。改革人才培养模式的根本依据是社会的需求。具体表现在以下三个方面。

(1) 人才培养目标应该与人才需求目标相适应

高职人才培养的目标是社会生产、服务和管理第一线的高级应用型人才。这一目标规定了高职培养人才的总规格和要求，但相对不同的地区和经济发展的水平，社会对高职人才需求的目标是有区别的。因此，人才培养目标应更具有职业定向性，使办学方式、专业设置、教学内容等与地方经济相联系，使之成为主要从事成熟理论与技术的应用和操作的高级技术和管理人员，毕业后即能顶岗工作。高职人才培养模式的改革只有在人才培养规格要求下，根据当地经济与社会人才需求的具体目标，采取相应的措施，才能顺应要求，提高人才培养的效率。

(2) 人才培养方式应该与学生职业能力培养为主的要求相适应

人才培养方式自班级授课制产生以后，课堂集中授课成为人才培养的主要方式。课堂上讲知识，学生背知识，考试考知识，已成为束缚学生个性发展的障碍。在以学术型人才培养为目标的大学内，课堂理论教学形式依然占有主导位置是无可非议的。但以职业能力培养为主的高职教育，人才培养方式应走出一条与之相适应的新道路，可采取行动导向的教学法，通过师生共同确定的行动产品来引导教学过程，学生通过主动和全面的学习，达到脑力劳动和体力劳动的统一。

(3) 人才培养手段应该与岗位实际情境相适应

高职人才培养手段改革是模式改革的重要组成部分,有目标但没有实现目标的手段,人才培养只能是低效的。在高职人才培养过程中加大岗位实际情境手段的运用,往往会使教学效率出现新的突破。因为在实际的工作情境中,学生会有真实感和具体感,更能促使学生身临其境地去思考问题,结合教师的指导,提出解决问题的思路和方法。同时,工作情境模拟教学具有较大的开放性,可以让教学过程向课堂以外的个体开放,在时间上全天候开放,在组织形式上向以班为单位外的个体开放,在考核方式上由单纯的书面考核向过程和结果开放,在学习方法上由教师单向传授向双向交流互动方式开放,最终实现由手段变革到模式的创新。

3. 人才培养方案编制的原则

(1) 制定人才培养方案的相关文件

①《教育部关于加强高职高专教育人才培养工作的意见》(教高[2000]2 号);

②《关于全面提高高等职业教育教学质量的若干意见》(教高[2006]16 号);

③《教育部、财政部关于实施国家示范性高等职业院校建设计划加快高等职业教育改革与发展的意见》(教高[2006]14 号);

④《关于进一步提高广东省高等职业教育教学质量的意见》(粤教高[2007]102 号);

⑤ 周济部长、张尧学司长等领导的相关讲话精神,以及国内外关于职教课程开发的相关理论。

以上文件精神和要求只有体现在专业人才培养方案中,才能使之落到实处。

(2) 制定专业人才培养方案的原则

① 培养目标定位要准确

"要全面贯彻党的教育方针,以服务为宗旨,以就业为导向,走产学结合发展道路,为社会主义现代化建设培养千百万高素质技能型专门人才。"(16 号文)

高职教育一方面要与中职教育区别(高等教育属性),另一方面要与普通高等本科教育相区别(明确的职业价值取向和职业特征);一方面使学生具备就业岗位(群)的技术能力(技能)与职业素质,另一方面使学生具备职业发展与迁移所必需的某一专业技术领域的知识、能力与素质结构,并尽可能在人文素质、思维方法及终身学习能力等方面打好一定的基础。如果培养目标定位不准确,整个培养方案就会出现原则性错误。

② 注重社会调查,加强校企合作

一方面,教师要走出校门,广泛开展社会调查,了解行业企业对人才的素质、知识、能力的要求;另一方面,邀请行业企业专家参与培养方案的制定,共同合作开发课程,召开工作任务与职业能力分析会。

③ 创新工学结合的人才培养模式,突出学生实践能力的培养

高职教育的本质属性,要求大力推行工学结合的人才培养模式,突出实践能力的培养。根据技术领域和职业岗位(群)的任职要求,参照相关职业标准,改革课程体系和教学内容。积极推行订单培养,探索工学交替、任务驱动、项目导向、顶岗实习等教学模式。教学过程中,注重实践性、开放性、职业性;抓住实验、实训、实习三个关键环节;保证生产性实训、校外顶岗实习比例。

4. 人才培养方案的内容构成

在人才培养方案的编制过程中，应紧紧抓住人才培养的几个关键问题："为谁培养人"、"培养什么人"、"怎么培养人"、"谁来培养人"、"靠什么条件培养人"和"如何评价人"。通过校企合作，创建专业人才培养的整体建构体系，编制特色鲜明的人才培养方案，如图 1-3 所示。人才培养的整体建构体系从设计、实施到反馈应是一个持续改进、不断修正完善的系统，是一个建立在校企合作平台基础上的人才培养工作过程。

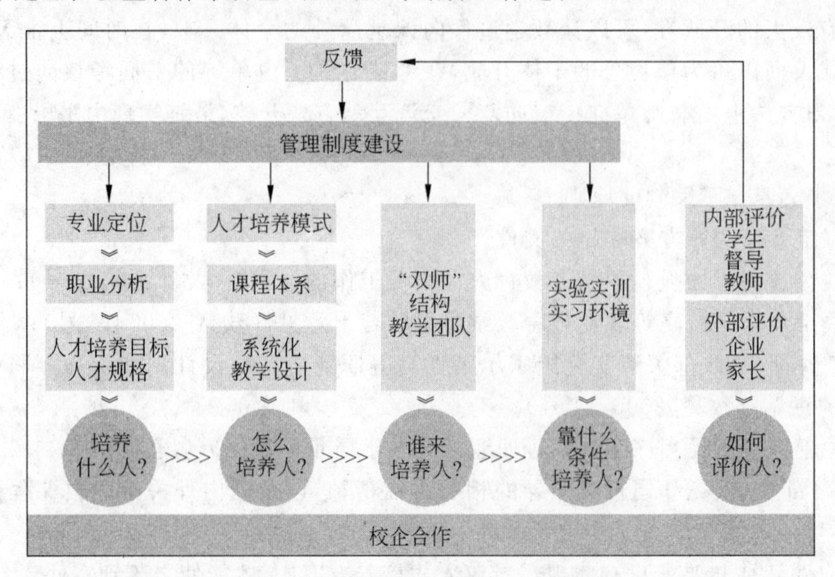

图 1-3　人才培养方案整体建构体系

培养目标与规格是专业人才培养的源头。通过开展行业企业调研、创新调研方法、科学分析调研数据和结果、校企共同进行专业分析，明确专业定位，解决"为谁培养人"的问题。在专业定位的基础上，确定专业人才培养目标，制定人才培养规格，解决"培养什么人"的问题。

形成科学的人才培养模式，合理设置课程体系，运用教材、实验实训条件设施等中介手段，相互配合，以一定的教学活动过程，系统化设计教学，解决"怎么培养人"的问题。

构建"双师结构"合理、"双师素质"优良的专兼结合的专业教学团队，校企合作共建共管的校内外实训基地，解决"谁来培养人"、"靠什么条件培养人"的问题。

构建一系列与之配套的管理制度保障人才培养质量，依据一定的标准对培养过程及所培养人才的质量与效益做出客观衡量和科学判断的一种方式。它也是人才培养过程中的重要环节，对培养目标、制度、过程进行监控，并及时进行反馈与调节。有了这种反馈与调节，就可根据实际需要，定位人才培养目标，修订教学计划，组合新的课程体系，选择更优的教学方略，探索更适合教学要求的组织形式，使之朝着既定的目标前进，最终实现培养目标。建立全过程质量评价体系，征求包括学生、教师、企业、家长等多渠道的反馈信息，适时改进和修正人才培养方案，解决"如何评价人"的问题。

5. 人才培养方案编制的工作流程

人才培养方案编制程序，如图 1-4 所示。

基于工作过程人才培养方案编制的工作步骤，详见表 1-1。

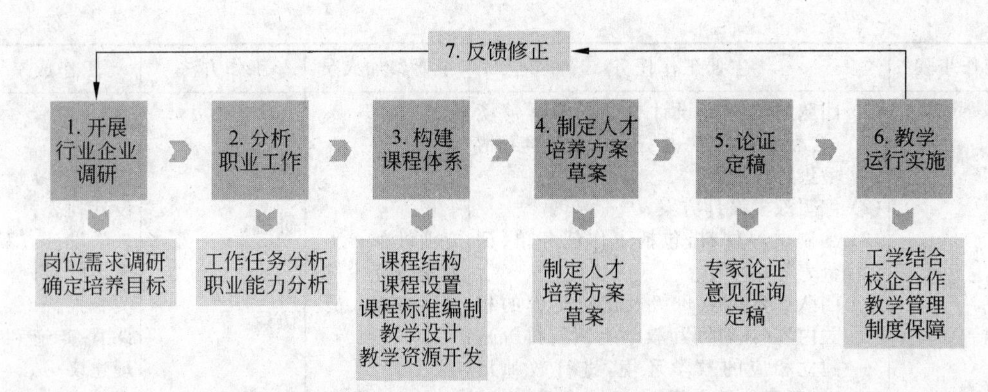

图 1-4　人才培养方案的编制流程

表 1-1　人才培养方案编制的工作步骤

工作步骤	主要工作任务	主要参加人员	工作方法	工作成果
1. 开展行业企业调研	收集行业企业技术发展的基础数据，并对该专业（视专业不同情况可能对应一个职业或职业群）的职业工作和职业教育状况进行观察和分析，从宏观上把握行业企业人才需求与职业院校的培养现状，确定专业定位和专业人才培养目标	参与人才培养方案编制的专业教师	现场调研； 二次文献分析； 电话访谈； 问卷调查	调研报告； 人才需求分析预测报告
2. 分析职业工作	对该专业（对应一个职业或职业群）各岗位工作的性质、任务、职责、使用工具、对象、劳动组织以及任职工作人员的知识、职业能力和职业素质进行全面的调查和分析，有条件的学校可以召开典型工作任务实践专家研讨会，确定本专业（常对应一个职业岗位群）的典型工作任务（包括工作内容、工作对象、工作手段等）进行分析提炼，并进一步确定每个典型工作任务的名称和其对应的职业能力	企业专家； 企业实践专家； 有实践工作经历的专业教师	二次文献分析； 电话访谈； 问卷调查； 实践专家研讨会（利用头脑风暴、张贴板等思维方法）； 专家访谈	职业岗位群工作任务分析表
3. 构建课程体系	根据分析出的典型工作任务及其对应的职业能力，按照职业成长规律与学习规律，将职业能力从简单到复杂、从单一到综合进行整合，归类出相应的职业行动领域，再转换为专业学习领域，形成专业课程方案，完成课程标准的编制	企业实践专家； 专业带头人； 骨干教师； 课程专家	研讨、归纳等	典型工作任务的详细描述
4. 制定人才培养方案	完成专业人才培养方案草案	专业教师； 企业专家	归纳、提炼	专业人才培养方案草案
5. 论证定稿	(1) 确认人才培养方案与实际工作岗位的符合程度，提出人才培养方案和课程标准的修改意见； (2) 根据专家意见和建议，进一步修订专业人才培养方案	企业专家； 课程专家	论证会	专家评价意见； 人才培养方案； 课程标准

续表

工作步骤	主要工作任务	主要参加人员	工作方法	工作成果
6. 教学运行实施	(1) 团队讨论选择设计合适的学习情境(含教学项目)并排序,然后对学习情境进行描述; (2) 编写教学设计方案; (3) 编制学习材料,包括工作任务单、评价表等; (4) 团队确定试点班级及试点工作的相关内容(如时间和教学组织安排等),建立相应的教学环境,进行教师培训,开展教学实验; (5) 对实验过程进行监控和评价	专业教师; 教学研究人员; 教学管理人员	研讨; 问卷; 教学观察; 访谈	课程学习情境设计列表; 教学设计方案; 学习材料; 实验报告; 课程实施和管理建议
7. 反馈修正	继续完善修订人才培养方案	专业教师	归纳、总结	修订后的人才培养方案

上篇参考文献

[1] 梁金印.对人才培养模式构建的几点思考.北京机械工业学院学报,2002,(3):81～86.
[2] 龚怡祖.论大学人才培养模式.南京:江苏教育出版社,1999,(6).
[3] 张智荣.论高等职业教育人才培养模式.内蒙古财经学院学报(综合版),2004,(2):4～6.
[4] 郑群.关于人才培养模式的概念与构成.河南师范大学学报(哲学社会科学版),2004,(1):187～188.
[5] 陈家颐.高职人才培养模式的理论思考.南通职业大学学报,2004,(3):61～69.
[6] 张新民.高职人才培养模式的构建.语言文化教育研究,2002,(2):208～209.
[7] 王前新.高等职业教育人才培养模式的构建.职业技术教育(教科版),2003,(10):20～22.
[8] 宋书中,葛玻,蒋建虎.高职高专教育人才培养模式的研究.洛阳工业高等专科学校学报,2001,(1):49～51.
[9] 陈庆合.论高职教育定位与人才培养模式构建原则.职教论坛,2004,(1)中:4～6.
[10] 杨近.构建我国高等职教人才培养模式的理论与实践框架.职教论坛,2004,(4)上:22～24.
[11] 首珩.高职人才培养模式刍议.教育与职业,2003,(7):25～26.
[12] 杨林,褚绍绵.论我国高等职业教育及其人才培养模式改革.辽宁高职学报,2003,(2):6～8.
[13] 程宜康.关于高职教育人才培养模式改革的探索及思考.煤炭高等教育,2002,(5):15～18.
[14] 蒋国平.高职人才培养模式的构建.高教论坛,2004,(2):125～127.
[15] 颜冰.试析高职教育中的人才培育模式及特征.黑龙江高教研究,2005,(8):50～53.
[16] 刘太刚.关于高职人才培养模式的思考.湖南师范大学教育科学学报,2003,(1):65～68.
[17] 曾令奇等.我国高等职教人才培养模式理论研究综述.职教论坛,2006,(9).
[18] 李海宗.高等职业教育概论.北京:科学出版社,2009.

中篇　实践篇

专业建设的核心是人才培养方案，人才培养方案是关于“培养什么人”、“如何培养人”的教育教学纲领性文件和基本教学制度。在人才培养方案的编制过程中，广州民航职业技术学院电子信息工程技术专业紧紧围绕人才培养的几个关键问题：“为谁培养人”、“培养什么人”、“怎么培养人”、“谁来培养人”、“靠什么条件培养人”和“如何评价人”，创建专业人才培养方案的整体建构体系，校企合作，编制以“职业性、实践性、系统性、实用性和开放性”为特征的工学结合专业人才培养方案。

第一部分　电子信息工程技术专业人才培养方案(标准与要求)

一、专业名称与学制

（一）专业名称：电子信息工程技术

（二）专业代码：590201

（三）招生对象：高中毕业生

（四）学制：三年

二、人才培养目标

本专业培养适应广东区域经济通信服务第一线需要的德、智、体、美全面发展,具有良好的职业道德,吃苦耐劳,诚信求实,爱岗敬业,团结合作,掌握电子信息工程技术专业必备的基础理论知识及与工作相关的知识,具有较强的通信服务意识与创新意识,具有一定的分析综合能力和逻辑思维能力,在工作现场以计算机为主要信息处理工具,能运用通信相关理论技术与实践技能,能在工作现场解决实际问题,从事通信网络设备的安装、调试和运行维护等岗位的高素质的高等技术应用型人才。

三、职业岗位(群)

本专业主要面向区域经济的通信服务行业,从事通信网络设备的安装(督导)、调测、维护以及管理等方面的工作。

电子信息工程技术专业对应的职业岗位(群)及对应的主要工作任务、职业资格证书,如表 2-1 所示。

表 2-1　电子信息工程技术专业对应的职业岗位(群)及对应的主要工作任务

职业岗位	主要工作任务	职业资格证书
*通信网络(设备)维护服务	执行维护手册的例行维护项目,能熟练地操作和使用系统维护软件,能进行故障定位	劳动部电工考证;电信机务员国家职业资格四级;设备代维证(企业认证)
*通信网络设备维护协调调度服务	对设备维护进行协调和调度,准确填写维护调度单,与维护专业人员沟通协调,反馈维护工作情况专项工作跟进	
通信网络设备安装(督导)服务	合理安排工程安装人员,组织工程施工及设备安装,对设备安装过程进行督导和监控	

续表

职业岗位	主要工作任务	职业资格证书
通信网络设备开局调测服务	设备的软件加载和开局数据配置等	劳动部电工考证;电信机务员国家职业资格四级;设备调测证(企业认证)
通信产品营销策划	分析客户应用与需求,分析策划销售方案,项目流程管理能力,项目实施计划管理	

注:* 为专业核心岗位或第一岗位。

四、人才培养规格

1. 基本素质

(1) 热爱社会主义祖国,拥护中国共产党领导,努力学习马列主义、毛泽东思想、邓小平理论和“三个代表”的重要思想,树立正确的世界观、人生观和价值观,具有爱国主义、集体主义、社会主义思想和良好的思想品德。

(2) 具有为社会主义现代化建设服务,为人民服务,为国家富强、民族昌盛而奋斗的志向和责任感。遵守“爱国守法、明礼诚信、团结友善、勤俭自强、敬业奉献”的公民基本道德规范。

(3) 具有严谨治学、求真务实、艰苦奋斗、团结合作的优良品质,具有创新精神和良好的职业道德素养。

(4) 具有一定的体育和军事基本知识,掌握科学锻炼身体的基本技能,养成良好的体育锻炼和卫生习惯,受过必要的军事训练,达到国家规定的大学生体质健康标准,具备健全的心理和健康的体魄,能够履行建设祖国的神圣义务。

2. 专业能力

(1) 计算机操作与应用能力,熟悉常用办公、设计等软件的使用。

(2) 电路装配工艺、制作与调试能力,以及安全用电操作能力。

(3) 电工电路的分析能力和使用电工仪表设备的能力。

(4) 使用电子仪器和通信仪表进行测试的能力。

(5) 对数据网进行组建和配置的能力。

(6) 通信设备软硬件的操作能力,通信设备运行维护、设备配置和设备简单故障处理的能力。

(7) 独立收集与处理资料能力、分析解决问题能力和技术报告编写能力。

(8) 一定的自学能力、技术文档编写能力。

(9) 用英语进行基本交流、阅读和翻译本专业技术资料的能力。

(10) 能熟练操作计算机办公软件,通过全国计算机等级(Ⅰ级)考试。

3. 方法能力

(1) 制订工作计划的能力。

(2) 独立收集资料、文献等获取信息的能力。

(3) 独立学习的能力。

(4) 较强的工作胜任能力。

(5) 获取新知识能力。

(6) 决策能力。

(7) 紧急情况处置的基本能力。

4. 社会能力

(1) 较强的计划组织协调能力、团队合作能力。

(2) 较强的口头与书面表达能力。

(3) 人际交流能力。

(4) 公共关系处理能力。

(5) 社会责任心、质量和安全环境等意识。

五、基于工作过程和可持续发展能力系统设计专业课程体系

(一) 依据的职业标准与行业企业规范

1. 电信机务员国家职业资格标准(劳动和社会保障部与信息产业部联合制定)

2.《通信服务人员行为规范》

(二) 课程体系开发思路

根据确定的职业岗位群,以电子信息工程技术岗位工作过程为主线,与行业企业专家、技术人员共同分析通信服务行业对应职业岗位的工作过程,针对专业面向的通信设备安装督导、通信设备开局调测、通信设备运行维护等5个职业岗位构成的岗位群进行工作任务分析,然后提炼其典型工作任务(包括工作内容、工作对象、工作手段、劳动组织、使用工具等),得出完成典型工作任务对应的职业能力。按照职业成长规律与学习规律,将职业能力从简单到复杂、从单一到综合进行整合,归类出相应的职业行动领域,再转换为专业学习领域课程。结合完成典型工作任务分析所需的知识(含工作过程知识)、技能、态度,参照电信机务员(四级)国家职业资格标准中的基本要求、职业功能、工作内容、技能要求,确定专业学习领域课程的课程目标与学习内容,系统设计和开发基于工作过程和可持续发展能力的突出职业能力培养的专业课程体系。

(三) 工作任务与职业能力分析

本专业对应的5个职业岗位群的典型工作任务有:通信设备安装督导、数据网组建与配置、光传输线路维护、光传输设备开局调测等21项,典型工作任务及其对应的职业能力详见表2-2。

表2-2 典型工作任务与职业能力分析表

典型工作任务	职业能力
T1:通信设备安装督导	A1-1:熟悉通信行业及企业有关标准 A1-2:熟悉设备安装工程流程 A1-3:熟悉设备安装督导岗位的职责及工作内容 A1-4:能制订安装工作计划 A1-5:熟悉设备进场点验流程和技术要领 A1-6:熟悉协调处理程序和要求

续表

典型工作任务	职 业 能 力
T1：通信设备安装督导	A1-7：能按工艺要求指导安装人员进行设备安装 A1-8：能对工程中常见故障进行分析处理 A1-9：能按照验收标准进行设备安装验收 A1-10：会整理工程资料，熟悉工程验收流程 A1-11：熟悉服务规范和工程安全规范 A1-12：责任心、团队合作、沟通协调能力
T2：数据网组建与配置	A2-1：熟悉数据网络类型 A2-2：熟悉主要数据通信协议 A2-3：能根据需求规划网络结构 A2-4：熟悉常用网络设备性能 A2-5：能根据需求完成网络选型 A2-6：能根据组网结构对常见设备进行配置 A2-7：能对网络基本性能进行测试 A2-8：能对网络常见故障进行分析和处理 A2-9：熟悉服务规范 A2-10：责任心、团队合作、沟通协调能力
T3：网络线缆布放及测试	A3-1：熟悉综合布线系统行业要求和技术规范 A3-2：熟悉双绞线缆主要类型 A3-3：熟悉综合布线系统网络架构 A3-4：熟悉综合布线系统主要设备及性能特点 A3-5：能按要求进行线缆布放 A3-6：熟悉常用工具仪表的使用 A3-7：能利用工具仪表对线缆进行测试 A3-8：能根据需求进行线缆布放的初步规划 A3-9：能正确编制线缆布放竣工资料 A3-10：熟悉服务规范和维护安全规范 A3-11：责任心、团队合作、沟通协调能力
T4：光传输线路维护	A4-1：熟悉光传输线路维护有关法律、法规、行业要求和技术规范 A4-2：熟悉光纤通信原理和光纤主要类型 A4-3：熟悉光传输线路主要类型和主要组成 A4-4：熟悉光传输线路各类型主要维护周期和主要维护内容 A4-5：能按规定进行光传输线路维护 A4-6：能识别光传输线路上隐患 A4-7：能对常见隐患正确处理 A4-8：能有效进行护线宣传 A4-9：能正确填写维护日志和线路资料 A4-10：熟悉服务规范和维护安全规范 A4-11：责任心、团队合作、沟通协调能力
T5：光传输线路故障处理	A5-1：熟悉光传输线路技术维护周期和技术标准 A5-2：熟悉 OTDR、光熔接机等常用仪器仪表结构和性能 A5-3：能利用 OTDR 进行光纤距离测量、光纤衰耗测试 A5-4：能对 OTDR 测量数据进行初步分析 A5-5：能适应光熔接机等仪器仪表完成光纤断点熔接 A5-6：熟悉光传输线路故障处理流程 A5-7：熟悉光传输线路故障处理预案主要内容 A5-8：熟悉服务规范和仪器仪表使用安全规范 A5-9：责任心、团队合作、沟通协调能力

续表

典型工作任务	职业能力
T6：光传输设备开局调测	A6-1：熟悉光纤网络主要结构 A6-2：熟悉 SDH 原理 A6-3：熟悉光传输(SDH)设备基本结构 A6-4：熟悉光传输(SDH)设备常用单板性能 A6-5：熟悉光设备加电断电流程和注意事项 A6-6：熟悉光传输(SDH)设备组网结构和软件操作 A6-7：能根据组网要求进行点对点、链形、环形等结构数据配置 A6-8：熟悉服务规范和安全规范 A6-9：责任心、团队合作、沟通协调能力
T7：光传输设备维护	A7-1：熟悉设备维护规范 A7-2：熟悉日常维护周期、维护流程及内容 A7-3：能进行 2M 线缆接头制作 A7-4：熟悉线路调度流程 A7-5：熟悉 DDF、ODF 架 A7-6：能按要求完成线路(2M 线、光纤)调度任务 A7-7：能进行设备日常维护检查 A7-8：能利用公务电话进行沟通 A7-9：能正确填写维护日志和资料变更 A7-10：熟悉服务规范和维护安全规范 A7-11：责任心、团队合作、沟通协调能力
T8：光传输设备网络监控	A8-1：熟悉 SDH 设备网管软件的安装和配置 A8-2：熟悉 SDH 设备网管软件的操作 A8-3：会查看网络状态 A8-4：会查看设备状态 A8-5：能识别常见告警及含义 A8-6：责任心、团队合作、沟通协调能力
T9：光传输设备故障处理	A9-1：熟悉设备故障处理流程 A9-2：会利用网管软件、仪表测量、现场观察、调查了解等多种手段收集告警信息 A9-3：能对告警信息进行分析，判断故障原因 A9-4：熟悉故障处理方法，能排除常见故障 A9-5：会撰写故障处理报告 A9-6：熟悉应急预案内容，能按预案内容完成应急处理 A9-7：熟悉服务规范和维护安全规范 A9-8：责任心、团队合作、沟通协调能力
T10：程控交换设备开局配置	A10-1：熟悉程控电话交换网络结构 A10-2：熟悉程控电话基本业务 A10-3：熟悉程控交换设备结构和单板性能 A10-4：熟悉程控交换设备维护软件的操作使用 A10-5：掌握程控交换设备开局流程 A10-6：能根据需求完成程控交换设备系统配置 A10-7：能完成用户数据配置 A10-8：熟悉开局竣工文件主要内容 A10-9：熟悉服务规范和工程安全规范 A10-10：责任心、团队合作、沟通协调能力

续表

典型工作任务	职业能力
T11：程控交换设备例行维护	A11-1：熟悉程控交换设备维护行业要求和技术规范 A11-2：熟悉程控交换设备日常维护周期和主要维护内容 A11-3：能按规定进行程控交换设备日常维护 A11-4：能按要求完成用户数据修改和设置 A11-5：熟悉一号信令、七号信令 A11-6：能按要求完成中继数据(一号和七号信令)修改和配置 A11-7：熟悉用户新业务，能完成有关配置 A11-8：熟悉 MDF 架及有关线缆的规格和识别 A11-9：能正确填写维护日志和用户资料 A11-10：熟悉服务规范和维护安全规范 A11-11：责任心、团队合作、沟通协调能力
T12：程控交换设备故障处理	A12-1：熟悉程控交换设备故障处理流程 A12-2：会利用网络监控、信令分析及仪表测量、现场观察、用户申告等多种手段收集告警信息 A12-3：会进行信令分析 A12-4：能对告警信息进行分析，判断故障原因 A12-5：熟悉故障处理方法，能排除常见故障 A12-6：会撰写故障处理报告 A12-7：熟悉应急预案内容，能按预案内容完成应急处理 A12-8：熟悉服务规范和维护安全规范 A12-9：责任心、团队合作、沟通协调能力
T13：基站设备开局调测	A13-1：熟悉基站设备主要结构 A13-2：熟悉基站设备各部分功能及单板性能 A13-3：熟悉基站设备工作原理 A13-4：熟悉基站设备连接及安装流程 A13-5：熟悉基站设备连接及安装规范 A13-6：熟悉基站设备配置软件操作，理解主要参数含义 A13-7：能根据组网要求完成数据配置 A13-8：熟悉服务规范和安全规范 A13-9：责任心、团队合作、沟通协调能力
T14：基站设备维护	A14-1：熟悉基站设备维护规范 A14-2：熟悉基站设备维护周期、维护流程及内容 A14-3：会编制基站设备日常维护计划 A14-4：能定期备份基站数据 A14-5：会使用功率计、频率计和驻波比测试仪等工程专用仪表 A14-6：能正确填写维护日志 A14-7：熟悉服务规范和维护安全规范 A14-8：责任心、团队合作、沟通协调能力
T15：基站设备网络监控	A15-1：能独立安装 Node B 和 RNC 的客户端软件，熟练操作客户端软件 A15-2：会查看基站设备、基站控制器设备的状态 A15-3：熟悉基站设备、基站控制器设备网络连接结构及各部分的功能 A15-4：能排除简单的基站设备及基站控制器的连接故障 A15-5：能识别常见告警及含义 A15-6：强烈的责任心

续表

典型工作任务	职业能力
T16：基站设备故障处理	A16-1：熟悉基站设备故障处理流程 A16-2：会利用网络监控、信令分析及仪表测量、现场观察等多种手段收集基站设备有关告警信息 A16-3：能对告警信息进行分析，判断故障原因 A16-4：熟悉故障处理方法，能排除常见故障 A16-5：会撰写故障处理报告 A16-6：熟悉服务规范和维护安全规范 A16-7：责任心、团队合作、沟通协调能力
T17：基站控制器设备维护	A17-1：熟悉基站控制器设备维护规范 A17-2：熟悉基站控制器设备维护周期、维护流程及内容 A17-3：会编制基站控制器设备日常维护计划 A17-4：能定期备份基站控制器数据 A17-5：理解基站控制器与 MSC、Node B 等设备的连接关系，熟悉使用的信令，熟悉相关数据配置 A17-6：能正确填写维护日志 A17-7：熟悉服务规范和维护安全规范 A17-8：责任心、团队合作、沟通协调能力
T18：基站控制器设备故障处理	A18-1：熟悉基站控制器设备故障处理流程 A18-2：会利用网络监控、信令分析及仪表测量、现场观察等多种手段收集基站控制器有关告警信息 A18-3：能对告警信息进行分析，判断故障原因 A18-4：熟悉故障处理方法，能排除常见故障 A18-5：会撰写故障处理报告 A18-6：熟悉服务规范和维护安全规范 A18-7：责任心、团队合作、沟通协调能力
T19：移动无线网络优化	A19-1：熟悉移动通信基本原理 A19-2：熟悉小区结构、天线类型和主要数据参数 A19-3：能利用相关仪表工具完成测量 A19-4：会利用有关软件工具对测量结果进行分析 A19-5：会根据分析结果提出网络调整建议 A19-6：能根据要求对数据参数进行修改配置 A19-7：责任心、团队合作、沟通协调能力
T20：通信产品营销策划	A20-1：熟悉当前主流通信技术及相关产品的生产厂商 A20-2：熟悉主流通信设备的基本性能和能提供的业务 A20-3：了解通信技术发展趋势和用户需求 A20-4：掌握用户需求调查方法 A20-5：能对调查结果进行分析 A20-6：能根据用户需求提出解决方案 A20-7：能编制调查报告、用户需求分析、解决方案等文档 A20-8：责任心、团队合作、沟通协调能力
T21：协调客户关系	A21-1：熟悉沟通礼仪 A21-2：熟悉服务规范 A21-3：掌握客户心理分析的基本方法 A21-4：熟悉客户协调流程和职责制度 A21-5：责任心、团队合作、沟通协调能力

注：① 表中“典型工作任务”栏以 T 字头进行编码，例如 T5 表示第 5 项典型工作任务的代码。
② “职业能力”栏以 A 字头进行编码，例如 A6-1 表示第 6 项典型工作任务的第 1 项职业能力。

（四）专业学习领域课程设置

将典型工作任务的职业能力，参照电信机务员的国家职业资格标准的要求，归纳出了顶岗实习、移动无线网络配置与维护、光传输线路与设备维护、交换设备运行维护等17个行动领域，再根据认知规律和职业成长规律递进重构，转换为9门专业学习领域课程。

职业能力与专业学习领域课程对应关系分析表见表2-3。

表2-3 职业能力与专业学习领域课程对应关系分析表

专业核心学习领域课程	典型工作任务	职业能力	学习内容
TC1：顶岗实习	T1 T2 T3 T10 T13 T16	A1-11 A1-12 A14-7	C1-1：设备技术手册识读 C1-2：机房通信主设备系统组成、单板功能 C1-3：线路与设备维护工作的主要测试项目、指标和周期 C1-4：通信设备测试仪器的使用和操作 C1-5：技术维护指标的填写和分析 C1-6：测试仪表使用安全注意事项技术资料收集和整理 C1-7：技术总结 C1-8：编写技术报告 C1-9：顶岗实习工作说明或答辩 C1-10：对顶岗实习内容进行工作总结 C1-11：周工作记录表填写要点
TC2：移动无线网络设备配置与维护	T13 T14 T15 T16 T17 T18	A13-1～A13-9 A14-1～A14-8 A15-1～A15-6 A16-1～A16-7 A17-1～A17-8 A18-1～A18-7	C2-1：移动通信基础知识 C2-2：GSM与GPRS通信原理 C2-3：3G概述与CDMA基本原理 C2-4：基站类型与应用场景 C2-5：WCDMA基站设备结构和单板功能 C2-6：电源柜与传输架等基站配套设备 C2-7：基站反馈系统 C2-8：天线工作原理与选型原则 C2-9：BBU硬件维护 C2-10：RRU硬件维护 C2-11：基站传输线路维护 C2-12：基站设备基本维护注意事项 C2-13：WCDMA无线网络结构与接口协议 C2-14：ATM技术原理 C2-15：移动通信组网技术 C2-16：BBU+RRU的组网方式(链形与环形) C2-17：WCDMA基站配置软件CME使用 C2-18：WCDMA基站硬件数据配置 C2-19：WCDMA基站传输数据配置 C2-20：WCDMA基站小区数据配置 C2-21：WCDMA基站配置数据加载 C2-22：设备告警系统面板指示灯及其含义 C2-23：熟悉本地维护工具LMT使用 C2-24：熟悉基站告警处理相关操作 C2-25：基站设备常见故障的识别、定位判断原则和定位基本方法

续表

专业核心学习领域课程	典型工作任务	职业能力	学习内容
TC2：移动无线网络设备配置与维护	T13 T14 T15 T16 T17 T18	A13-1～A13-9 A14-1～A14-8 A15-1～A15-6 A16-1～A16-7 A17-1～A17-8 A18-1～A18-7	C2-26：基站设备常见故障处理过程、基本方法 C2-27：基站设备常见故障分类和典型案例分析 C2-28：基站设备常见故障处理 C2-29：故障处理记录填写 C2-30：WCDMA 无线接口关键技术 C2-31：RNC 设备 C2-32：RNC 设备维护须知 C2-33：RNC 例行维护项目 C2-34：RNC 设备的上电和下电 C2-35：RNC 单板指示灯显示信息识别 C2-36：常用单板更换与维护 C2-37：常用线缆检查与更换 C2-38：RNC 传输线路检查与维护 C2-39：RNC 维护软件 LMT 使用 C2-40：RNC 全局数据与设备数据配置 C2-41：全局数据准备与对接数据表填写 C2-42：机房维护安全知识 WCDMA 无线网络结构与接口功能 C2-43：基于 ATM 传输的各个接口协议栈结构 C2-44：基于 IP 传输的各个接口协议栈结构 C2-45：WCDMA 业务流程学习 C2-46：HSPDA 原理知识 C2-47：WCDMA 无线接口与无线信道 C2-48：接口初始配置对接数据表填写 C2-49：RNC Iu-CS 接口数据配置 C2-50：RNC Iu-PS 接口数据配置 C2-51：RNC-Iub 接口及无线数据配置 C2-52：WCDMA 无线网络规划原则 C2-53：WCDMA 无线网络规划流程 C2-54：网络规划案例分析 C2-55：无线网络容量规划 C2-56：无线网络站型与站点规划 C2-57：无线设备数据配置规划
TC3：光传输线路与设备维护	T4 T5 T6 T7 T8 T9	A4-1～A4-11 A5-1～A5-9 A6-1～A6-9 A7-1～A7-11 A8-1～A8-6 A9-1～A9-8	C3-1：光纤结构与导光原理 C3-2：光纤通信系统基础知识 C3-3：光缆类型及其应用场景 C3-4：光缆线路维护指标与维护工作分类 C3-5：光缆线路维护的主要项目和周期，编制光缆线路基本维护作业计划 C3-6：路面维护主要工作 C3-7：管道线路的主要维护工作 C3-8：架空光缆线路和水线的基本维护 C3-9：护线宣传活动策划和组织 C3-10：光缆线路隐患识别与防范 C3-11：“三盯”工作要点 C3-12：安全防护和政策法规 C3-13：光缆线路维护日志填写

续表

专业核心学习领域课程	典型工作任务	职业能力	学习内容
TC3：光传输线路与设备维护	T4 T5 T6 T7 T8 T9	A4-1～A4-11 A5-1～A5-9 A6-1～A6-9 A7-1～A7-11 A8-1～A8-6 A9-1～A9-8	C3-14：光纤分类和种类 C3-15：光纤常用特性指标与光纤标准体系 C3-16：单模和多模光纤的特性及应用 C3-17：光缆线路技术维护工作的主要测试项目、指标和周期 C3-18：光源、光功率计的使用和操作 C3-19：光时域反射仪(OTDR)原理 C3-20：OTDR 的操作使用 C3-21：测试给定光纤的长度 C3-22：定位查找 C3-23：损耗测试 C3-24：技术维护指标的填写和分析 C3-25：测试仪表使用安全注意事项光缆线路故障的分类及故障处理方法 C3-26：造成光缆线路故障的原因分析 C3-27：故障处理原则 C3-28：光缆线路故障点的判断 C3-29：光缆线路故障点的修复方法 C3-30：光纤熔接机操作和使用 C3-31：光纤接续的 OTDR 监测方法 C3-32：接头盒的封装及固定 C3-33：接头盒固定应注意的事项 C3-34：光缆的成端操作 C3-35：光缆故障判断和处理时应该注意的事项 C3-36：PDH 基本原理 C3-37：光端机房设备认知与光端机房设备维护 C3-38：线缆布放和标识实践 C3-39：2M 塞绳制作及测试 C3-40：自环线制作与环回操作 C3-41：2M 电路主要性能指标 C3-42：2M 电路误码测试 C3-43：电路资料识读 C3-44：电路开放与调度操作实践及演练 C3-45：光传输设备日常维护项目 C3-46：机房告警识别与处理流程 C3-47：光纤连接器的清理及尾纤的更换 C3-48：设备维护原始记录和工作记录表格填写 C3-49：机房维护安全知识 C3-50：SDH、DWDM 基本原理 C3-51：接入网各种接口 C3-52：155M/622M 的光传输设备结构和单板功能、信号流向 C3-53：光传输设备网管软件使用 C3-54：155M/622M 设备基本配置(点对点、链形、环形组网) C3-55：2.5G 光传输设备结构和单板功能、信号流向

续表

专业核心学习领域课程	典型工作任务	职业能力	学习内容
TC3：光传输线路与设备维护	T4 T5 T6 T7 T8 T9	A4-1～A4-11 A5-1～A5-9 A6-1～A6-9 A7-1～A7-11 A8-1～A8-6 A9-1～A9-8	C3-56：2.5G光传输设备基本配置(链形、环形组网) C3-57：光传输设备例行维护 C3-58：网管例行维护 C3-59：光传输设备维护注意事项 C3-60：SDH设备告警信号流程 C3-61：利用网管系统对设备性能测试 C3-62：网管系统故障管理功能常用操作 C3-63：光传输一般故障的识别、定位判断原则和定位基本方法 C3-64：光传输一般故障处理过程、基本方法 C3-65：光传输一般故障分类和典型案例分析 C3-66：光传输一般故障处理 C3-67：光传输综合故障处理 C3-68：故障处理应急预案演练
TC4：交换设备运行维护	T10 T11 T12	A10-1～A10-10 A11-1～A11-11 A12-1～A12-9	C4-1：电话通信网的基本结构程控交换机组成及功能 C4-2：时分交换网络模块工作原理分析 C4-3：C&C08交换机系统总体结构认识 C4-4：话务量计算 C4-5：程控交换机主要性能指标分析 C4-6：交换机接口与性能特点 C4-7：管理通信模块的硬件配置及操作 C4-8：交换模块的硬件配置及操作 C4-9：HW和NOD的资源分配 C4-10：交换机整机状态查询与监控 C4-11：交换机例行维护项目 C4-12：交换机组网方式 C4-13：信令认识 C4-14：局间信令认识 C4-15：中国1号信令分析 C4-16：No.7信令分析 C4-17：交换机软件结构 C4-18：终端OAM软件 C4-19：交换机呼叫处理(局内呼叫处理、出局呼叫处理、入局呼叫处理、汇接呼叫处理) C4-20：交换机本局数据配置 C4-21：No.1中继数据配置 C4-22：No.7中继数据配置 C4-23：计费数据 C4-24：新业务功能 C4-25：新业务使用方法 C4-26：常见新业务数据配置(centrex业务、PBX小交换机) C4-27：常见故障类型 C4-28：故障处理基本思路和方法 C4-29：日常维护类故障处理

续表

专业核心学习领域课程	典型工作任务	职业能力	学习内容
TC4：交换设备运行维护	T10 T11 T12	A10-1～A10-10 A11-1～A11-11 A12-1～A12-9	C4-30：数据类故障处理 C4-31：信令配合类故障处理 C4-32：硬件类故障处理 C4-33：综合类故障处理故障申告与处理 C4-34：NGN 与传统 PSTN 比较 C4-35：NGN 网络架构 C4-36：软交换技术概念 C4-37：媒体网关和软交换协议 C4-38：媒体网关功能 C4-39：NGN 典型应用 C4-40：NGN 业务系统
TC5：数据网组建与配置	T2	A2-1～A2-10	C5-1：数据通信基础知识 C5-2：数据通信网络设备 C5-3：数据网络设计原则 C5-4：网络中 IP 地址规划与配置 C5-5：数据网络方案编写及要求 C5-6：网络电缆的制作和测试 C5-7：数据通信网络设备的简单配置 C5-8：有线和无线数据通信网络的组建方法 C5-9：网络连通性测试与故障排除 C5-10：编制数据网络组建方案 C5-11：小型数据通信网络设计需求分析 C5-12：网络中 IP 地址 C5-13：小型办公室数据通信网络设计 C5-14：网络中 IP 地址规划与配置 C5-15：小型商用交换机与路由器的配置 C5-16：packet tracert 5.2 软件使用训练 C5-17：使用 packet tracert 5.2 软件搭建小型办公室通信网络 C5-18：网络连通性测试与故障排除 C5-19：编制数据网络组建方案 C5-20：校园通信网 IP 地址规划与配置 C5-21：交换机 VLAN 配置 C5-22：交换机 VTP 配置 C5-23：DHCP 服务器与 NAT 配置 C5-24：路由器静态路由协议配置 C5-25：路由器动态路由协议配置 C5-26：VLAN 间的路由器配置 C5-27：接入 WAN 的路由器配置 C5-28：网络连通性测试与故障排除 C5-29：交换机 STP 配置 C5-30：路由器的 PPP 和帧中继配置 C5-31：网络安全和访问控制列表配置 C5-32：网络地址转换 NAT 配置 C5-33：动态主机分配协议配置

续表

专业核心学习领域课程	典型工作任务	职业能力	学习内容
TC6：通信网络布线与测试	T3	A3-1～A3-11	C6-1：综合布线设计安装规范(GB 50311 标准) C6-2：通信网络布线系统的重要应用——计算机网络系统 C6-3：工作区子系统、水平子系统 C6-4：网络布线常用线缆认识，主要是分类及用途 C6-5：双绞线基本性能和主要参数 C6-6：网线制作连接知识 C6-7：RJ-45 信息插座、模块制作知识 C6-8：语音系统电缆的选用知识 C6-9：AutoCAD 软件(或 Office Visio 软件)的基本命令 C6-10：语音系统和数据系统的基本系统布线方式 C6-11：110 语音配线架线序 C6-12：语音模块种类 C6-13：110 语音配线架端接 C6-14：水平工作区、工作间电话线缆敷设方法 C6-15：用户需求分析的内容及方法、原则 C6-16：需求文档的内容 C6-17：工程施工安装规范 C6-18：综合布线系统的总体设计内容、流程、注意问题 C6-19：网络布线常用线缆分类及用途，了解双绞线基本性能和主要参数 C6-20：测试基础知识 C6-21：5E 类和 6 类布线系统的测试标准 C6-22：测试中常见问题的解决方法
TC7：通信工程服务	T1 T21	A1-1～A1-12 A21-1～A21-5	C7-1：通信建设工程项目流程与管理规范通信项目工前准备流程 C7-2：工前准备文档与设备清单 C7-3：工程策划报告通信设备安装服务规范与业务流程 C7-4：通信工程扩容割接服务规范与业务流程 C7-5：通信工程升级改造服务规范与业务流程 C7-6：工程勘测业务流程 C7-7：通信工程安全生产知识 C7-8：通信设备机柜安装工艺与督导 C7-9：通信设备线缆安装工艺与督导 C7-10：通信设备单板安装工艺与督导 C7-11：通信设备电源系统安装工艺与督导 C7-12：通信设备天馈系统安装工艺与督导项目初验流程 C7-13：初验准备的内容与作用 C7-14：工程完工后所需提交的文档清单 C7-15：工程总结报告 C7-16：来访接待，名片交接，电话艺术 C7-17：社交场合的规范、礼貌用语

续表

专业核心学习领域课程	典型工作任务	职业能力	学习内容
TC8：移动无线网络优化	T19	A19-1～A19-7	C8-1：无线网络优化流程 C8-2：无线网络优化原则 C8-3：无线网路优化测试手机的使用 C8-4：无线网路优化测试软件的安装和使用 C8-5：拨打测试、路测分析 C8-6：后台分析软件的安装和使用 C8-7：GIS软件的使用 C8-8：OMR-C系统 C8-9：基站控制器无线参数 C8-10：直放站 C8-11：室内分布系统 C8-12：扫频仪的使用 C8-13：直放站干扰和网内频率干扰的定位 C8-14：切换、掉话、位置更新等无线网络优化 C8-15：优化方案设计
TC9：通信产品营销策划	T20	A20-1～A20-8	C9-1：技术交流与客户交流 C9-2：制作相关技术文档，参与标书制作和答标 C9-3：通信产品宣讲 C9-4：编制通信产品行销文档体系和通信产品知识库体系 C9-5：通信产品宣传资料的编辑、印刷、发放、管理和建议反馈收集

注：① 表中“专业核心学习领域课程”栏以TC字头进行编码，例如TC2表示第2门专业学习领域课程的代码。
② 表中“学习内容”栏以C字头编码，例如C3-4表示第3门专业学习领域课程的第4项内容。

（五）专业核心学习领域课程学习情境总表

专业核心学习领域课程选取若干个任务或案例作为学习情境的教学载体，职业行动领域的工作过程融合在任务、项目训练和案例分析项目中，5门专业核心学习领域的学习情境汇总表见表2-4。

表2-4 5门专业核心学习领域课程学习情境汇总表

专业核心学习领域课程 \ 学习情境	学习情境1	学习情境2	学习情境3	学习情境4	学习情境5	学习情境6
通信网络布线与测试	数据系统布线与测试	语音系统布线与测试	楼宇综合布线系统安装与测试	建筑群综合布线系统安装与测试		
数据网组建与配置	家庭数据通信网组建与配置	小型办公室数据通信网组建与配置	校园数据通信网组建与配置	企业数据通信网组建与配置		
交换设备运行维护	交换机硬件维护	交换机数据配置维护	交换机业务配置维护	交换机故障处理维护		

续表

学习情境 / 专业核心学习领域课程	学习情境 1	学习情境 2	学习情境 3	学习情境 4	学习情境 5	学习情境 6
光传输线路与设备维护	光缆线路基本维护	光缆线路技术维护	光缆线路故障处理维护	光传输设备基础维护	光传输设备配置维护	光传输设备故障处理维护
移动无线网络设备配置维护	基站设备基本维护	基站设备配置维护	基站设备故障处理维护	RNC 全局数据与设备数据配置	RNC 接口数据与无线数据配置	WCDMA 无线小区规划数据配置

注：专业核心学习领域课程选取若干个任务或案例作为情境的教学载体，在教学过程中可根据实际情况选择不同的学习情境。

（六）课程结构

依据分析提炼的职业行动领域(典型工作任务)，根据职业任职要求，参照通信行业职业资格标准及通信企业岗位职业资格标准，以及本专业培养目标的要求，形成课程方案。由于本专业培养目标指向的综合职业能力和复杂程度决定了在培养学生完成工作任务的过程中，往往需要相对系统的理论知识和熟练的专项技能和技术来支撑，它们之间有强烈的关联性。同时，还要基于本地域和学院、系的实际，将原则性和灵活性相结合，设计和开发可实施的专业课程体系和课程，与原有教学改革成果有机衔接，使教学改革稳步推进，注重学生的可持续发展能力的培养、思维方式的转变和职业行为的养成，系统地设计了专业课程体系。本专业课程体系由职业领域公共课程、职业领域专业技术基础课程与技能训练、考证课程与第二课堂活动、职业拓展课程以及专业技术学习领域课程 5 部分组成，如图 2-1 所示。专业课程体系体现完整工作过程的各个要素，将其融入课程学习情境设计中，按照从简单到复杂、从新手到专家的职业成长规律设计整个课程方案。

此外，专业课程体系中还加强了素质教育的内容，包括思想道德教育、科学文化素质教育、心理素质教育等内容，增设第二课程活动(创新活动课)、社会调查与实践等，组织学术讲座和报告等，增强学生的各种适应能力。素质教育的实施主要依托课余时间，同时还将其融入其他课程的教学进行培养。

（七）学生职业素质培养

本专业就职业素质而言，学生应具有良好的职业道德，诚信品质、敬业精神和团队精神，有较强的责任意识、法制意识、社会意识，能在特定的岗位上认真做事的态度。这些素质教育要在初学者阶段进行养成教育。因此，要深入加强学生全过程的职业素质教育，首先加强师德师风建设，提高教师素质，让教师全员参与加强学生职业素质教育。通过思想政治理论课教学和实践、文化基础课、专业课课堂教学、校内生产性实训、顶岗实习各环节，实现技术与人文的融合，提高学生职业竞争力，适应未来工作岗位的要求。贯穿于人才培养全过程的职业素质教育体系，如图 2-2 所示。

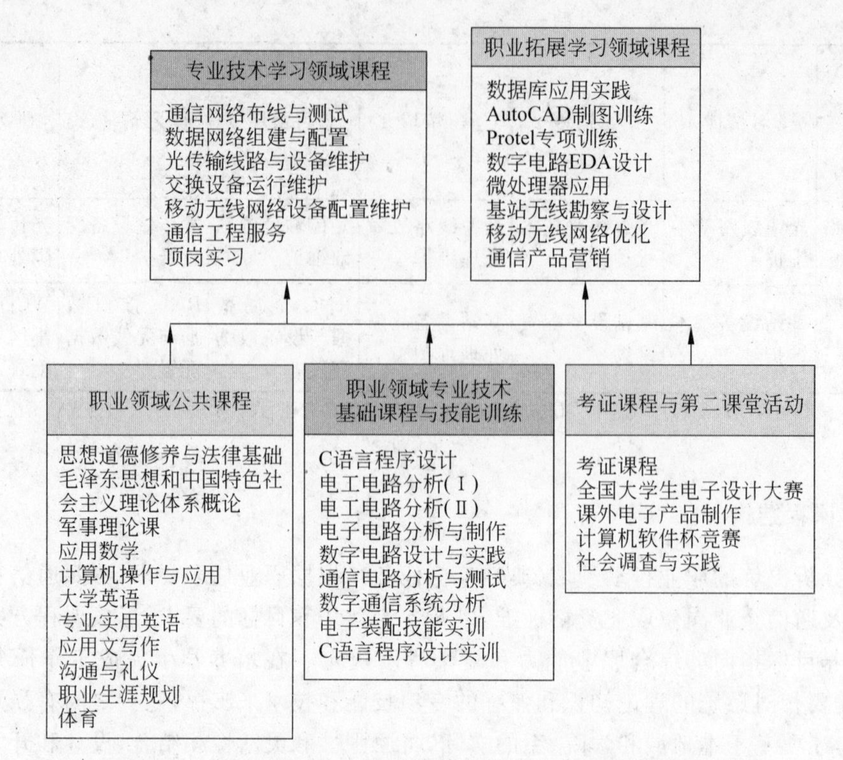

图 2-1　基于工作过程和可持续发展能力设计的专业课程体系

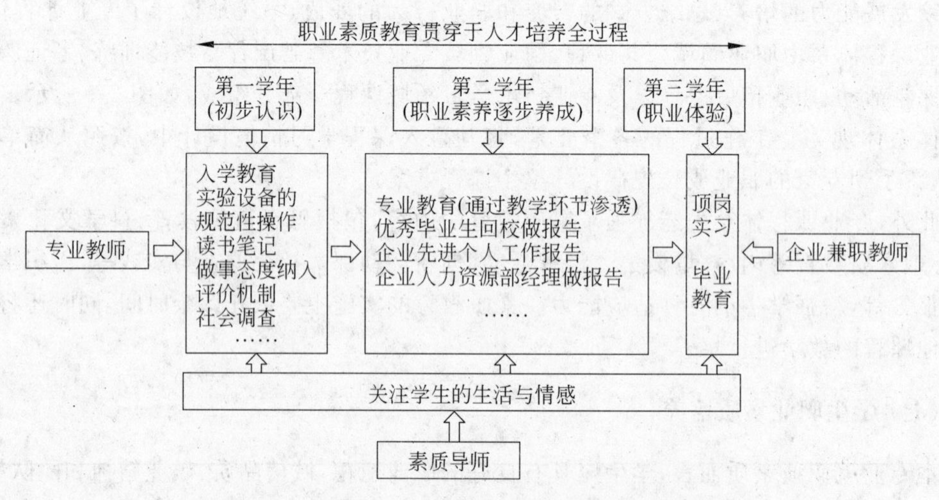

图 2-2　电子信息工程技术专业职业素质培养体系图

具体做法：

(1) 学生在专项技能训练中，将工作态度、做事规范程度等作为评价的一个重要指标。

(2) 将综合素质教育融入专业项目课程中，培养学生的团队合作意识和认真务实的作风。

(3) 开展社会调查，撰写调查报告并计入学分，增强学生的社会实践能力，培养学生的社会责任感。

(4) 加强学生专业教育、学业指导和职业指导,明确未来就业岗位的定位。

(5) 专业教师参与学生的职业素质教育,为学生解答专业、就业等问题,增强专业的思想教育功能。

(6) 单独开设“通信工程服务”课程,内容包括行为规范、管理规范和技术规范等,这些内容是今后日常工作的指南。通过学习,使学生尽早熟悉通信工程的服务规范与业务流程,形成严谨的工作作风,树立良好的客户服务意识。

(7) 每年邀请企业人力资源部主管开设就业指导讲座,使学生了解就业形势和企业用人要求。

(8) 聘请通信技术服务岗位的多名技术专家、先进个人等作为专业的德育导师,参与专业的职业道德教育。

六、专业教学团队的配置与基本要求

专业教学团队配置是以本专业在校生每班40人为一个标准班,专业教学团队要求是根据专业学习领域课程中的知识、技能和素质以及行动导向的教学模式组织教学的要求来确定的。

1. 专业带头人要求

本专业需配备1～2名专业带头人,年龄在40岁以上,具有副高以上职称,具有10年以上的职业教育教学经历或5年以上企业工作经历和3年职业教育教学经历。熟悉通信技术发展和高职教育教学规律,能提出专业建设的长期发展规划,具有较强的组织协调和教学管理能力,教学研究能力强,能带领教学团队开展专业建设和教学改革等工作。

2. 骨干教师基本要求

热爱高职教育事业,具有较强的事业心和责任感,具有良好的师德。具有大学本科以上学历,5年以上教学实践经验,或3年以上企业工作经历。能独立系统地讲授1门以上的专业核心课程,能独立指导1门实训课。具有扎实的理论基础和系统的专业知识,具有一定的专业水平和科研能力,对本专业的现状及发展趋势有一定了解,并有较明确的研究方向。具有课程建设、特色教材编写、课程标准编制、教学内容改革和教研科研等工作经历。

3. 兼职教师基本要求

具有较丰富的企业专业技术工作经验,具有良好的职业道德素养和工作责任心,具备较强的专业技术能力和较高的操作技能,能胜任专业核心课的实训教学工作。

七、实践教学条件的配置与要求

(一) 校内实训基地及设备条件

实践教学条件应按照专业核心学习领域课程的学习情境教学、一次可容纳40名学生以及行动导向的教学模式需要进行配置,配置情况见表2-5。校内实训基地应建有职业技能鉴定站,并具备民航特有工种的职业资格鉴定资质。

(二) 校外实习基地

选择科技含量较高、效益较好、安全性较高的相关企业建立紧密型和松散型的校外专业

表 2-5 电子信息工程技术专业校内实训基地及设备条件表

序号	名 称	主要设备仪器及最低配置数	适用范围(功能)	工位配置	面积/m^2
1	直流与交流电路实验室	主要设备： (1) 直流电路实验装置、交流电路实验装置最低配置各 40 套 (2) 多媒体教学设备 1 套 主要仪器： DDS 数字信号源、数字存储示波器、数字万用表、数字电压电流表、指针式万用表、电源等各 40 套	电工电路分析、安全用电等	40	100
2	电工电子实训室	主要设备： (1) 照明电路操作台、继电器控制操作台、高压电操作台、触电急救操作台各 40 套 (2) 多媒体教学设备 1 套 主要仪器： 数字信号源、数字示波器、数字万用表、电子器件装配工具各 40 套	电工电路分析、安全用电等	40	100
3	电子工艺实验室	主要仪器： 数字信号源、数字示波器、数字万用表、电子器件装配工具各 40 套	电子装配技能实训、电子电路分析与制作等	40	100
4	模拟电路与数字电路实验室	主要设备： (1) 模拟电子线路实验装置、数字电路实验装置、高频电子线路实验装置各 40 套 (2) 多媒体教学设备 1 套 主要仪器： DDS 数字信号源、数字存储示波器、数字万用表、数字电压毫伏表等各 40 套	电子电路分析与制作、数字电路设计与实践、通信电路分析与测试等	40	100
5	电子综合实验室	主要设备： (1) EDA 实验装置、ARM 实验装置、单片机实验装置、PC 各 40 套 (2) 多媒体教学设备 1 套 主要仪器： 数字存储示波器、数字万用表等各 40 套	数字电路设计与实践、微处理器控制应用等	40	100
6	通信基础实验室	主要设备： (1) 信号与系统实验设备、通信原理实验设备、程控交换原理实验设备、光纤通信实验设备、移动通信实验设备、PC 各 40 套 (2) 多媒体教学设备 1 套 主要仪器： DDS 数字信号源、数字存储示波器、数字万用表、数字电压毫伏表	数字通信系统分析、交换设备运行维护、光传输线路与设备维护、移动无线网络设备配置维护	40	100
7	数据网络实验室	主要设备： (1) 交换机、路由器、PC、服务器 (2) 多媒体教学设备 1 套	数据网络组建与配置	40	100

续表

序号	名　称	主要设备仪器及最低配置数	适用范围(功能)	工位配置	面积/m^2
8	通信综合实训中心	主要设备： (1) C&C08 交换机 1 套、光传输设备 3 套、基站设备 1 套、基站控制器设备 1 套、MSC 设备 1 套、HLR 设备 1 套、SGSN 设备 1 套等 (2) 多媒体教学设备 1 套	交换设备运行维护、光传输线路与设备维护、移动无线网络设备配置维护、数据网络组建与配置	40	150
		主要仪器： 光功率计 10 套、光衰减器 10 套、误码仪 10 套			

实习基地，为学生顶岗实习提供实习岗位。利用专业自身的教育资源优势，通过主动服务的方式与企业建立良好的合作关系，争取企业积极支持工学结合人才培养模式改革的实施，为学生教学实习和顶岗实习等实践教学环节提供良好的条件和保障。

电子信息工程技术专业校外实习基地见表 2-6。

表 2-6　电子信息工程技术专业校外实习基地

序号	名　称	合 作 企 业	提供实习工作岗位	基 地 功 能
1	电子信息工程技术专业校外实习基地	中南空管局网络管理中心	有线通信室	程控交换设备运行维护实践教学、光传输设备配置与维护实践教学、顶岗实习
2		深圳讯方通信技术有限公司	设备工程部	顶岗实习 实训指导 兼职教师聘任 共建课程 推荐优秀毕业生 教师下企业锻炼 访问工程师 技术开发
3		广州金禧信息技术有限公司	IT 运维部	数据通信网配置、顶岗实习 兼职教师聘任
4		广州市通信建设有限公司	CDMA 核心网设备维护	顶岗实习 预就业 兼职教师聘任 共同对新员工培训
5		广东省长迅实业有限公司	无线基站设备维护、网管中心	顶岗实习
6		广州宜通世纪科技有限公司	无线基站设备维护、网管中心	顶岗实习
7		广州帧网通技术有限公司	通信运维产品	顶岗实习 参与技术开发

（三）实践教学课时数占总教学课时数百分比

（1）课堂教学：1184 学时，实践教学：1462 学时。

（2）总教学时数：2704 学时（含入学教育、军训等课时）。

（3）实践教学时数占总教学时数的百分比：54%。

八、毕业标准

（一）取得学分条件

学生须修满 130 学分，其中：限选课程不低于 15 学分、任意选修课学分中不低于 2 学分，校外顶岗实习不低于 12 学分，社会实践不低于 2 学分。所修课程（含实践教学）的成绩全部合格，以及参加半年以上的顶岗实习，成绩合格，最低毕业学分为 130 学分。

最低学分要求如表 2-7 所示。

表 2-7　最低学分要求

课程类型	学分统计	应修学分	备　注
必修课	116	116	学生必须在限选课程 15 学分和考证及第二课堂奖励 10 学分中修得不低于 12 学分，在全院任意选修课学分中修得不低于 2 学分
专业限选课（含考证课程）	25	12	
全院任选课	2	2	
应修总学分	130		

（二）取得证书条件

（1）参加全国高等学校非计算机专业应用水平考试，考试合格。

（2）通过全国高等学校英语应用能力 A 级考试。

（3）考取必要的职业资格证书，鼓励学生考取多项职业资格证书，并给予一定的奖励学分。

考证及相关要求见表 2-8。

表 2-8　考证及相关要求

序号	考证名称	考证等级	考核时间	备注
1	劳动和社会保障部的电工考证（国家劳动部技术等级证）	初、中级	第二学期	必试
2	全国高等学校非计算机专业计算机应用水平考试	Ⅰ级	第一学期	必试
3	全国高等学校英语应用能力	A 级	第二学期	必试
4	全国大学英语等级考试	四级、六级	第三学期	选试
5	电子设计工程师（EDP）认证	初级	第三学期	选试
6	思科（Cisco）网络支持工程师 CCNA 认证（考试号：640-802）	初级	第四学期	选试
7	全国信息化通信工程师认证	初级	第六学期	选试

九、学期周数分配表

学期周数分配表如表 2-9 所示。

表 2-9　学期周数分配表

学年	项目 周数 学期	学期教学安排周数							考试	学期机动周	寒、暑假假期	学期周数合计	学年周数合计
		军训与入学教育	课程教学	课程综合训练	校内专业实训	校外实习	考证与辅导	合计					
一	1	2	17					19＋1	1	1	4	26	53
	2		17					17	1	1	8	27	
二	1		13		4			17	1	1	5	24	52
	2		17		1			18	1	1	8	28	
三	1					17		17	1	1	4	23	44
	2					17		17＋3		1		21	
合　计		2	64		5	34		105＋4	5	6	29	149	149

说明：第一学期新生推迟 1 周入学，即表格中＋1；第六学期毕业生提前 3 周离校，即表格中＋3。

十、教学进度计划表

请见附表一。

十一、方案编制说明

(一) 编制依据

根据《关于加强高职高专教育人才培养工作的意见》(教高[2000]2 号)、《关于实施国家示范性高等职业院校建设计划 加快高等职业教育改革与发展的意见》(教高[2006]14 号)以及《关于全面提高高等职业教育教学质量的若干意见》(教高[2006]16 号)等教育部文件精神，以及《广州民航职业技术学院国家示范性高等院校建设方案》中的国家示范性电子信息工程技术专业建设方案的要求而制定的。

(二) 适用范围

本培养方案适用于电子信息工程技术专业。根据技术发展的变化、岗位需求的变化以及学年时间安排的变化，本方案可作相应的调整。

(三) 教学管理

实施专业学习领域课程的教学模式，教学安排需要相对集中。在教学组织与实施过程中，学校的教学管理机制应随之改革调整，以适应新的教学模式需要。

附表一 电子信息工程技术专业教学进度计划表

	实践教学及其他							课程教学															
	序号	项目名称	学期	周数	考证	考核	学分	序号	课程名称	教学时数				考核		类型		学期课程教学安排周数					
										小计	课堂教学	课内实践	学分	考试学期	考查学期	必修课	限选课	1	2	3	4	5	6
																		17周	16周	16周	16周	15周	17周
																		各课程每周学时数					
基本素质	1	入学教育	1	0.5				1	思想道德修养和法律基础	66	68		3			√		2	2				
	2	军训	1	1			1	2	毛泽东思想和中国特色社会主义理论体系概论	64	64		4			√				2	2		
	3	大学生健康教育	1	0.5				3	形势与政策教育	33	33		1			√		1	1				
	4	职业生涯规划讲座Ⅰ	3					4	军事理论课	16	16		1			√			1				
	5	职业生涯规划讲座Ⅱ	4					5	体育	66		66	2			√		2	2				
	6	社会调查与实践(◆)	2				(1)	6	数学(MTH152+MTH252)	116	116		6			√		4	3				
	7	机动车驾驶执照(◆)	不限					7	应用文写作	32	16	16	1			√			2				
								8	沟通与礼仪	30	16	14	1			√						2	
								9	就业指导	16	16		1			√					1		
英语能力	1	高等学校英语应用能力(A级)考试	2		√		(2)	1	大学英语	196	196		9			√		4	4	4			
								2	英语口语与听力	98	98		3			√		2	2	2			
	2	全国大学英语等级考试(四级)	3		√		(3)	3	英语 TOIEC	64	64		2			√					4		
	3	全国大学英语等级考试(六级)	4		√		(3)	4	专业实用英语	30	30		1			√						2	

续表

	实践教学及其他							课程教学															
	序号	项目名称	学期	周数	考证	考核	学分	序号	课程名称	教学时数				考核		类型		学期课程教学安排周数					
										小计	课堂教学	课内实践	学分	考试学期	考查学期	必修课	限选课	1	2	3	4	5	6
																		17周	16周	16周	16周	15周	17周
																		各课程每周学时数					
计算机应用能力	1	计算机应用水平Ⅰ级	1		√		(2)	1	计算机应用基础(ICA001)	68	24	44	3			√		4					
	2	C语言程序设计项目实训	3	1			1	2	C语言程序设计Ⅰ(PRG155)	51	17	34	2			√		3					
								3	C语言程序设计Ⅱ(PRG255)	64	24	40	4			√			4				
								4	数据库应用实践				(2)				√			(2)			
								5	微处理器分析与应用Ⅰ				(3)				√				(4)		
								6	微处理器分析与应用Ⅱ				(3)				√					(4)	
电子技术应用能力	1	电子装配技能实训(LIN155)	2	1	√		1	1	电工电路分析Ⅰ(直流电路)(ETY155)	68	32	36	3			√		4					
	2	初级电工考证	4	2	√		2	2	电工电路分析Ⅱ(交流电路)(ECR255)	64	32	32	3			√			4				
	3	初级电子设计工程师(EDP)认证	5	2	√		2	3	电子电路分析与制作(EDV255)	96	36	60	5			√				6			
	4							4	数字电路设计与实践	96	36	60	5			√				6			
	5							5	通信电路分析与测试	64	32	32	4			√					4		
								6	AutoCAD制图训练				(1)				√		(2)				
								7	Protel专项训练				(1)				√			(2)			
								8	数字电路EDA设计				(2)				√				(4)		

续表

	实践教学及其他							课程教学															
	序号	项目名称	学期	周数	考证	考核	学分	序号	课程名称	教学时数				考核		类型		学期课程教学安排周数					
										小计	课堂教学	课内实践	学分	考试学期	考查学期	必修课	限选课	1	2	3	4	5	6
																		17周	16周	16周	16周	15周	17周
																		各课程每周学时数					
通信技术应用能力	1	顶岗实习	6	13			12	1	数字通信系统分析	64	32	32	4			√					4		
	2	毕业设计	6	4			3	2	通信网络布线与测试*	60	20	40	3			√						4	
	3	新技术讲座	4/5					3	数据通信网络组建与配置Ⅰ*	32	16	16	2			√				2			
	4							4	数据通信网络组建与配置Ⅱ*	64	28	36	4			√					4		
	5							5	交换设备运行维护*	96	36	60	5			√					6		
								6	光传输线路与设备维护*	90	30	60	5			√						6	
								7	移动无线网络设备配置维护*	90	24	66	5			√						6	
								8	通信工程服务	30	16	14	2			√						2	
								9	基站无线勘察与设计				(1)				√					(2)	
								10	移动无线网络优化				(1)				√					(2)	
								11	通信产品营销	30	16	14	(1)									(2)	
总计				25			22			1954	1184	772	95					26	25	22	25	22	

说明：

1. 第一、二学年的“数学”、“计算机应用基础”、“C语言程序设计Ⅰ”、“C语言程序设计Ⅱ”、“电子装配技能实训”、“电工电路分析(Ⅰ)”(直流部分)、“电工电路分析(Ⅱ)”(交流部分)、“电子电路分析与制作”等9门课程是与加拿大SENECA学院合作办学的互认学分课程。
2. 本表中的(◆)为第二课堂活动课程，▒为考证课程，▒为职业拓展课程。
3. 表中打(*)为专业核心学习领域课程。
4. 按每届4个班的招生规模，为提高专业实训室的利用效率，具体实施时按A、B计划执行，将“交换设备运行维护”、“光传输线路与设备维护”分别安排在第4、5学期作为A计划，其他课程安排不变；将“光传输线路与设备维护”、“交换设备运行维护”分别安排在第4、5学期作为B计划，其他课程安排不变。
5. 专业核心学习领域课程为理论实践一体化课程，以任务或案例为载体组织教学，为了保证教学实施的连续性，可按4节排课。

附表二　电子信息工程技术专业(通信服务)岗位(群)工作任务分析表

岗位性质	工作岗位	主要工作职责	工作程序	工作对象	使用工具	工作方法	劳动组织方式	行业标准条例规范	所需要的知识、能力与职业素质
安装督导	通信网络设备安装(室内工作为主，部分室外工作)	在通信设备安装工程项目中，主要职责： (1) 应接受项目经理、技术负责人分配的任务，按时保质完成工程现场实施工作； (2) 在工程现场与客户进行技术交流，向客户提供必要的现场技术咨询和培训； (3) 负责向项目经理、技术负责人汇报相应的工作内容和工程安装进度等； (4) 根据实际情况提出工程项目流程改善建议，积极配合部门完成部分技术研究工作	(1) 工程安装准备； (2) 制订工程安装进度计划； (3) 组织安装工程； (4) 开箱验货； (5) 硬件安装； (6) 安装及工艺督导； (7) 协调与客户的关系； (8) 安装工程文档编制； (9) 反馈评价	通信网络设备	• 螺丝刀 • 剪线钳 • 冲击钻 • 万用表 • 扳手 • 电烙铁 • 拨线钳 • 压线钳 • 指南针 • 倾角测量仪 • 卷尺 • 吊装工具 • 主馈线接头制作专用工具 • 安全防护用具	根据通信《工程施工流程规范》、《工程设计文件》、相应的《通信设备硬件安装手册》、《通信设备开局指导书》等流程完成通信设备安装工作	(1) 工程项目或技术负责人任命项目经理分派任务，到工程现场与用户进行开工协调，完成设备软件调试及设备验收； (2) 标准工时制，有时加班，需要出差	(1) 企业规章制度 (2)《中华人民共和国电信条例》 (3) 华为《技术人员服务规范》 (4)《中华人民共和国通信行业标准YD/T 883—1996》 (5)《通电信设备安装安全规定》	知识： (1) 电工电路知识与电子技术； (2) 通信原理和数据通信基础知识； (3) 综合布线知识； (4) 通信设备(光传输设备、无线基站设备等)硬件结构及配置； (5) 通信设备硬件安装规范； (6) 通信设备安装安全规定； (7) 设备线缆配置参数要求； (8) 通信机房的安装环境要求； (9) 初步的项目管理基础知识 能力与职业素质： (1) 能看懂工程设计图纸； (2) 熟悉和理解通信设备安装工程流程规范； (3) 熟悉并会使用相关测试仪器工具； (4) 能合理安排工程安装人员，具有工程施工技术能力； (5) 团队精神和较强的协调能力； (6) 学习能力强，能承受较大的工作压力； (7) 较强的上进心和责任心； (8) 良好的组织纪律安排性，服从企业的工作安排； (9) 良好的客户沟通能力

附表三　电子信息工程技术专业(通信服务)岗位(群)工作任务分析表

岗位性质	工作岗位	实际工作具体任务	工作程序	工作对象	使用工具	工作方法	劳动组织方式	行业标准条例规范	与其他任务关系	所需要的知识、能力与职业素质
技术员	通信网络设备调试(室内工作为主,部分室外工作)	在通信设备调测项目中,主要职责: (1) 应接受项目经理、技术负责人分配的任务,按时保质完成设备的软件加载和调测任务; (2) 在系统调测过程中,对调测记录表中的每一项内容进行测试,做好记录,并由客户签字确认,同时做好必要的技术咨询和培训; (3) 在软件调测过程中,出现调测坏板或需要更换单板时,应按工程规定严格执行,并做好记录; (4) 对调测过程中出现的问题进行解决	(1) 设备调测策划; (2) 软件调测数据准备; (3) 软件联调; (4) 验收; (5) 工程割接; (6) 质量检测; (7) 工程巡检; (8) 工程验收	通信网络设备	• 万用表 • 示波器 • 频谱分析仪 • 光功率计 • 调试PC • 系统加载软件	在软件调测过程中,依照各通信设备产品的《数据设定规范》、《设备开局调测指导书》等进行操作,并严格按照《工程文件》进行软件加载和系统联调;对《现场调测记录表》的每一项内容进行测试,并做好记录,为工程验收做好准备	(1) 工程项目或技术负责人任命任命项目经理分派任务,到现场与用户进行开工协调,完成设备硬件安装及设备验收; (2) 标准工时制,有时加班,需要出差	(1) 企业规章制度 (2)《中华人民共和国电信条例》 (3) 华为《技术人员服务规范》 (4)《中华人民共和国通信行业标准 YD/T 883—1996》 (5)《通电信设备安装安全规定》	为后续设备运行维护工作提供技术保障与支持	知识: (1) 电工电路知识与电子技术; (2) 计算机微处理器相关知识; (3) 通信原理知识和数据通信基础知识; (4) 通信电子电路技术知识; (5) 通信设备系统结构及数据配置; (6) 设备线缆配置参数要求; (7) 设备调测相关参数; (8) 设备软件参数设定标准; (9) 数据库基础知识; (10) 初步的项目管理基础知识 能力与职业素质: (1) 能熟练使用计算机常用软件; (2) 理解设备数据设定规范; (3) 会使用设备开局指导书; (4) 会使用相关仪表与工具进行测试; (5) 能较熟练地阅读英文技术文档; (6) 熟练地操作数据库; (7) 分析问题能力和现场解决问题能力; (8) 团队精神,并能承受较大的工作压力; (9) 较强的上进心和责任心; (10) 良好的组织纪律安排性,服从企业的工作安排; (11) 良好的客户沟通能力

附表四　电子信息工程技术专业(通信服务)岗位(群)工作任务分析表

岗位性质	工作岗位	主要工作职责	工作程序	工作对象	使用工具	工作方法	劳动组织方式	行业标准条例规范	与其他任务关系	所需要的知识、能力与职业素质
技术员	通信网络设备运行维护(室内工作为主，部分室外工作)	在通信设备运行维护过程中，主要职责： (1) 制订通信设备维护计划(日维护、周维护、月维护和年维护)； (2) 监控通信设备的运行，主要包括日常设备巡查与例行测试及日常计费检查； (3) 定期查杀病毒； (4) 定期清洗防尘网框； (5) 定期备份系统数据； (6) 定期测试系统； (7) 现场机房告警故障处理； (8) 接收故障中心受理的故障报单	每日对通信设备进行例行巡检和测试，并做好记录。若出现系统告警，按下面流程进行： (1) 故障申告； (2) 填写故障单； (3) 下发故障单； (4) 根据故障单处理故障，完成故障处理； (5) 填写故障处理报告； (6) 上报故障已解决信息； (7) 总结故障产生原因，对处理过程编写文档并存档	通信设备、网络管理及维护工作站	• 螺丝刀 • 剪线钳 • 万用表 • 示波器 • 电烙铁 • 拨线钳 • 压线钳 • 维护 PC • 2M 线路测试仪 • 线缆测试仪 • 信令(协议)分析测试仪 • 光缆测试仪 • 功率计 • 频谱分析仪 • 误码分析仪 • 光功率计 • 系统维护软件	按照通信设备维护手册要求，对设备进行巡检和测试，主要以观察和处理系统的告警为主。若出现故障，及时进行故障定位，按照故障类型进行相应步骤处理。根据故障级别，可以通过上报本分公司技术责任人，或本公司技术专家处理；疑难故障寻求厂家技术支持	(1) 维护室主任向各维护技术人员班组安排维护任务； (2) 工作时例行巡视与检查，填写工作日志； (3) 值夜班	(1) 企业规章制度 (2)《中华人民共和国电信条例》 (3) 华为《技术人员服务规范》 (4)《中华人民共和国通信行业标准 YD/T 883—1996》 (5)《通电信设备安装安全规定》	为及时发现并消除设备所存在的缺陷或隐患，保证通信设备能够长期安全、稳定、可靠地运行	知识： (1) 电工电路知识与电子技术； (2) 计算机微处理器相关知识； (3) 通信原理知识和数据通信基础知识； (4) 通信电子电路技术知识； (5) 通信设备(光传输设备、无线基站设备等)系统结构、功能及数据配置； (6) 设备线缆配置参数要求； (7) 设备信号流程； (8) 设备业务配置； (9) 数据库基础知识； (10) 初步的项目管理基础知识 能力与职业素质： (1) 能熟练使用计算机的常用软件； (2) 会使用相关仪表与工具进行测试； (3) 理解设备维护手册内容； (4) 能执行维护手册的例行维护项目； (5) 能熟练地操作和使用系统维护软件； (6) 能进行故障定位； (7) 能较熟练地阅读英文技术文档； (8) 分析问题能力和现场解决问题能力； (9) 团队精神，能承受较大的工作压力；较强的上进心和责任心； (10) 良好的组织纪律安排性，服从企业的工作安排； (11) 良好的客户沟通能力

附表五 电子信息工程技术专业(通信服务)岗位(群)工作任务分析表

岗位性质	工作岗位	主要工作职责	工作程序	工作对象	使用工具	工作方法	劳动组织方式	行业标准条例规范	与其他任务关系	所需要的知识、能力与职业素质
协调调度员	通信网络设备维护协调调度	在通信网络设备维护项目工作中，主要负责： (1) 负责所管辖区域的通信网络设备故障的调度工作； (2) 与维护技术人员沟通协调； (3) 车辆协调； (4) 派发工作单； (5) 负责督促和检查维护人员的专项工作，并收集反馈意见	(1) 接收通信设备监控室的故障申告； (2) 填写维护任务单和故障处理工单； (3) 派发维护任务单和故障处理工单； (4) 与维护人员协调； (5) 与车队人员协调车辆； (6) 专项工作跟进； (7) 反馈评估	通信网络设备代理维护人员和公司车队人员	• 工作计算机 • 计算机常用办公软件，包括Office办公系列，Photoshop等	根据所管辖区域的通信网络设备分布的实际情况做好代维调度工作，做好代维工单，与代维人员协调	综合部经理任命代维协调调度员分派维护任务，与代维人员沟通交流，组织代维人员到实际工作现场	(1) 公司企业规章制度 (2)《中华人民共和国电信条例》		知识： (1) 电工电路知识与电子技术； (2) 计算机微处理器相关知识； (3) 通信原理知识和数据通信基础知识； (4) 通信电子电路技术知识； (5) 通信设备(光传输设备、无线基站设备等)系统结构、功能及数据配置； (6) 设备线缆配置参数要求； (7) 设备信号流程； (8) 通信业务知识； (9) 初步的项目管理知识 能力与职业素质： (1) 能熟练使用计算机的常用软件； (2) 会使用相关仪表与工具进行测试； (3) 理解设备维护手册内容； (4) 熟悉通信设备故障类型； (5) 能较熟练地阅读英文技术文档； (6) 分析问题能力和现场解决问题能力； (7) 团队精神，能承受较大的工作压力，较强的上进心和责任心； (8) 良好的组织纪律安排性，服从企业的工作安排； (9) 良好的沟通与协调能力； (10) 组织管理能力

附表六 电子信息工程技术专业(通信服务)岗位(群)工作任务分析表

岗位性质	工作岗位	主要工作职责	工作程序	工作对象	使用工具	工作方法	劳动组织方式	条例规范	与其他任务关系	所需要的知识、能力与职业素质
售前支持	通信设备产品工程师	(1) 通过技术交流与客户交流,制作相关技术文档,参与标书制作和答标等,及时跟踪、了解项目情况,把握项目中的技术环节,促进销售项目的落单; (2) 负责市场系统新员工通信产品知识的培训与考核工作; (3) 完善并维护通信产品行销文档体系和通信产品知识库体系; (4) 完善公司通信产品方案体系,对新产品新方案及时学习、推广和引导; (5) 负责通信产品宣传资料的编辑、印刷、发放、管理和建议反馈收集	(1) 通过市场销售人员的引荐和项目负责人进行点对点的技术交流,了解客户的技术要求,并给予解答和技术澄清; (2) 协助销售人员组织针对项目的大规模技术交流; (3) 能进行现场技术宣讲和解答; (4) 收集和了解竞争对手的产品信息,做好市场策略; (5) 制作针对项目的投标文件,并参与投标方面的技术答复; (6) 随时解答客户提出的技术问题; (7) 完善产品资料和解决方案	客户群和公司销售人员	• 个人计算机 • 计算机常用办公软件,包括Office办公系列,3D Max、Photoshop等	根据市场的实际情况做好市场技术交流规划,协同销售人员组织不同类型的技术交流,切入项目,做好方案设计和售前技术支持,收集友商信息,做好技术屏蔽	市场部经理任命项目售前经理分派任务,产品经理协同项目销售经理到现场与用户进行技术交流并组织客户到成功案例实际现场参观考察,进行技术讲解,并在项目投标前期、项目投标过程中,做好技术答复	(1) 公司企业规章制度 (2)《中华人民共和国电信条例》		知识: (1) 电工电路知识与电子技术; (2) 通信原理知识和数据通信基础知识; (3) 通信各种产品功能、结构及主要技术参数,业务类型; (4) 产品营销与市场策划知识; (5) 项目管理基础知识 能力与职业素质: (1) 对通信产品有较深的认识和理解; (2) 能制作产品配置; (3) 理解通信工程流程规范; (4) 了解国家及企业标书规范; (5) 客户应用与需求分析能力; (6) 销售方案分析策划能力; (7) 项目流程管理能力; (8) 项目实施计划管理能力; (9) 具备胶片宣讲能力; (10) 较强的协调沟通能力、较强的活动组织实施能力; (11) 良好的工作态度、责任心、团队意识、协作能力、学习能力、吃苦耐劳; (12) 很强的语言表达能力与客户沟通能力

第二部分　人才培养实施的条件

一、师资队伍的配置与要求

根据电子信息工程技术专业人才培养目标的要求，创建“育人为本、岗位导向、知行合一”的工学结合人才培养模式。该模式要求建立一支师德为先、结构合理、勇于创新、实践能力强、专兼结合的高素质“双师”结构教师队伍，以解决好人才培养工作中“谁来培养”的问题。

1. 师资队伍构成

师资队伍建设是专业建设和课程改革的关键。按照专业培养目标的要求，本专业的师资队伍构成如图 2-3 所示。

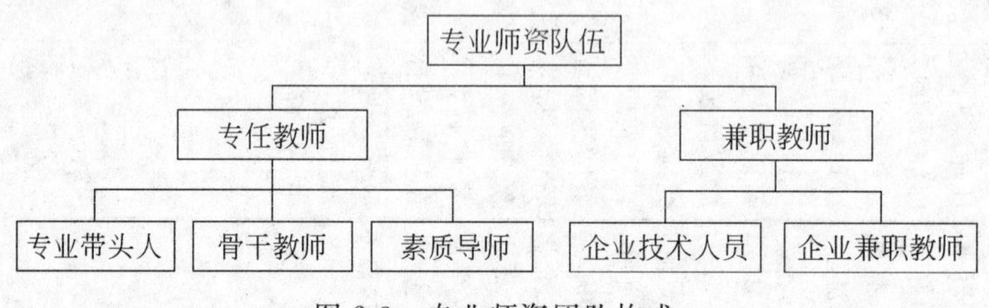

图 2-3　专业师资团队构成

2. 师资队伍结构与数量要求

根据高职高专院校人才培养工作水平评估指标要求，本专业按照师生 1∶16 的标准配置教学团队。按照本专业在校生 160 人计算，专业教师数应不少于 10 人。根据通信网络设备安装督导、调测和运行维护工作岗位的典型工作任务的特征，专业核心课程的实践教学均聘请企业技术人员参与课程建设和实践教学工作。考虑到学生生产性实训和顶岗实习工作的需要，还需要聘请一定数量的来自企业一线的技术人员担任实践教学指导教师，逐步形成专业实践教学由企业技术人员承担的机制。

根据专业课程设置和教学要求，需要配置以下专业技术方向的专兼教师，见表 2-10。

表 2-10　专业专职教师与兼职教师配置表

序号	专业技术方向	承担的主要课程	专职教师数量/人	兼职教师数量/人
1	交换技术	交换设备运行维护	2	1
2	光传输技术	光传输线路与设备维护	2	1～2
3	移动通信技术	移动无线网络设备配置维护	3	2
4	移动无线网络优化技术	移动无线网络优化	1～2	2
5	基站勘察设计	无线基站勘察与设计	1	1
6	通信工程服务	顶岗实习		20
合　计			38	

3. 师资队伍基本要求

(1) 专业带头人要求

① 本专业需配备1～2名专业带头人。

② 年龄在40岁以上,具有副高以上职称。

③ 具有10年以上的职业教育教学经历或5年以上企业工作经历和3年职业教育教学经历。

④ 熟悉通信技术发展和高职教育教学规律,能提出专业建设的长期发展规划,具有较强的组织协调和教学管理能力。

⑤ 教学研究能力强,能带领教学团队开展专业建设和教学改革等工作。

(2) 对骨干教师的要求

① 热爱高职教育事业,具有较强的事业心、责任感和良好的师德。

② 具有大学本科以上学历,5年以上教学实践经验,或者3年以上企业工作经历。

③ 能独立系统地讲授1门以上的专业核心课程,能独立指导1门实训课。

④ 具有扎实的理论基础和系统的专业知识,具有一定的专业水平和科研能力,对本专业的现状及发展趋势有一定了解,并有较明确的研究方向。

⑤ 具有课程建设、特色教材编写、课程标准编制、教学内容改革和教研科研等工作经历。

(3) 兼职教师要求

① 具有较丰富的企业专业技术工作经验。

② 具有良好的职业道德素养和工作责任心。

③ 具备较强的专业技术能力和较高的操作技能,能胜任专业核心课的实训教学工作。

4. 专兼职教师培养措施

(1) 专职教师培养

主要通过从相关企业引进培养、青年教师到企业挂职锻炼、以老带新,中青年教师主持技术课题研究、开展科技服务,以及开展教学改革课题研究、教学观摩、教学研讨等途径,提高专职教师的专业技术能力和教学设计能力。

(2) 兼职教师培养

根据专业教学的需要,从企业增聘安全检查等工作岗位的专业技术人员担任兼职教师,由兼职教师讲授实践技能课程。建立兼职教师人才信息资源库,加强兼职教师聘请、管理等制度建设,使兼职教师队伍管理规范化和制度化。每年做好兼职教师的年度计划,组织兼职教师参加专业的教研活动,适时召开兼职教师工作会议,加强兼职教师教学能力的培养。

(3) 素质导师队伍的培养

素质导师是由学生管理的一支专职队伍,在学生综合素质教育中发挥着积极作用。组织素质导师学习专业培养计划,了解学生就业定位。建立素质导师与专业教师的沟通制度,充分了解学生在专业学习中的表现。安排素质导师到企业实践,了解工作岗位及要求。

二、实践教学条件的配置与要求

(一) 校内实训基地及设备条件

实践教学条件应按照专业核心学习领域课程的学习情境教学、一次可容纳40名学生以及行动导向的教学模式需要进行配置,配置情况见表2-11。校内实训基地应建有职业技能鉴定站,并具备民航特有工种的职业资格鉴定资质。

表 2-11 电子信息工程技术专业校内实训基地及设备条件表

序号	名称	主要设备、仪器及最低配置数	适用范围(功能)	工位配置	面积/m^2
1	直流与交流电路实验室	主要设备: (1) 直流电路实验装置、交流电路实验装置最低配置各 40 套 (2) 多媒体教学设备 1 套 主要仪器: DDS 数字信号源、数字存储示波器、数字万用表、数字电压电流表、指针式万用表、电源等各 40 套	电工电路分析、安全用电等	40	100
2	电工电子实训室	主要设备: (1) 照明电路操作台、继电器控制操作台、高压电操作台、触电急救操作台各 40 套 (2) 多媒体教学设备 1 套 主要仪器: 数字信号源、数字示波器、数字万用表、电转、电子器件装配工具各 40 套	电工电路分析、安全用电等	40	100
3	电子工艺实验室	主要仪器: 数字信号源、数字示波器、数字万用表、电子器件装配工具各 40 套	电子装配技能实训、电子电路分析与制作等	40	100
4	模拟电路与数字电路实验室	主要设备: (1) 模拟电子线路实验装置、数字电路实验装置、高频电子线路实验装置各 40 套 (2) 多媒体教学设备 1 套 主要仪器: DDS 数字信号源、数字存储示波器、数字万用表、数字电压毫伏表等各 40 套	电子电路分析与制作、数字电路设计与实践、通信电路分析与测试等	40	100
5	电子综合实验室	主要设备: (1) EDA 实验装置、ARM 实验装置、单片机实验装置、PC 各 40 套 (2) 多媒体教学设备 1 套 主要仪器: 数字存储示波器、数字万用表等各 40 套	数字电路设计与实践、微处理器控制应用等	40	100
6	通信基础实验室	主要设备: (1) 信号与系统实验设备、通信原理实验设备、程控交换原理实验设备、光纤通信实验设备、移动通信实验设备、PC 各 40 套 (2) 多媒体教学设备 1 套 主要仪器: DDS 数字信号源、数字存储示波器、数字万用表、数字电压毫伏表	数字通信系统分析、交换设备运行维护、光传输线路与设备维护、移动无线网络设备配置维护	40	100
7	数据网络实验室	主要设备: (1) 交换机、路由器、PC、服务器 (2) 多媒体教学设备 1 套	数据网络组建与配置	40	100

续表

序号	名　称	主要设备、仪器及最低配置数	适用范围(功能)	工位配置	面积/m²
8	通信综合实训中心	主要设备： (1) C&C08 交换机 1 套、光传输设备 3 套、基站设备 1 套、基站控制器设备 1 套、MSC 设备 1 套、HLR 设备 1 套、SGSN 设备 1 套等 (2) 多媒体教学设备 1 套 主要仪器： 光功率计 10 套、光衰减器 10 套、误码仪 10 套	交换设备运行维护、光传输线路与设备维护、移动无线网络设备配置维护、数据网络组建与配置	40	150

(二) 校外实习基地

选择科技含量较高、效益较好、安全性较高的相关企业建立紧密型和松散型的校外专业实习基地，为学生顶岗实习提供实习岗位。利用专业自身的教育资源优势，通过主动服务的方式与企业建立良好的合作关系，争取企业积极支持工学结合人才培养模式改革的实施，为学生教学实习和顶岗实习等实践教学环节提供良好的条件和保障。

电子信息工程技术专业校外实习基地见表 2-12。

表 2-12　电子信息工程技术专业校外实习基地

序号	名　称	合 作 企 业	提供实习工作岗位	基 地 功 能
1	电子信息工程技术专业校外实习基地	中南空管局网络管理中心	有线通信室	程控交换设备运行维护实践教学、光传输设备配置与维护实践教学、顶岗实习
2		深圳讯方通信技术有限公司	设备工程部	顶岗实习 实训指导 兼职教师聘任 共建课程 推荐优秀毕业生 教师下企业锻炼 访问工程师 技术开发
3		广州金禧信息技术有限公司	IT 运维部	数据通信网配置、顶岗实习 兼职教师聘任
4		广州市通信建设有限公司	CDMA 核心网设备维护	顶岗实习 预就业 兼职教师聘任 共同对新员工培训
5		广东省长迅实业有限公司	无线基站设备维护、网管中心	顶岗实习
6		广州宜通世纪科技有限公司	无线基站设备维护、网管中心	顶岗实习
7		广州帧网通技术有限公司	通信运维产品	顶岗实习 参与技术开发

三、课程教学资源库的配置与要求

课程教学资源库的配置与要求见表 2-13。

表 2-13 课程教学资源库的配置与要求

分类	项 目	内容要求	备 注
专业建设	专业概况介绍	专业服务面向的职业岗位群、主要课程信息、就业方向等	基本配置
	专业人才培养方案	专业定位、专业培养目标、人才培养规格、职业岗位工作任务分析、课程体系、专业核心课程信息等	
	专业教学标准		
	职业资格标准		
	课程标准	重点建设的专业核心课程标准	
	教学进度计划	近几年的专业教学实施计划	
	教学管理文件	教学管理相关文件	
优质核心课程	电子教案	主要内容包括：学时分配、教学目标、教学内容、教学重点与难点、教学过程设计、教学设施和场地、教学小结等	基本配置
	多媒体课件		
	案例库	一个完整的案例	
	试题库	试题类型多种多样，主要包括：填空题、选择题、是非题、简答题、案例分析题等	
	实验实训项目	主要包括：实验实训目标、实验实训场地、实验实训要求与步骤、实验实训考核标准、提交报告或成果及小结、操作规范和安全注意事项等	
	教学指南	主要内容包括：整体课程设计、课程单元教学设计、单元课程在课程体系中的作用、课程教学方法建议、考核评价方案等	
	学习指南	主要内容包括：课程目标、单元教学目标、课程重点难点释疑、学习方法指导、参考资料和学习网站、典型问题解答	
	教学录像		
	学生作品或优秀学生作业		
素材库	文献库	与课程相关的图书、报纸、期刊、报告、技术资料及国家、行业、企业、职业标准等资源	可选
	视频库	实验实训项目操作视频等	
	动画库		
	网站链接		
	杂志		
网络课程	自主学习课程网站		

第三部分　人才培养实施的规范

为保证专业教学的有效实施，明确专业教师和教学管理人员在各个教学环节中的职责，实现教学工作的规范化和制度化，保证专业教学工作的正常运行，促进高职教育教学质量的提高，需要建立、健全专业教学管理制度。

一、专业教学文件制定的基本要求

专业教学文件包括电子信息工程技术专业人才培养方案、专业教学标准、课程标准、教学进度计划、实训教学计划、课程学习情境设计编写规范、教学设计撰写规范和实验实训指导书等。

专业教学标准是规范高职教育专业建设、专业教学，以及进行专业人才培养工作评估的指导性文件。它具体规定了专业培养目标、职业岗位与职业资格、人才培养规格、职业能力分析、课程结构、课程基本信息、学习评价、实施性的教学进度计划和教学条件等内容。它是学校开设专业、设置课程、组织教学的依据，也可作为学生选择专业和用人单位招聘录用毕业生的依据。

专业教学标准的基本内容包括：专业名称、入学要求、学习年限、培养目标、职业岗位与职业规格、职业岗位（群）工作任务与职业能力分析、人才培养规格、课程结构、专业主要课程基本信息及要求、指导性教学安排、课程学习评价、专业教学团队基本要求、实验实训条件的基本要求和其他编制说明等。

二、课程标准编制的基本要求

课程标准是对规定课程的基本规范和质量要求，是教材编写、组织教学、评价和考核的指导性文件。高等职业教育应充分体现“以服务为宗旨，以就业为导向”的基本理念，体现“能力本位”的教学思想。因而，专业课程标准也应体现专业教学的某一方面或某一领域对学生在专业能力、方法能力和社会能力等方面的基本要求，并规定课程的性质与作用、课程目标、内容标准，提出教学建议和学习评价建议。

（1）编制课程标准的原则性意见

① 应根据专业人才培养目标，确定课程的性质、作用和目标要求。其中，课程目标以职业能力培养为重点。

② 应与行业企业合作编制专业核心课程标准，体现职业性、实践性和开放性的要求。

③ 根据行业企业发展需要和完成职业岗位实际工作任务所需要的知识、能力、素质要求，通过教学分析确定课程的内容标准，并为学生可持续发展奠定良好的基础。

④ 遵循学生职业能力培养的基本规律，以真实工作任务或产品为依据整合、序化教学内容，教、学、做结合，理论与实践一体化，实训、实习等教学环节设计合理。

⑤ 参照相关的职业资格标准，建立突出职业能力的学习评价标准，规范考核的基本要求。

(2) 专业课程标准编制程序

① 专题调研。根据本专业所覆盖的职业岗位群，选择若干个具有代表性的职业岗位，开展行业企业岗位工种、工作程序、技术所需的职业素质、理论知识和专业技能等调研，形成课程的职业分析与教学分析资料。

② 编写初稿。在研读教学文件资料和进行课程职业分析与教学分析基础上，构建课程结构框架，把职业分析和教学任务分析转化为理论与实践结合的课程内容，编写课程标准初稿。

③ 专题研讨。邀请行业企业人员和有关专业教师对课程标准初稿进行讨论、修改，形成课程标准送审稿。

④ 专家审定。邀请有关专家对课程标准进行审定，确定为课程标准实验稿。

⑤ 组织实施。按照课程标准实验稿，配置教学资源，组织课程实施，并及时收集、整理实施过程中的评价意见。

⑥ 修订完善。根据实施评价和反馈的意见，对课程标准实验稿进行滚动修订，不断提高课程标准质量及实施成效。

(3) 课程标准的内容框架

课程标准的主要内容可包括课程的性质与作用、课程目标、内容标准(课程教学内容与学时安排建议)、学习情境及教学设计框架、教学实施建议、教学团队基本要求、教学实验实训环境基本要求、学习评价建议和课程教学资源开发利用等。

(4) 课程标准的规范性问题

课程标准编写的规范性主要体现在以下几个方面。

① 版面的规范性：包括课程标准各个部分的字体、字号、间距等方面的统一要求。

② 内容的规范性：包括质量文件所要求的各种流水号的准确性，课程标准各个部分数字的准确性，各类术语是否统一，课程标准各要素是否齐全等。

③ 编写及修订流程的规范性：编制课程标准的流程中必须符合“课程教学大纲编写及管理规定”作业指导书所规定的程序要求。

(5) 课程标准格式规范

“××××”课程标准

适用专业：××××××专业

课程类别：×××××课程

修课方式：×××课(必修课、选修课)

参考教学时数：××学时

总学分数：××学分

编制人：×××

审定人：×××

一、制定课程标准的依据

二、课程定位与作用

三、课程目标

（一）总体目标

（二）具体目标

四、课程教学内容与学时安排建议(建议采用表格表述方式)

序号	学习情境名称	学时	学习任务单元划分	教学形式

五、学习情境及教学设计框架

学习情境		授课学时(建议)	
教学目标			

学习内容	实践(训练)项目	教学载体	教学形式与方法建议
教学环境与媒体选择	学生已有的学习基础	教师应具备的能力	考核评价说明

六、教学实施建议

七、教学团队基本要求

八、教学实验实训环境基本要求

九、学习评价建议

十、课程教学资源的开发与利用

十一、其他说明

三、课程学习情境设计编写规范

学习情境是专业学习领域课程的结构要素，是在工作任务及其工作过程的背景下，将学习领域中的能力目标和学习内容进行基于教学论和方法论转换后构成的“小型”的主题学习单元，紧密围绕项目、任务、案例、产品等为载体进行学习情境设计。创设学习情境的目的是为了帮助学生更有效地学习知识和技能，实现专业能力、方法能力和社会能力，即职业能力的培养。学习情境是与学生所学习的内容相适应的包含任务的工作活动。为了帮助学生解决“怎样做”(经验)和“怎样做得更好”(策略)的问题，学习情境的设置要在同一范畴内至少设置 3 个以上的情境学习与训练，使之达到熟能生巧的目的。设置学习情境重复的是过程、步骤和方法，积累的是经验，不重复的是内容，使学生在完成任务过程中找出差异性，使学生能够达到知识与技能迁移的目的。

(1) 学习情境的设计原则

- 每个学习情境都是一个真实的工作任务。
- 各学习情境要有鲜明的针对性，并要相互联系和衔接。
- 学习情境的安排顺序应遵循学生职业能力培养的基本规律和知识认知的内在规律。
- 学时分配要合理。
- 在每一个学习情境中的学习任务(知识、技能、态度)的开发要考虑到任务之间的关联性、任务难度要适当、工作过程要完整，要考虑能够利于组织教学等问题，学习情境之间应呈现平行、递进或包容的关系。

(2) 学习情境设计中载体的选择

专业不同，面向的岗位也不同，每个学习领域所涉及的工作过程和工作范畴也有一定的差别性和复杂性。因此，每个学习领域所涉及的学习情境的载体也会有所不同，这就要求教师要经过周密细致的分析来选择确定。学习情境设计的载体大体可归结为：项目、任务、案例、现象、设备、活动、产品、零部件、构件、材料、场地、系统、问题、设施、对象、测试仪器、类型、生产过程、运输工具等。由此可见，所有的课程都能找到载体。

(3) 学习情境描述规范

学习情境是与学生所学习的内容相适应的包含任务的工作活动。描述学习情境的要素包括：教学目标、学习内容、教学载体选择说明、教学形式与方法建议、教学环境与媒体选择、学生已有的基础、教师应具备的能力和考核评价说明。这些要素在内容上应进一步细化，如表 2-14 所示。

表 2-14 学习领域学习情境设计简表

学习情境(名称)		适用专业	
授课教师团队		授课学时(建议)	
教学目标			

续表

学习与实践(训练)内容		教学载体	教学形式与方法建议
教学环境与媒体选择	学生已有的学习基础	教师应具备的能力	考核评价说明

四、课程教学方案设计规范

高职课程是非学科的,教学设计就是要突破传统的经验性教学模式做好教学结构和教学过程的最优化,获得最佳的教学效果。对于一门课程来说,要进行课程整体教学方案设计和教学单元教学方案设计。

1. 课程整体教学设计编制规范

课程整体教学设计通常采用闭环式结构,主要由分析、设计和评价三部分组成,每部分又由若干个要素组成,详见图 2-4。

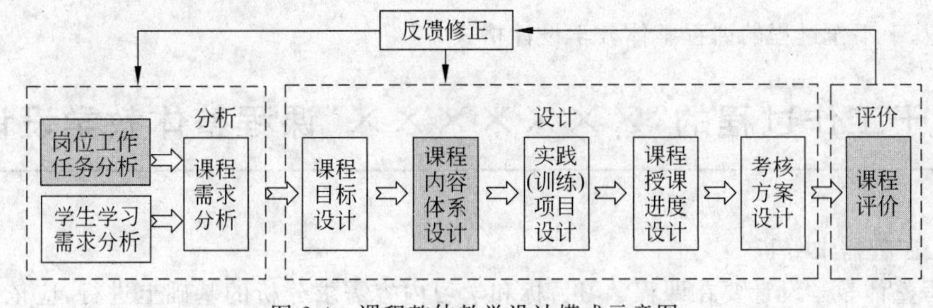

图 2-4　课程整体教学设计模式示意图

(1) 课程需求分析

课程整体教学设计要在课程学习目标和学习内容需求分析的基础上进行,应依据职业岗位的工作任务和工作过程的分析、整合来确定。同时,也不能忽视学生学习需求和学情的分析。

(2) 课程目标设计

这是课程整体教学设计的关键要素。课程目标设计主要是对专业能力、方法能力和社会能力加以设计。

(3) 课程内容设计

课程内容设计是指学习情境设计,设计与学生所学习的内容相适应的包含任务的主题学习单元。

(4) 实践(训练)项目

实践(训练)项目主要包括：拟实现的实践(训练)项目名称；拟实现的能力目标、相关支撑性知识；方法和手段等。

(5) 课程授课进度计划

根据前述制定出课程进程表，以便实施教学过程。

(6) 考核方案设计

课程考核应包括形成性考核和过程性考核，分别给予一定的成绩权重。

(7) 教材、参考文献资料

应分清主教材、辅助教材和其他参考资料，按书写规范列出。

2. 单元教学设计编制规范

课程根据内容和实践(训练)项目划分为若干单元，形成若干单元课。单元教学设计也可以采用闭环式结构进行，分为分析、设计和评价三部分，如图 2-5 所示。

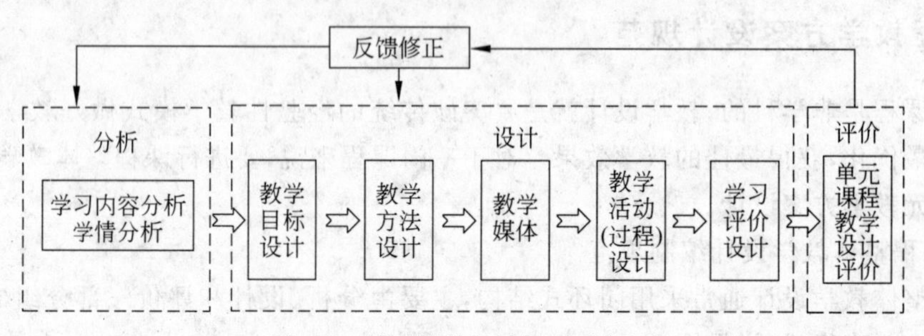

图 2-5 单元教学设计模式示意图

3. 基于工作过程的课程整体教学设计格式

基于工作过程的“××××××”课程整体教学设计

一、课程需求分析

课程整体教学设计要在课程学习目标和学习内容需求分析的基础上进行，应依据职业岗位的工作任务和工作过程的分析、整合来确定。同时，也不能忽视学生学习需求和学情的分析。

二、课程目标设计

(提示：须与课程标准中相关表述一致)

专业能力目标：

方法能力目标：

社会能力目标：

三、课程教学内容和教学进度计划设计

(如同一门课程不同的教师有不同的教学内容设计方案，请将各自的设计内容附上，并注明任课教师姓名和授课对象(××××专业××××班级)。)

课程教学内容和教学方法设计见下表。

课程教学内容和教学方法设计

序号	授课内容提要	周次、授课时数	教学组织形式与教学方法	教学媒体	教学地点

注：教学组织形式包括班级授课、分组教学及其他具体组织方式等。如果是多位教师授课，还须说明教师分工安排。教学环境要说明在××教室、××机房、××实验室、××实训基地等上课。

四、考核评价设计

五、教学资源设计

六、其他需要说明的问题

4. 基于工作过程的课程单元教学设计格式

基于工作过程的“××××××”××××××教学单元设计

学习任务名称		学时		总学时	
授课教师		授课对象			
教学目标					
知识目标： 技能目标： 情感目标：					

续表

<table>
<tr><td colspan="6">教学的重点与难点</td></tr>
<tr><td colspan="6">重点：
难点：</td></tr>
<tr><td colspan="3">学生学习特点分析</td><td colspan="3">教学策略设计</td></tr>
<tr><td colspan="3"></td><td colspan="3"></td></tr>
<tr><td colspan="6">教学过程设计</td></tr>
<tr><td rowspan="2">行动过程
（工作过程属性）
（学时）</td><td colspan="3">教 学 过 程</td><td rowspan="2">教学媒体</td><td rowspan="2">教学方法</td></tr>
<tr><td>行动内容（教学内容）</td><td>教师活动</td><td>学生活动</td></tr>
<tr><td>资讯
（×学时）</td><td></td><td></td><td></td><td></td><td></td></tr>
<tr><td>计划
（×学时）</td><td></td><td></td><td></td><td></td><td></td></tr>
<tr><td>决策
（×学时）</td><td></td><td></td><td></td><td></td><td></td></tr>
<tr><td>实施
（×学时）</td><td></td><td></td><td></td><td></td><td></td></tr>
<tr><td>检查
（×学时）</td><td></td><td></td><td></td><td></td><td></td></tr>
<tr><td>评价
（×学时）</td><td></td><td></td><td></td><td></td><td></td></tr>
<tr><td colspan="6">教学小结</td></tr>
<tr><td colspan="6"></td></tr>
</table>

五、专业实践教学工作规范

专业实践教学环节包括教学实习、生产实习、实验、实训、社会实践、顶岗实习和毕业设计等，是培养学生职业能力的重要教学环节。通过实验、实训等教学实践，加深学生对所学理论知识的理解，培养学生独立工作和小组合作的能力。专业实践教学要求如下：

（1）校内实训基地应根据专业课程标准规定的实践项目、学时，开出的基本教学实训，应努力创造条件增开新的实训项目，尽量向学生开放。

（2）课程组负责人组织专业教师与企业技术人员合作编写实训指导书（或实训项目指南），要求在实训教学前发给学生。

(3) 专业教师和实训指导教师在实训课前应共同做好准备,检查仪器、设备、材料是否完备。

(4) 教师首先应结合相关理论讲解实训项目应达到的目标、工艺规程和操作要领,明确有关安全事项,注意渗透思想品德教育和职业道德教育,并进行操作示范,然后指导学生训练,巡回辅导,最后集中讲评。

(5) 教师应注重培养学生严肃的科学态度和严谨的工作作风,培养学生正确使用各种仪器、仪表和观察测量、处理数据、分析结果、撰写实验实训报告的能力。及时清除安全隐患,采取有效措施,杜绝事故发生。

(6) 严肃上、下课纪律,对学生进行考勤,填写实验实训教学日志。认真组织教学,保持良好的课堂教学秩序。

(7) 指导教师、学生和设备管理员必须做好设备、测量仪器仪表的使用登记,以及原材料的领用登记等记录。

(8) 实训结束时,指导教师对仪器设备进行检查,如发现有损坏仪器设备者或私拿公物者,应当予以追究,并令其作出检查,按规定赔偿。对故意损坏仪器设备者,除按上述处理外,要给予纪律处分。

(9) 教师对学生的实训过程要认真进行考评。学生认真做好实训过程和实训结果的记录,完成好实训报告。教师评阅学生的实验报告,要严格要求。凡不符合要求者(数据不准确,绘图错误,字迹潦草辨认不清等)不予批改,退回重做。

(10) 课程组负责人组织专业教师和实训指导教师开展实训教学法研究,不断改进实训教学,开设新的实训项目。

实验实训教学日志格式规范

每学期实验实训指导教师应填写实验实训室的使用情况登记表以及教学实验开出项目汇总表。

实验实训教学日志见下表。

实验实训教学日志

<table>
<tr><td>班级</td><td></td><td>班级人数</td><td></td></tr>
<tr><td>课程名称</td><td colspan="3"></td></tr>
<tr><td>实验实训项目</td><td colspan="3"></td></tr>
<tr><td>教学时间</td><td>年　月　日______节</td><td>教学地点</td><td></td></tr>
<tr><td>主讲教师</td><td></td><td>实训指导教师</td><td></td></tr>
<tr><td>学生出勤记录</td><td colspan="3">出席　　人;缺勤　　人
缺勤学生登记:
缺勤原因:
班级考勤员签字:
年　月　日</td></tr>
</table>

续表

本次课程使用的设备和仪器	
实验实训设备有无损坏或工作不正常情况登记	
备注	

第四部分　人才培养实施的流程

一、人才培养模式的形成

电子信息工程技术专业的人才培养模式改革以通信行业的发展和通信服务岗位的需求为根本依据，在对通信行业企业调研和专业分析的基础上，为实现电子信息工程技术专业的人才培养目标，以工学结合为切入点，以职业能力培养为主线。电子信息工程技术专业与深圳讯方通信技术有限公司、广州通信建设有限公司等通信行业企业深度合作，在课程体系构建、课程开发与教学、师资队伍建设、实践教学条件建设（职业环境氛围的建设）、顶岗实习及管理、考核评价六个方面实现全方位的合作，使人才培养的全过程通过校企合作共同完成，构建和实施了“岗位导向、融学于做、校企共育”的人才培养模式。

电子信息工程技术专业“岗位导向、融学于做、校企共育”人才培养模式的内涵是：专业在调研分析的基础上，面向区域经济的民航安全检查行业企业，人才培养目标与民航行业企业人才需求相适应、课程体系构建与通信行业企业发展同行、实训教学设备与机场安检设备相一致，充分体现“岗位导向”人才培养模式的主要特征。课程体系以职业能力培养为主线，参照电信机务员国家职业资格标准，以工作过程为导向，以工作任务为载体，开发课程，用工作过程引导教学过程，实现“教学做一体化”教学，形成“岗位导向、融学于做、校企共育”的工学结合人才培养模式。该模式较好地实现了人才培养目标与通信行业企业岗位要求一致、课程内容与通信服务实际工作任务一致，课程标准与职业资格标准结合。人才培养模式示意图如图 2-6 所示。

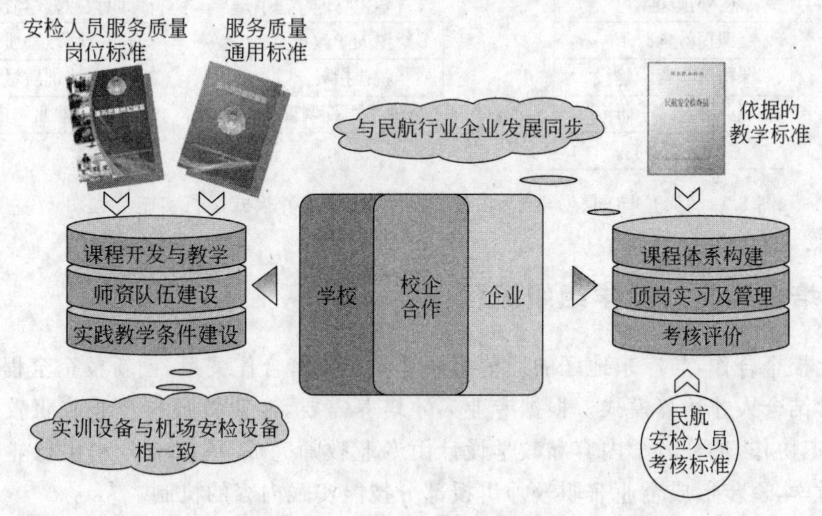

图 2-6　电子信息工程技术专业人才培养模式示意图

二、人才培养模式运行实施流程

为落实电子信息工程技术专业人才培养目标的实现，组建校企联合人才培养工作组，建立以下运行机制和保障体系，保障"岗位导向、融学于做、校企共育"的人才培养模式的顺利实施。

"岗位导向、融学于做、校企共育"的人才培养模式运行实施流程，如图2-7所示。

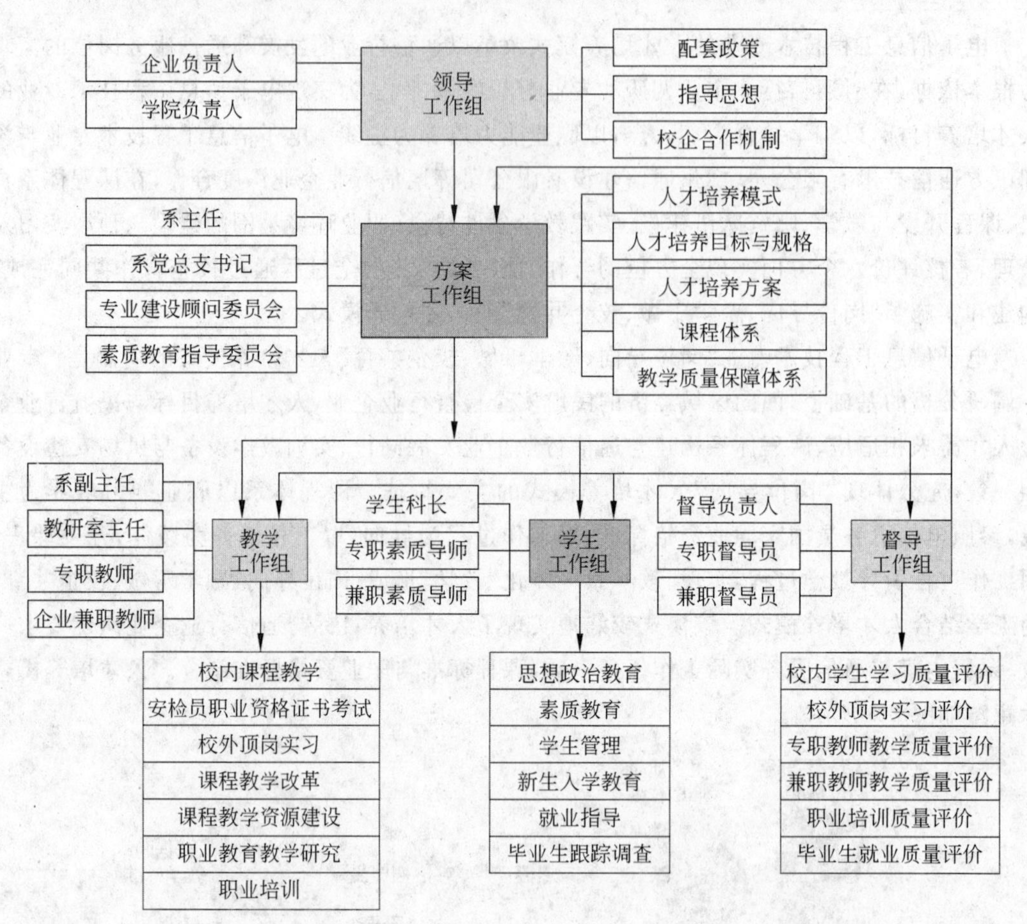

图2-7 "岗位导向、融学于做、校企共育"人才培养模式运行实施流程图

三、人才培养实施的教学组织流程

为深化校企合作，与广东地区的通信企业建立了紧密合作关系，创新校企全程合作共同育人的工学结合人才培养模式。根据专业人才培养需要，专业教师与企业兼职教师发挥各自优势、分工协作，部分教学内容和教学设计由专业教师完成，同时充分利用行业企业资源开展实践教学，逐步形成企业兼职教师讲授部分技能实践内容的机制。

1. 校内教学组织流程

人才培养方案采取灵活的教学形式和组织安排。一部分时间学生在校内学习基础知识和进行基本技能的训练，另一部分时间组织学生到企业参加岗位生产实习。通过专业认识实习、校内生产性实训项目训练和顶岗实习等多层次、多阶段的实习方式，形成在校内学习与在企业工作有机结合的分阶段循序渐进的学习模式，由学校和企业共同承担起对学生的培养任务。严格顶岗实习的过程管理，将学校教学管理延伸到企业，与企业携手共创工学结合运行全程管理体系。工学结合为核心的专业人才培养方案分为三个阶段，分别是学习学期Ⅰ、与工作相关的学习学期Ⅱ和工作学期，教学组织安排具体见图 2-8。

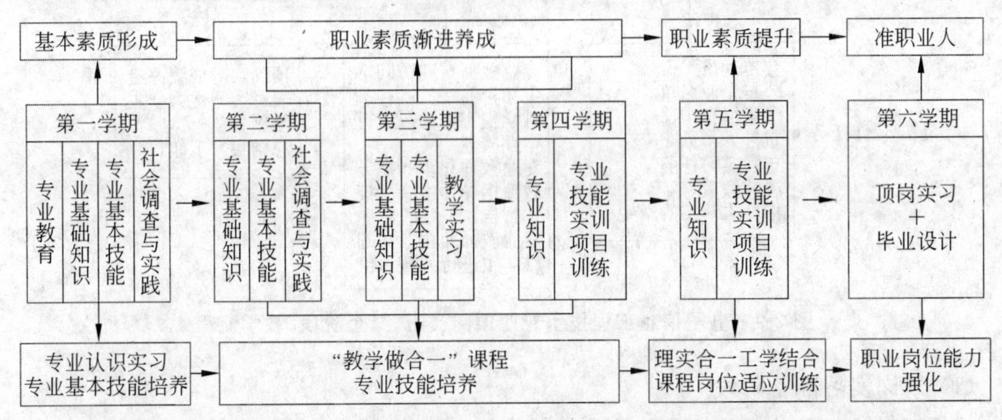

图 2-8　电子信息工程技术专业校内实践教学组织

(1) 学习学期Ⅰ(第一学期～第三学期)

① 新生入学专业教育。安排在第一学期开始，由专业教师和企业兼职教师共同对新生进行专业教育。

② 专业认识实习。安排在第三学期，由专兼职教师共同指导，使学生了解企业的工作流程、设备操作流程、设备维护流程及行业企业各种规章制度。

③ 专业基本技能训练。安排在第一学期～第三学期。主要包括电工电路分析、电子电路分析与制作、数字电路设计与制作、通信电路分析与测试、微处理器应用及项目训练等单元。学生通过专业基本技能实训，掌握安全用电操作、电子元器件识别、电子测量仪器使用、电子电路制作与调试及微处理器应用项目训练等多项技能，由团队专业教师实施教学和指导完成。

(2) 学习学期Ⅱ(第四学期～第五学期)

这一阶段的学习内容是部分专业课程学习与实践训练，包括通信电路制作项目实训、计算机网络项目实训和通信设备的操作与维护等。通过校内生产性实训项目训练，使学生熟悉企业的生产流程、设备操作流程和设备维护流程等工作任务，完成简单的维护工作任务，并参加通信与网络技术助理工程师的认证考试。其中部分专业课程的实践环节由企业兼职教师实施教学。

(3) 工作学期(第六学期)：顶岗实习

工作学期的主要任务是顶岗实习，安排或学生自主选择实习岗位，时间为 4～5 个月，进行岗位能力强化训练，由企业兼职教师指导完成。通过顶岗实习，使学生学习通信工程现场知识和技术规范，培养通信技术应用能力；接受通信企业文化的熏陶，学会与人相处；树立良好的职业道德和敬业精神，履行通信职业岗位职责，为今后就业打下良好的心理基础和技术基础。

2. 校外顶岗实习教学组织流程

会同深圳讯方通信技术有限公司、广州市通信建设有限公司等企业专家共同制订顶岗实习计划，认真做好顶岗实习课程“三个阶段”的教学组织，如图2-9所示。

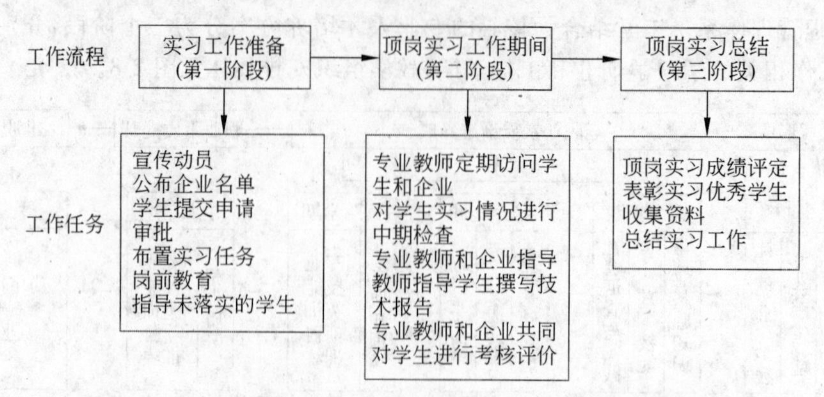

图2-9 电子信息工程技术专业顶岗实习“三个阶段”教学流程

(1) 顶岗实习准备阶段

根据通信企业用人需求，确定供学生顶岗实习的通信企业，双方共同制订顶岗实习方案。向学生公布顶岗实习的通信企业、实习工作岗位特点和用人要求。提前1～2周对学生做好顶岗实习宣传动员，学生选择顶岗实习岗位。组织学生学习工学结合顶岗实习学习文件和相关规章制度，并对工作实习内容、职业岗位纪律、生活等进行具体安排与指导。同时，向学生公布毕业设计课题，学生带着毕业设计任务，结合顶岗实习任务，做好顶岗实习前的准备。

(2) 顶岗实习工作实践阶段

学生根据毕业设计任务书和顶岗实习的要求到岗，企业根据需要和提供的生产实践工作场所和条件，企业实习指导教师承担起对学生进行职业道德素质教育、企业文化和岗位技能培养的教学和训练，学生填写周反馈表，做好顶岗实习阶段总结，撰写岗位业务报告和顶岗实习心得。实习中，专业顶岗实习相关负责人员到学生实习单位走访和调研，看望学生，了解学生工作情况，对学生进行指导，帮助学生解决困难。同时，收集教师、学生信息，将顶岗实习的典型事例上报专业顶岗实习专项工作组，并上传系工学结合网站，供学生和教师交流。

为确保顶岗实习顺利进行，建立、健全顶岗实习管理制度，严格过程管理，制定带队教师工作职责、企业实习指导教师工作职责、学生联系制度、学生学习成绩考核制度和安全教育制度、学生顶岗实习指导手册以及专业工学结合顶岗实习门户网站等，形成校企双方双重管理体系。

(3) 顶岗实习总结阶段

企业实习指导教师和带队教师共同对学生进行考核，企业指导教师对学生顶岗实习工作能力及实习表现进行考核，带队教师结合学生在企业表现和顶岗实习业务报告对学生进行测评。

召开顶岗实习及毕业设计总结大会，向学生颁发顶岗实习证书，评选顶岗实习优秀学员，进行顶岗实习的汇报演讲。带队教师对顶岗实习进行总结，并对顶岗实习存在的问题提出修改意见，完善顶岗实习方案。

四、行动导向的课程教学模式实施

1. 行动导向教学操作方式

最常使用的就是“六步法”：资讯—计划—决策—实施—检查—评估。

(1) 资讯(引入任务、项目或课题)

首先，准备工作。设计学习领域和学习情境之前，教师先把课堂上最基本的教学媒体——工作过程设计好，并准备好工作用设备、器材、参考资料、参考用的学习(工作)流程以及学习(工作)表单等。

其次，向学生提出项目任务。常常由教师提出一个或几个项目任务设想，然后同学生一起讨论，最终学生自行确定或师生共同确定项目的目标和任务。也可由教师提供相关信息、设疑，由学生提出和确定项目任务。

再次，分组。小组成员要强弱搭配。分配具体任务时，要注意成员之间水平差异、性格特征，力争小组的每一个成员跳一跳都能摘到桃子。

(2) 制订计划

先由学生讨论、制订项目工作计划，确定工作步骤和程序，最后得到教师的认可。

(3) 决策(收集信息、筛选信息)

学生根据相关的学习领域通过相关的媒体进行学习，从书本上、网络上查找有关信息，并整理、加工、筛选信息，最后提出设想或探索的路径或方向。

(4) 实施计划

学生确定各自在小组中的分工以及小组成员合作的形式，然后按照已确立的工作步骤和程序进行工作。

(5) 检查评估

先由学生对自己的工作结果进行自我评估，再由教师进行检查评分。师生共同讨论、评判项目工作中出现的问题，学生解决问题的方法以及学习行动的特征。通过对比师生评价结果，找出造成结果差异的原因。

(6) 评估应用

作为项目的教学(实践)成果(产品)，应尽可能具有实际应用价值。因此，项目工作的结果应该归档或应用到学习或教学(生产)实践中。

2. 理论实践一体化的专业学习领域教学实施

理论实践一体化新课程的实施有以下要求：在组织课程教学与实施时，首先，要组成教学团队，既包括有学校的专业教师，也有来自企业的兼职教师；其次，要构建和改善教学环境，以实现工作过程系统化的教学。行动导向的教学提倡学生自主学习，因此，要为学生提供更多的学习资源，充分调动学生学习的主动性，让学生在小组合作与交流的氛围中，尽可能通过实践来学习，但要加强质量控制，使学生学习更有效。

理论实践一体化新课程在组织教学时，要建立完成工作任务与学习知识的内在联系，将工作任务分解为一系列可以使学生独立学习和工作的相对完整的教学活动，这些活动可依据实际教学情况来设计。在实施时，根据学生工作任务要求，组建学习团队。学生在合作中共同学习和完成任务，分组时要考虑学生的学习能力、性格和态度等的差异，建议以自愿为主。要充分相信学生并发挥学生的作用，与学生共同进行活动过程的质量控制。

理论实践一体化新课程的学习方式是针对理想状态设计的，如果学生不太适应，建议灵活应用递进式的过渡方法来解决。教学组织实施时，新课程的教学单元需要相对完整的连续时间（如4学时），要在教学活动分批工作和学习。

五、课程标准编制

课程标准是课程的基本纲领性文件，是对课程的基本规范和质量要求。这次课程改革将以往沿用已久的教学大纲改为课程标准，反映了职业教育课程改革所倡导的基本理念。课程标准作为课程实施教学的参照，在一定程度上引导着课程改革的方向。

课程标准的结构大致包括前言、课程目标、内容标准、实施建议、附录等部分。在课程目标的陈述上，都包括了知识与技能（能力）、过程与方法、情感态度与价值观三个方面。这与过去的教学大纲有着显著的区别。课程标准的这种框架，是经过学习和借鉴各国的课程标准，并结合我国的教育传统及教师的理解和接受水平，反复研究所形成的，将课程目标、内容及要求、课程实施等放在同等重要的地位。

课程标准是教材编写、教学、评价的依据。课程标准关注学生的培养，从单纯关注知识与技能转向同时关注学习的过程与方法，从强调获取知识为首要目标转变为首先关注学生的能力、情感、态度和价值观的培养，着眼于学生的可持续发展。课程标准应体现学生在知识与技能、过程与方法、情感态度与价值观等方面的基本要求，主要包括以下内涵。

- 它是按门类制定的；
- 它规定本门课程的性质、目标、内容框架；
- 它提出了指导性的教学原则和评价建议；
- 它不包括教学重点、难点、时间分配等具体内容；
- 它规定了学生在知识与技能、过程与方法、情感态度与价值观等方面所应达到的基本要求。

但是，并不等于课程标准是对教材、教学和评价方方面面的具体规定。课程标准对某方面或某领域基本素质要求的规定，主要体现为在课程标准中所确定的课程目标和课程内容。因此，课程标准的指导作用主要体现在它规定了教学所要实现的课程目标和教学中所要学习的课程内容，规定了评价哪些基本素质以及评价的基本标准。但对教材编制、教学设计和评价过程中的具体问题（如教材编写体系、教学顺序安排及课时分配、评价的具体方法等），则不做硬性的规定。

电子信息工程技术专业的21门课程标准，详见第六部分。

六、考核评价

1. 指导思想

考核评价是教学过程中不可缺少的一个组成部分，是对学生的学习活动做出全面、科学和有效的评价。考核评价的目的是促进学生学业的进步，提高人才培养质量。按照工作过程导向的课程改革思路，以培养岗位需求的高素质高等应用型人才为目标，结合高职教育教学的特点和电子信息工程技术专业教学的特征，倡导“立足过程，促进发展”的考核评价，建立促进学生职业技能提高和职业素质养成的多元化评价体系。

2. 评价方式

(1) 终结性评价与形成性评价相结合

按照工作过程导向的课程改革思路,对学生的考核应贯穿终结性评价与形成性评价相结合的原则。形成性评价是面向未来、重在发展的评价,将学生在完成学习工作任务过程中的学习工作态度、做事规范程度、努力程度、技能(能力)的提高以及学习过程中获得的进步等要素纳入到考核的内容,实现考核评价的重心转移。

(2) 实践考核与理论考核相结合

既考虑以考核技能为主的操作考试,又考虑测试认知水平的理论知识考试。实操考核相对独立,评价方式由百分制考核改为等级制考核,学习评价方案突出整体性评价。

(3) 教师评价与学生评价相结合

强调参与互动、自评与他评相结合,实现评价主体的多元化。学生的评价内容作为考核评价的一部分,可促使学生主动参与、自我反思、自我教育和自我发展,可以有效地调动学生的积极性和主动性。

(4) 质性评价与量化评价相结合

质性评价是对学生的学习进行的整体性的非量化的评价,这种评价往往在自然的、真实的情境中进行的,通过质性评价可以考查学生在学习工作实践活动中的表现。质性评价从本质上并不排斥量化评价,它常常与量化评价的结果整合应用,将质性评价与量化评价相结合的原则,有利于更清晰、准确地描述学生的职业成长状况。

(5) 校内评价与校外评价相结合

既考虑在校内生产性实训基地进行仿真模拟考试,又考虑在真实的职业活动中的考核。校内评价与校外评价相结合,企业专业技术人员与专业教师评价相结合。

3. 评价形式

建立多元化的考核评价内容,例如书面考试、口试、课堂行为记录、项目调查、实际操作考核、提交技术报告(含实验报告)、撰写小论文、电路制作等项目,对学生学习工作的行为过程做出整体性、合理性的评价。

第五部分 人才培养实施的保障机制

专业教学运行管理是按专业人才培养方案的教学进度计划实施教学时，对专业教学活动过程的管理。它包括体现以学生为主体，教师为主导的师生相互配合的教学过程的组织管理和以系教学管理部门进行的教学行政管理。专业教学运行管理的基本要求是严格执行学院的教学规范和管理制度，以保持教学工作的稳定运行，实现教学过程的有效控制和监督，保证教学质量的不断提高。

一、专业教学运行组织结构

实行学院、系和专业教研室三级管理体制。在院主管教学工作副院长和教务处处长的领导下，系、专业教研室按分工各施其责。主管教学工作的副院长和教务处处长负责各系、实训室、实训基地的教学管理、教学基础建设和教学改革工作。专业教研室在系部领导下，成立“示范性专业建设工作组”开展教学改革、教学研究与科学研究，组织教师业务进修、培训提高和新技术培训等，完成常规教学、专业建设、课程建设等工作。

电子信息工程技术专业教学运行组织结构如图 2-10 所示。

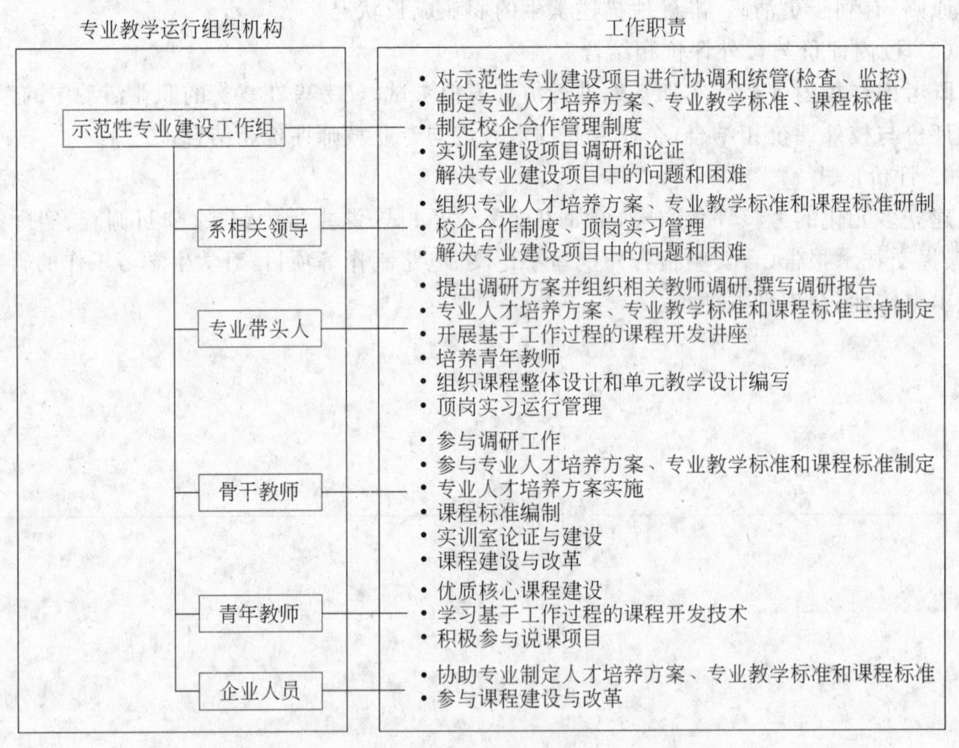

图 2-10 电子信息工程技术专业教学运行组织结构

二、顶岗实习制度管理

顶岗实习是一门重要的综合实践课程，它由学校、企业、学生三方共同参与，由于实习地点分散，组织和管理难度较大。为保证学生顶岗实习的顺利、有序进行，遵守和加强顶岗实习过程的组织与管理是至关重要的一环。为此，专业与企业携手实行校企双元的顶岗实习管理机制，系成立了顶岗实习领导小组，专业教研室也设顶岗实习专项小组加强顶岗实习教学质量的监控。在校企合作过程中，专业广泛征求合作企业的意见，与行业企业技术人员共同制订顶岗实习计划，按企业的要求完成企业及学校共同安排的顶岗实习任务，与企业共同培育学生。近三年来，与企业共同制订和修订了顶岗实习协议、管理制度和办法达13项，建立了顶岗实习管理机制，规范了专业与企业的合作工作。

三、专业建设顾问委员会制度

教育部《关于全面提高高等职业教育教学质量的若干意见》(教高[2006]16号)文件指出，“……发挥行业企业和专业建设顾问委员会的作用，加强专业教学标准建设……”为加强对电子信息工程技术专业人才培养工作的宏观指导，推动专业教学改革和教学建设，进一步提高人才培养的质量，电子信息工程技术专业聘请有关专家组成专业建设顾问委员会，专业教学指导委员会由系主任、专业带头人、骨干教师及广州白云国际机场安检站、深圳宝安国际机场安检站等民航行业企业的技术和管理专家组成。专业建设顾问委员会的主要任务是把握本专业的市场需求和发展趋势，指导和推动专业建设、课程建设与教学改革、师资队伍建设、教材建设以及实验实训条件建设等，研究制定专业建设的基本要求和专业教育的质量标准，推动校企合作工学结合，推动职业资格证书制度的实施，促进教学质量不断提高。

四、构建校企合作平台

专业人才培养最根本的切入点是工学结合，而校企合作正是解决工学结合矛盾的最有效途径和方法。因此，专业主动与行业企业实行紧密合作，在学生实训实习、技术服务和文化交流等方面实现互动和融通。发挥行业与地域优势，与区域民航行业企业的科技含量较高、效益较好、安全性较高的优势企业建立紧密型和松散型的校外专业实习基地，构建校企合作平台，为专业教学实习、顶岗实习等实践教学环节的实践训练提供教学保障。学校和企业密切配合，形成“双元驱动、双元联动、双元互动”的关系体，建立校企互动的运行机制，实现在人才培养、专业建设、课程建设、教材开发、实习实训基地建设、“双师型”队伍建设、校企文化建设等方面的互动。

为了保证校企合作的有效开展，专业成立了“校企合作联合办公室”，将教学、顶岗实习和就业相结合，密切加强学校与企业的联系。为此，出台校企合作的管理文件，分别制定如“实习生行为规范”、“实习生管理手册”、“企业对实习生管理规定”等文件，使校企双方对实习生的管理有依据、可操作，增加校企合作的可实施性。此外，还需要规范的其他校企合作管理文件，主要有：

(1) 校企合作协议；

(2) 校企合作委员会章程；

(3) 兼职教师聘任制度;

(4) 兼职教师管理办法;

(5) 兼职教师审批表;

(6) 兼职教师聘任协议;

(7) 专业教师企业实践锻炼审批表。

五、校内实训基地管理制度

为使实践教学规范、有序地实施,实践教学工作管理的科学化、规范化,提高实践教学质量,必须要制定出一系列实践教学管理制度。抓好实践性教学的制度建设,是关系到实践教学按既定的教学大纲与计划有效组织教学并保证实践性教学达到应有目标而不可缺的必备前提条件。从以下几个方面来加强制度建设。

(1) 岗位职责制度

制定《实训管理人员岗位职责》、《实验实训教学管理》等岗位工作职责,使实践性教学相应工作岗位的职责明确。

(2) 实践教学场所使用制度

制定《实验实训室仪器保管领用制度》、《实验室对外服务管理制度》、《实验实训室开放管理制度》等制度,使实践教学场所保持整洁、有序开放。

(3) 设备维护和保养制度

制定《大型仪器管理制度》、《实验室卫生制度》、《各类设备操作规程和安全使用规程》、《设备使用记录制度》、《设备维护管理制度》、《设备维护保养制度》等保养检测、维护、维修制度,以保证设备的使用率。

(4) 实践教学管理制度

建立《实验实训教学日志》和《实验实训指导教师教学工作考核办法》,以确保实践教学工作规范有序地进行。

六、教学质量监控体系

(1) 专任教师教学质量监控

①编制课程单元教学设计方案;②授课计划书;③学生信息反馈表;④督导评价表。

(2) 顶岗实习质量监控

①顶岗实习申请表;②顶岗实习协议;③顶岗实习计划;④顶岗实习免修课程申请表;⑤顶岗实习学生情况记录;⑥顶岗实习考核表。

(3) 教学管理制度

① 改革现行的管理制度,建立有利于电子信息工程技术专业校企合作的制度体系,是形成“岗位导向、双证融通”人才培养模式运行机制的关键,为此制定了专业教学管理制度。这种制度体系涉及教学管理制度、学籍管理制度、学生工作制度等方面。

② 教学过程柔性化管理。整个教学过程分为理论教学过程和实践教学过程,对于理论教学和实践教学,基于教学过程特点不同,我们制定的柔性化管理制度也不同。对于理论教学,均安排 2 名以上专业教师担任一门课程的教学工作,不同的教师授课班级不同,授课时

间不同，但所执行的课程标准和教学计划相同。教师对学生的管理以学生上课出勤为主。达到合格的出勤率，则视为该名学生完成了课程学习，可以参加考试。如果学生进入企业顶岗实习，实习内容和课程相关，则以学生在企业工作的出勤情况和工作情况为依据，判断学生是否可以参加考试。教师在每组的实践教学中，应保证实践教学的规范化、标准化，提高学生的学习效果。

（4）考核制度管理

结合顶岗实习的特点，对于顶岗学生不能参加校内学习和考试的科目，按学院相关管理制度规定进行考核：在考核内容上，注重分析、解决问题能力和技术应用能力的考核，特别注重实效和学生职业能力考核。而且，企业评价与学校考核相结合，根据学生岗位的职业特点，与学生岗位密切相关的部分专业课程采取企业进行替代考核的形式，给予一定的成绩；在考核方式上，采用顶岗实习工作报告等形式进行，以提高学生综合能力。由专业教师进行辅导，并记入考核。

第六部分　电子信息工程技术专业课程标准

“计算机操作与应用”课程标准

适用专业：电子信息工程技术专业
课程类别：专业基础学习领域
修课方式：必修课
教学时数：70 学时
总学分数：3 学分
编制人：李燕霞
审定人：李斯伟

一、制定课程标准的依据

本标准是依据《中华人民共和国职业教育法》、《关于加强高职高专教育人才培养工作的意见》(教高[2002]2 号)、《关于全面提高高等职业教育教学质量的若干意见》(教高[2006]16 号)等文件精神，以及电子信息工程技术专业的人才培养目标和培养规格的要求而制定，用于指导“计算机操作与应用”的课程编制。

二、课程性质与作用

“计算机操作与应用”课程是电子信息工程技术专业的一门重要的基础课程，同时也是培养学生自主学习和可持续发展能力的基本保障，是实施素质教育和培养全面发展人才的重要途径。本课程具有基础性、工具性和实用性的特点。本课程为专业搭建计算机技术应用平台，为后续课程的学习奠定基础。通过课程的学习和实践，使学生掌握以 Windows XP 和 MS Office 2003 为工作平台，应用计算机高效率、高质量地进行信息处理的基本手段和方法，提高学生综合利用办公软件的水平。

三、课程目标

通过“计算机操作与应用”课程的学习和训练，使学生具备计算机基础理论知识、掌握 Windows XP 和 MS Office 2003 使用、掌握计算机网络与 Internet 的使用等能力，使学生具备利用计算机进行信息的获取、处理、传递及应用的基本技能，提高学生的素质和计算机文化意识，培养学生的创新精神和实践能力，促进学生职业能力的培养和职业素养的养成，达到职业岗位能力和职业素养培养的要求。具体目标如下。

1. 知识目标

- 了解计算机基础理论知识、数制、计算机编码、计算机系统基本组成和原理。

- 具有操作系统的基本相关知识，学会使用 Windows XP 操作系统的基本使用方法。
- 理解办公自动化的内涵和意义，认识 MS Office 2003 办公软件的基本特点和使用方法。
- 具有一定的多媒体、计算机网络和 Internet 的基本知识。

2. 能力目标

- 具备计算机系统的简单安装、基本维护能力。
- 熟练掌握汉字输入方法，具有较高的中英文录入速度。
- 具备 Windows 文件(文件夹)相关操作及功能设置、Windows 运行环境设置和应用软件安装与卸载能力。
- 熟练掌握 Word 2003 的编辑及排版的各种操作，并能对具有复杂结构的长文档进行排版。
- 具备利用 Excel 2003 进行较复杂的数据分析处理能力。
- 能利用 PowerPoint 2003 制作艺术性较高的专业演示文稿。
- 能通过 Internet 进行信息的检索和下载、熟练收发电子邮件。

3. 素质目标

- 良好的工作态度和责任心，遵守职业道德。
- 具有较强的团队意识和协作能力。
- 具有较强的学习能力、吃苦耐劳精神、自控能力。
- 具有较强的语言文字表达能力。
- 具有认识自身发展的重要性以及确立自身继续发展目标的能力。

四、课程教学内容与学时安排建议

"计算机操作与应用"课程的教学内容与学时安排建议详见表 1。

表 1 "计算机操作与应用"课程的教学内容与学时安排建议

序号	学习情境名称	学时	学习任务单元划分	教学形式
1	认识计算机	8	① 课程性质与作用、课程目标、教学内容、学习方法、学习评价的要求、其他基本要求等 ② 计算机系统概述 ③ 数制(二、十、十六进制)、编码(ASCII 码、原码、反码、补码、汉字编码) ④ 微机硬件配置、简单组装 ⑤ 计算机安全、病毒检测、清除与防范	教师讲授 教师示范 讲练结合
2	中文 Windows XP 学习与训练	8	① Windows XP 的基本操作、窗口、菜单、对话框 ② Windows XP 的资源管理、文件和文件夹 ③ Windows XP 的系统设置与常用功能 ④ 中英文录入技术	学中做 做中学 讲练结合
3	校刊 Word 文档的制作	16	① 学校简介的制作 ② 宣传小报的艺术排版 ③ 校历、课程表的制作 ④ 校刊排版 ⑤ 成绩通知单的生成	学中做 做中学 讲练结合

续表

序号	学习情境名称	学时	学习任务单元划分	教学形式
4	企业工资管理 Excel 电子表格的制作	16	① 工资表的制作 ② 工资表的统计分析 ③ 公司销售表的制作 ④ 企业工资管理	学中做 做中学 讲练结合
5	产品宣讲 PPT 演示文稿的制作	8	产品宣讲演示文稿的制作	学中做 做中学 讲练结合
6	Internet 利用学习与实践	8	① 局域网基本操作 ② 搜索、下载、上传、申请邮箱、收发邮件	学中做 做中学 讲练结合
	复习考试	6	① 复习(4 学时) ② 考试(2 学时)	闭卷机试

五、学习情境及教学设计框架

创设学习情境的目的是为了帮助学生更有效地学习知识和技能，实现专业能力、方法能力和社会能力等职业能力的培养。学习情境是与学生所学习的内容相适应的包含任务的工作活动。描述学习情境的要素包括：教学目标、学习与实践(训练)项目、教学载体、教学形式与方法建议、教学环境与媒体选择、学生已有的学习基础、教师应具备的能力和考核评价说明。

本课程学习情境的详细描述见表 2～表 7。

表 2 "计算机操作与应用"学习情境 1 设计简表

学习情境 1	认识计算机	授课学时(建议)	8

教学目标

通过学习和实践，使学生能够较系统地掌握计算机系统基本构成、工作原理、硬件和软件系统的基本概念。

具体教学目标为：了解数制及转换；了解计算机中的编码；掌握计算机硬件配置知识，具备简单组装计算机硬件及软件装卸的能力；了解计算机安全知识，学会使用杀毒软件进行病毒检测、清除与防范的方法。

学习内容	学习与实践(训练)项目	教学载体	教学形式与方法建议
• 计算机的发展与应用 • 数制(二、十、十六进制) • 计算机中的信息与编码(ASCII、原码、反码、补码、汉字编码) • 计算机系统结构 • 计算机安全与计算机病毒	• 计算机硬件配置认识、计算机简单组装、软件装卸 • 常用杀毒软件的使用	一般计算机	• 教师讲述 • 任务驱动教学 • 课堂讨论 • 示范教学法 • 研究性学习 • 小组合作

续表

教学环境与媒体选择	学生已有的学习基础	教师应具备的能力	考核评价说明
• 计算机多媒体教学机房 • 多媒体教师机 • 投影仪 • PPT课件 • 白板 • 实际应用案例	• 阅读理解能力 • 文字和语言表达能力 • 自控能力(使用计算机) • 高中数学基础	• 良好的职业素养和个人素养,责任感强,具有团队精神 • 综合运用各种教学法实施教学的组织和控制能力 • 熟练使用计算机及多媒体硬软件、熟悉机房环境 • 熟练处理计算机常见故障 • 熟悉计算机的各种基本操作 • 能够熟练、正确、及时解答和处理学生的疑难问题	• 出勤 • 课堂实践操作 • 课外作业提交

表3 "计算机操作与应用"学习情境2设计简表

学习情境2	中文 Windows XP 学习与实践	授课学时(建议)	8
教学目标			
通过学习和实践,学生能熟练使用中文 Windows XP 系统。 具体教学目标为:学会 Windows 的基本操作;熟练进行文件和文件夹、快捷方式的操作;熟练使用写字板、记事本、画图等程序;具备正确的指法和较高的中英文录入速度。			
学习内容	**实践(训练)项目**	**教学载体**	**教学形式与方法建议**
• Windows 基本知识及窗口、菜单、对话框、桌面、键盘和鼠标的基本操作 • Windows XP 的资源管理、文件和文件夹管理(创建、移动、复制、删除、重命名、查找,文件属性的修改)、快捷方式 • Windows XP 的系统设置、常用工具与常用功能、写字板、记事本、画图 • 中英文录入技术	• 整理文件夹 • 打字练习 • 利用写字板/记事本录入求职自荐书 • 附件、游戏、系统设置练习 • Windows XP 下多媒体素材的简单处理(屏幕截图、图片编辑、音频获取与使用)	中文 Windows XP 系统	• 教师讲述 • 任务驱动教学 • 课堂讨论 • 示范教学法 • 研究性学习 • 小组合作 • 独立操作
教学环境与媒体选择	**学生已有的学习基础**	**教师应具备的能力**	**考核评价说明**
• 计算机多媒体教学机房 • 多媒体教师机 • 投影仪 • PPT课件 • 白板 • 实际应用案例	• 阅读理解能力 • 文字和语言表达能力 • 自控能力(使用计算机) • 掌握键盘及鼠标的使用方法	• 综合运用各种教学法实施教学的组织和控制能力 • 熟练使用计算机及多媒体硬软件、熟悉机房环境 • 熟练处理计算机常见故障 • 熟悉中文 Windows XP 的各种操作 • 很强的指导和解决学生在本部分学习中出现问题的能力和经验 • 能够熟练、正确、及时解答和处理学生的疑难问题	• 出勤 • 课堂实践操作及提交 • 课外作业提交 • 单元考核

表4 “计算机操作与应用”学习情境3设计简表

学习情境3	校刊Word文档的制作	授课学时(建议)	20

教学目标

通过学习和实践,学生能熟练使用Word 2003制作各种文档。

具体教学目标为:通过学习和实践,使学生能够熟练使用Word 2003进行文档的建立、保存;熟练掌握文档的录入及各种编辑、排版、美化方法;熟练掌握插入书签、超链接的方法;熟练进行样式的建立和管理应用、目录建立;熟练掌握邮件合并功能的使用步骤;了解文档打印输出的方法;学会利用帮助功能进行自学。

学习内容	教学载体	教学形式与方法建议
• Word 2003的基本知识 • Word文档的基本编辑(增加、删除、复制、移动、查找或替换、修订)、字符、段落、页面格式、页眉与页脚、页码、脚注、批注和尾注 • 表格、剪贴画、图形、艺术字、结构图、文本框、书签与超级链接 • 样式、目录、模板 • 邮件合并 • 打印设置、预览 • 帮助等其他功能	Word 2003: • 学校简介的制作 • 宣传小报的艺术排版 • 校历、课程表的制作 • 校刊排版 • 成绩通知单的生成	• 教师讲述 • 任务驱动教学 • 课堂讨论 • 示范教学法 • 研究性学习 • 小组合作 • 独立操作

教学环境与媒体选择	学生已有的学习基础	教师应具备的能力	考核评价说明
• 计算机多媒体教学机房 • 多媒体教师机 • 投影仪 • PPT课件 • 白板 • 实际应用案例	• 阅读理解能力 • 文字和语言表达能力 • 自控能力(使用计算机) • 掌握中英文输入方法	• 综合运用各种教学法实施教学的组织和控制能力 • 熟练使用计算机及多媒体硬软件、熟悉机房环境 • 熟练处理学生计算机常见故障 • 熟悉Word 2003的各种操作 • 很强的指导和解决学生在本部分学习中出现问题的能力和经验 • 能够熟练、正确、及时解答和处理学生的疑难问题	• 出勤 • 课堂实践操作及提交 • 课外作业提交 • 单元考核

表5 “计算机操作与应用”学习情境4设计简表

学习情境4	企业工资管理Excel电子表格的制作	授课学时(建议)	18

教学目标

通过学习和实践,学生能熟练使用Excel 2003制作各类表格。

具体教学目标为:熟练使用Excel 2003进行工作簿的建立、保存;熟练对工作表中数据进行录入、编辑;熟练对工作表进行整饰及格式的设置;熟练运用公式、函数对单元格数据进行运算;熟悉图表的制作和编辑方法;熟练掌握排序、汇兑、筛选、数据库函数等数据清单的操作;熟练创建数据透视表;了解高级管理与分析功能;了解文档打印输出的方法;学会利用帮助功能进行自学。

续表

学习内容	教学载体	教学形式与方法建议
• Excel 2003 基本知识 • Excel 工作簿、工作表、单元格、单元格区域、绝对地址、相对地址 • 数据输入、删除、复制、移动、修改、填充、编辑、运算、条件格式、表格的整饰 • 公式、函数 • 图表 • 数据库应用(排序、汇兑、筛选、数据库函数) • 数据透视、高级管理与分析功能 • 打印设置、预览、帮助等其他功能	Excel 2003： • 工资表的制作 • 工资表的统计分析 • 公司销售表的制作 • 企业工资管理	• 教师讲述 • 任务驱动教学 • 课堂讨论 • 示范教学法 • 研究性学习 • 小组合作 • 独立操作

教学环境与媒体选择	学生已有的学习基础	教师应具备的能力	考核评价说明
• 计算机多媒体教学机房 • 多媒体教师机 • 投影仪 • PPT 课件 • 白板 • 实际应用案例	• 阅读理解能力 • 文字和语言表达能力 • 自控能力(使用计算机) • 掌握中英文输入方法	• 综合运用各种教学法实施教学的组织和控制能力 • 熟练使用计算机及多媒体硬软件、熟悉机房环境 • 熟练处理学生计算机常见故障 • 熟悉 Excel 2003 的各种操作 • 很强的指导和解决学生在本部分学习中出现问题的能力和经验 • 能够熟练、正确、及时解答和处理学生的疑难问题	• 出勤 • 课堂实践操作及提交 • 课外作业提交 • 单元考核

表 6　“计算机操作与应用”学习情境 5 设计简表

学习情境 5	产品宣讲 PPT 演示文稿的制作	授课学时(建议)	8

教学目标

通过学习和实践，学生能熟练使用 PowerPoint 2003 制作 PPT。

具体教学目标为：通过学习和实践，使学生熟练掌握演示文稿的创建、保存、打开、制作、编辑和美化操作。

学习内容	教学载体	教学形式与方法建议
• PowerPoint 2003 基本知识 • 演示文稿的制作保存、内容的输入、编辑、排版 • 幻灯片的插入、复制、移动、隐藏、删除 • 幻灯片格式设置、背景设置、应用设计模板、幻灯片版式 • 对象的插入、修改、删除(图片/音频/视频文件、自选图形、艺术字、文本框、表格、图表、批注、超链接) • 演示文稿的外观设置、放映方式设置、动画效果设置 • 幻灯片(动作按钮、自定义动画、动画预览、声音设计) • 打印设置、帮助等其他功能	PowerPoint 2003： 产品宣讲演示文稿的制作	• 教师讲述 • 任务驱动教学 • 课堂讨论 • 示范教学法 • 研究性学习 • 小组合作 • 独立操作

续表

教学环境与媒体选择	学生已有的学习基础	教师应具备的能力	考核评价说明
• 计算机多媒体教学机房 • 多媒体教师机 • 投影仪 • PPT 课件 • 白板 • 实际应用案例	• 阅读理解能力 • 文字和语言表达能力 • 自控能力(使用计算机) • 掌握中英文输入方法	• 综合运用各种教学法实施教学的组织和控制能力 • 熟练使用计算机及多媒体硬软件,熟悉机房环境 • 熟练处理学生计算机常见故障 • 熟悉 PowerPoint 2003 的各种操作 • 很强的指导和解决学生在本部分学习中出现问题的能力和经验 • 能够熟练、正确、及时解答和处理学生的疑难问题	• 出勤 • 课堂实践操作及提交 • 课外作业提交

表 7 "计算机操作与应用"学习情境 6 设计简表

学习情境 6	Internet 利用学习与实践	授课学时(建议)	8

教学目标

通过学习和实践,学生能熟练使用 Internet。

具体教学目标为:了解计算机网络基础知识;熟练进行局域网的基本设置;熟练掌握 IE、OE 的设置和使用方法;熟练掌握在 Internet 中浏览、搜索、下载、上传信息、收发电子邮件的方法。

使学生具备利用 Internet 拓展学习途径的能力,为自主学习奠定初步的基础。

学习内容	实践(训练)项目	教学载体	教学形式与方法建议
• 计算机网络基础知识(定义、分类、拓扑结构、网络设备) • 局域网 • Internet、IP 地址、网络协议 • IE 浏览器、搜索、下载(文本、图片、网页)、上传文件、申请邮箱、收发邮件 • Outlook Express	• 局域网设置及使用练习 • 搜索与所学专业相关信息下载(含文本、图片等);利用下载的素材编辑成完整的文档 • 申请邮箱练习 • OE 的设置及发送邮件练习	• 局域网 • Internet	• 教师讲述 • 任务驱动教学 • 课堂讨论 • 示范教学法 • 研究性学习 • 小组合作 • 独立操作
教学环境与媒体选择	**学生已有的学习基础**	**教师应具备的能力**	**考核评价说明**
• 计算机多媒体教学机房 • 多媒体教师机 • 投影仪 • PPT 课件 • 白板 • 实际应用案例	• 阅读理解能力 • 文字和语言表达能力 • 自控能力(使用计算机) • 掌握中英文输入方法 • 掌握 PowerPoint 2003、Word 2003 的操作	• 综合运用各种教学法实施教学的组织和控制能力 • 熟练使用计算机及多媒体硬软件、熟悉机房环境 • 熟练处理学生计算机常见故障 • 熟悉计算机网络基础知识与操作、Internet 的常用操作 • 很强的指导和解决学生在本部分学习中所出现问题的能力和经验 • 能够熟练、正确、及时解答和处理学生的疑难问题	• 出勤 • 课堂实践操作及提交 • 课外作业提交 • 单元考核

六、教学实施建议

1. 教师应以“计算机操作与应用”为主线，课程每一个学习情境以一个(或以上)典型的、实际的综合性学习任务为载体承载知识和实践内容。

2. 教学实施过程要求理论和训练一体化，做到教、学、做结合，学中做，做中学，保障学生上机时间。

3. 教学实施过程中，应以学生为中心，学生的学习以强调独立操作与合作交流相结合的形式进行；同时，教师应加强对学生学习方法的指导，通过引导问题、提示描述等在方法上指导学生的学习过程；引导学生进行归纳总结，引申提高，并将有关知识、技能、职业道德和情感态度有机融入课程中。

4. 正确把握教学的深度和广度，教学环节应紧凑安排，以免学生有过多空闲时间玩游戏。

七、教学团队的基本要求

1. 教师基本要求

(1) 具有良好的职业素养和个人素养，具有团队精神，责任感强。

(2) 具备在生活、学习和工作中利用计算机获取和处理信息的能力。

(3) 熟悉当今流行计算机系统的常规软硬件配置、能在常用的操作系统下熟练地进行操作和维护。

(4) 具备使用 Office 办公软件的实际工作能力和经验。

(5) 具有很强的指导和解决学生在学习中所出现问题的经验和能力，正确、及时处理学生学习过程中的问题。

(6) 具备一定的教学方法能力与教学设计能力。

2. 课程负责人

具备该课程丰富的教学经验，教学效果良好；熟悉高职高专学生教育规律，能够与后续课程的负责人进行良好的沟通；了解通信及计算机行业市场人才需求；了解计算机技术、实践经验丰富的具有中级及以上职称的教师。

八、教学实验实训环境基本要求

“计算机操作与应用”课程全部教学均在机房进行，根据本专业每班 40 人左右的班级编制。

机房应具备的硬件环境条件见表 8。

表 8　机房应具备的硬件条件

名　称	基本配置要求	功能说明
计算机中心机房	最低配置：Pentium-Ⅳ 以上；教师机配置多媒体教学系统、投影仪及大屏幕；网络系统采用集中式网络布线与交换机系统连接互联网	学生每人一机，并通过局域网与教师机相连；教师机可进行广播教学、个别辅导、学生演示、文件传送等师生交互活动；均可连接 Internet，为学生浏览信息、下载资料、网上教学提供了有力的支持

九、学习评价建议

1. 本课程采用形成性考核方式，即课程的总成绩由平时学习过程各个环节的考核和期末考试两部分形成。学习评价建议见表9。

表9　学习评价建议

评价类型	评价内容	成绩权重	评价说明
平时考核（50%）	1. 学习态度	0.05	出勤、笔记、纪律（缺课时数超过总课时数的1/3，最终成绩评定为不及格）
	2. 课堂作业提交	0.15	开卷上机练习（课堂作业缺交超过1/3，最终成绩评定为不及格）
	3. 课外作业提交	0.05	作业缺交超过1/3，最终成绩评定为不及格
	4. 单元测试	0.25	闭卷上机操作考试；全期应安排4次，分别于教学内容第2、3、4、6部分完成时进行
期末考核（50%）	期末考试	0.5	闭卷上机操作考试；原始数据（含考卷、答案、学生答卷），应统一刻录光盘存档

注：每次单元综合测试结束，教师应向学生讲评、公布测试成绩，并于期末课程结束前向学生公布平时考核评定结果，平时考核原始数据应保留至学期结束。

2. 各部分学习评价权重

各部分学习评价权重见表10。

表10　各部分学习评价权重

序号	学习情境名称	权　重
1	认识计算机	0.1
2	中文 Windows XP 学习与训练	0.15
3	校刊 Word 文档的制作	0.3
4	企业工资管理 Excel 电子表格的制作	0.25
5	产品宣讲 PPT 演示文稿的制作	0.1
6	计算机网络学习与训练	0.1

十、课程教学资源开发与利用

1. 教师应根据课程目标，针对学习情境中的每个任务编写教学设计方案。

2. 为满足课程教学质量要求，应有丰富的教学资源。教学资源包括：课程教材（自编或选用），多媒体 PPT 课件，课程网站，实际案例，各种素材资源，各种常用办公软件，学习指南，课程题库等。

3. 充分利用电子期刊、数字图书馆、电子书籍和互联网等资源，丰富教学内容。

十一、其他说明

1. 本课程是与加拿大圣力嘉学院电子工程系、计算机系联合办学(2+1 模式)的中加双方互认学分课程,对应加方的 ICA001 课程。

2. 学生在教学期末应参加全国高等学校(非计算机专业)计算机水平Ⅰ级考试;为应对学生考证需要,可安排 4～8 学时的综合复习实训强化时间。

"应用文写作"课程标准

适用专业:电子信息工程技术专业
课程类别:职业领域公共课程
修课方式:必修课
参考教学时数:30 学时
总学分数:1 学分
编制人:王梅
审定人:李斯伟

一、制定课程标准的依据

本课程标准是依据《中华人民共和国职业教育法》、《关于加强高职高专教育人才培养工作的意见》(教高[2002]2 号)、《关于全面提高高等职业教育教学质量的若干意见》(教高[2006]16 号)等文件精神,以及电子信息工程技术专业的人才培养目标和培养规格的要求而制定,用于指导"应用文写作"的课程编制。

二、课程定位与作用

"应用文写作"是高职电子信息工程技术专业一门重要的基础课。本课程构建于学生已具有的写作基础知识和相关写作技能的基础上,通过学习写作理论和写作实践,使学生掌握各类应用文写作的内涵和写作技巧,利用计算机平台进行写作训练,强调教、学、做合一,在培养学生的各种应用文文书写作能力的同时,培养学生搜集信息、构思设计和分析归纳等能力,促进学生关键能力和综合素质的提高。本课程对学生职业能力培养和职业素质的养成起明显的促进作用。

三、课程目标

通过"应用文写作"的学习,使学生具有岗位所需要的应用文写作能力、方法能力和社会能力。

1. 能力目标

- 能借助常用的应用文规范格式和写作方法,撰写行政公文、事务文书、传播文稿、礼仪文书等各种应用文文稿。

- 会根据调查选题进行问卷设计，撰写调查报告。
- 具有查找资料的能力，并能利用与筛查文献资料。
- 培养学生团队合作精神和组织协调能力。
- 培养具有独立学习和完成任务的初步能力。

2. 认知目标

- 学会使用应用文的习惯用语。
- 学会确立应用文的主旨，正确使用应用文的材料。
- 清楚并掌握应用文文书写作的规范体式。
- 具有初步的解决问题能力。
- 具有评估工作结果的方式能力。
- 具有一定的分析与综合能力。

3. 素质目标

- 正确理解作文和做人之间的关系。
- 理解分工与合作的关系。
- 培养学生严谨的工作作风和良好的职业道德。
- 树立正确的择业观。

四、课程教学内容与学时安排建议

“应用文写作”课程的教学内容与学时安排建议详见表1。

表1　“应用文写作”课程的教学内容与学时安排建议

序号	学习情境名称	学时	学习(任务)单元划分	教学形式
1	课程认识(第一次课)	2	① 课程在专业中的地位 ② 课程教学内容与实际工作岗位的关系 ③ 本课程学习方法 ④ 课程学习评价要求	教师讲授 引导文教学法
2	行政公文写作	6	① 公告/通告写作 ② 通知/通报写作 ③ 请示(报告)/批复写作	教、学、做合一 任务驱动教学法
3	事务文书写作	4	① 演讲文稿写作 ② 申请证明写作 ③ 计划总结写作	教、学、做合一 任务驱动教学法
4	传播文稿写作	4	① 新闻报道写作 ② 访谈简报写作 ③ 校园(网络)公告写作	教、学、做合一 任务驱动教学法
5	礼仪文书写作	4	① 邀请类礼仪文书写作 ② 迎送类礼仪文书写作 ③ 祝贺类礼仪文书写作	教、学、做合一 任务驱动教学法
6	职场文书写作	4	① 搜集招聘信息 ② 制作个人简历 ③ 撰写求职信函	教、学、做合一 任务驱动教学法

续表

序号	学习情境名称	学时	学习(任务)单元划分	教学形式
7	调查报告写作	6	① 活动策划写作 ② 问卷设计制作 ③ 调研报告写作	教、学、做合一 任务驱动教学法

五、学习情境及教学设计框架

学习情境是与学生所学习的内容相适应的包含任务的工作活动。描述学习情境的要素包括：教学目标、学习与实践(训练)内容、教学载体、教学形式与方法建议、教学环境与媒体选择、学生已有的学习基础、教师应具备的能力和考核评价说明。学习情境的详细描述如表2～表7所示。

表2　"应用文写作"学习情境1设计简表

<table>
<tr><td colspan="3">学习情境1</td><td colspan="3">行政公文写作</td><td colspan="3">授课学时(建议)</td><td colspan="3">6</td></tr>
<tr><td colspan="12">教学目标</td></tr>
<tr><td colspan="12">能力目标：
• 能按照行文制度正确行文
• 能恰当使用公文特定专用语，按照公文的结构模式编制各类通知
• 能编制格式规范的情况性通报、表彰性通报、批评性通报
• 能编制结构严谨，层次分明，有针对性的情况性报告、汇报性报告
• 能编制语言得体，一文一事的事务性请示、行政性请示和与之相适应的批复
认知目标：
了解通知、通报、报告、请示、批复的特点和种类，能叙述规范的格式与内容要素，把握有关行政公文的写作要求
素质目标：
• 正确理解写作和做人之间的关系
• 培养学生严谨周密的工作作风
• 树立正确的择业观和良好的职业道德</td></tr>
<tr><td colspan="6">学习与实践(训练)内容</td><td colspan="3">教学载体</td><td colspan="3">教学形式与方法建议</td></tr>
<tr><td colspan="6">学习内容：
• 应用文写作基础知识及应用文文书写作的规范体式
• 公告/通告的写作方法与训练
• 通知/通报的写作方法与训练
• 请示/批复的写作方法与训练
训练内容：
按照行政公文写作格式规范，完成通知、通报、报告、请示、批复写作</td><td colspan="3">• 行政公文案例
• 行政公文文种写作</td><td colspan="3">• 教师讲述
• 实例演练
• 任务驱动教学法
• 合作学习</td></tr>
<tr><td colspan="3">教学环境与媒体选择</td><td colspan="3">学生已有的学习基础</td><td colspan="3">教师应具备的能力</td><td colspan="3">考核评价说明</td></tr>
<tr><td colspan="3">• 多媒体教室
• 白板
• PPT课件
• 优秀应用文写作案例
• 互联网</td><td colspan="3">• 写作基础知识
• 相关写作技能</td><td colspan="3">• 熟悉各种应用文写作基本知识
• 运用各种教学法实施教学的组织和控制能力
• 案例分析能力</td><td colspan="3">• 自我评价
• 小组互评
• 教师评价</td></tr>
</table>

表3 “应用文写作”学习情境2设计简表

<table>
<tr><td>学习情境2</td><td>事务文书写作</td><td>授课学时(建议)</td><td>4</td></tr>
<tr><td colspan="4">教学目标</td></tr>
<tr><td colspan="4">能力目标:
• 能按照规范格式写作常用事务文书
• 能恰当使用事务文书特定专用语,按照事务文书的结构模式编制有关事务文书
• 能编制格式规范的各类演讲稿、申请书、证明信
• 能编制结构严谨,层次分明,有针对性的工作(活动)计划、总结
认知目标:
了解演讲稿、申请书、证明信、工作(活动)计划、总结的特点和种类,能叙述规范的格式与内容要素,把握有关事务文书的写作要求
素质目标:
• 理解写作与做人的关系,学以致用
• 培养学生严谨周密的工作作风和良好的职业道德</td></tr>
<tr><td colspan="2">学习与实践(训练)内容</td><td>教 学 载 体</td><td>教学形式与方法建议</td></tr>
<tr><td colspan="2">学习内容:
• 演讲稿的写作方法与训练
• 求职信/个人简历的写作方法与训练
• 申请书/证明信的写作方法与训练
实践内容:
按照行政公文写作格式规范,完成演讲稿、申请书、证明信、工作(活动)计划、总结的写作</td><td>• 事务文书案例
• 事务文书文种写作</td><td>• 引导文教学法
• 任务驱动教学法
• 教师讲述
• 实例演练
• 范文案例分析</td></tr>
<tr><td>教学环境与媒体选择</td><td>学生已有的学习基础</td><td>教师应具备的能力</td><td>考核评价说明</td></tr>
<tr><td>• 多媒体教室
• 白板
• PPT课件
• 优秀应用文写作案例
• 互联网</td><td>• 写作基础知识
• 相关写作技能</td><td>• 熟悉各种应用文写作基本知识
• 运用各种教学法实施教学的组织和控制能力
• 案例分析能力</td><td>• 自我评价
• 小组互评
• 教师评价</td></tr>
</table>

表4 “应用文写作”学习情境3设计简表

<table>
<tr><td>学习情境3</td><td>传播文稿写作</td><td>授课学时(建议)</td><td>4</td></tr>
<tr><td colspan="4">教学目标</td></tr>
<tr><td colspan="4">能力目标:
• 能按照规范格式写作传播文稿
• 能按照传播文稿的结构模式写作传播文稿
• 能编制格式规范的各类新闻报道,访谈纪要、活动简报
• 能编制格式规范的校园公告、网络公告
认知目标:
了解新闻报道,访谈纪要、活动简报、校园公告、网络公告的特点和种类,能叙述规范的格式与内容要素,把握有关传播文稿的写作要求
素质目标:
• 正确理解新闻传媒和人际交往之间的关系
• 培养学生严谨周密的工作作风和良好的职业道德</td></tr>
</table>

续表

学习与实践(训练)内容	教学载体	教学形式与方法建议
学习内容： • 新闻报道的写作方法与训练 • 访谈/简报的写作方法与训练 • 校园公告/网络公告的写作方法与训练 训练内容： 按照传播文稿写作格式规范，完成新闻报道，访谈纪要、活动简报、校园公告、网络公告的写作	• 传播文稿案例 • 传播文稿文种写作	• 教师讲述 • 引导文教学法 • 任务驱动教学法

教学环境与媒体选择	学生已有的学习基础	教师应具备的能力	考核评价说明
• 多媒体教室 • 白板 • PPT课件 • 优秀应用文写作案例 • 互联网	• 写作基础知识 • 相关写作技能	• 熟悉各种应用文写作基本知识 • 运用各种教学法实施教学的组织和控制能力 • 案例分析能力	• 自我评价 • 小组互评 • 教师评价

表5 "应用文写作"学习情境4设计简表

学习情境4	礼仪文书写作	授课学时(建议)	4

教学目标

能力目标：
- 能按照行文制度正确行文
- 能按照公文礼仪文书的结构模式编制各类礼仪文书
- 能编制格式规范的邀请类礼仪文书
- 能编制格式规范的迎送类礼仪文书
- 能编制格式规范的祝贺类礼仪文书

认知目标：

了解邀请类礼仪文书、迎送类礼仪文书、祝贺类礼仪文书的特点和种类，能叙述规范的格式与内容要素，把握有关礼仪文书的写作要求

素质目标：
- 引导学生正确理解礼仪与社交之间的关系
- 培养学生良好的职业道德和社会交际能力

学习与实践(训练)内容	教学载体	教学形式与方法建议
学习内容： • 邀请类礼仪文书的写作方法与训练 • 迎送类礼仪文书的写作方法与训练 • 祝贺类礼仪文书的写作方法与训练 训练内容： 按照礼仪文书的写作格式规范，完成邀请类礼仪文书、迎送类礼仪文书、祝贺类礼仪文书的写作	• 礼仪文书案例 • 礼仪文书文种写作	• 案例教学 • 教师讲述 • 小组策划 • 合作学习

教学环境与媒体选择	学生已有的学习基础	教师应具备的能力	考核评价说明
• 多媒体教室 • 白板 • PPT课件 • 优秀应用文写作案例 • 互联网	• 写作基础知识 • 相关写作技能	• 熟悉各种应用文写作基本知识 • 运用各种教学法实施教学的组织和控制能力 • 案例分析能力	• 自我评价 • 小组互评 • 教师评价

表6 “应用文写作”学习情境5设计简表

<table>
<tr><td>学习情境5</td><td>职专文书写作</td><td>授课学时(建议)</td><td>4</td></tr>
<tr><td colspan="4">教学目标</td></tr>
<tr><td colspan="4">能力目标：
• 能按照职场文书的结构模式编制格式规范的职场文书
• 能根据职业需求利用多种途径搜集招聘信息
• 能制作结构完整，格式规范，语言得体，有独特性的个人简历
• 能撰写格式规范，行文得体的求职信函
认知目标：
了解个人简历和求职信函的特点和种类，能叙述规范的格式与内容要素，把握有关职场文书的写作要求
素质目标：
• 正确理解个人与人才市场需求之间的关系
• 树立良好的职业道德和正确的择业观</td></tr>
<tr><td colspan="2">学习与实践(训练)内容</td><td>教学载体</td><td>教学形式与方法建议</td></tr>
<tr><td colspan="2">学习内容：
• 学会通过多种途径搜集招聘信息
• 制作个人简历
• 撰写求职信函
训练内容：
按照职场文书的写作格式规范，完成个人简历、求职信函的写作</td><td>• 职场文书案例
• 职场文书文种写作</td><td>• 教师讲述
• 引导文教学法
• 任务驱动教学法</td></tr>
<tr><td>教学环境与媒体选择</td><td>学生已有的学习基础</td><td>教师应具备的能力</td><td>考核评价说明</td></tr>
<tr><td>• 多媒体教室
• 白板
• PPT课件
• 优秀应用文写作案例
• 互联网</td><td>• 写作基础知识
• 相关写作技能</td><td>• 熟悉各种应用文写作基本知识
• 运用各种教学法实施教学的组织和控制能力
• 案例分析能力</td><td>• 自我评价
• 小组互评
• 教师评价</td></tr>
</table>

表7 “应用文写作”学习情境6设计简表

<table>
<tr><td>学习情境6</td><td>调查报告写作</td><td>授课学时(建议)</td><td>6</td></tr>
<tr><td colspan="4">教学目标</td></tr>
<tr><td colspan="4">能力目标：
• 能根据工作岗位(学习情境)要求完成相关主题的活动策划
• 能设计制作格式规范的市场调查(社会调查)问卷
• 对经过深入调查后获得的一手材料，能用科学的方法进行去粗取精、去伪存真、由此及彼、由表及里地比较研究，分析综合，提炼中心主旨，归纳出正确结论，找出具有规律性的东西，完成调查报告的写作
认知目标：
了解调查问卷的制作要领，掌握活动策划、调查报告写作的特点，能叙述规范的格式与内容要素，把握有关活动策划、调查报告的写作要求
素质目标：
• 培养学生实事求是的工作作风和良好的职业道德
• 理解分工与合作的关系
• 树立团队协作的合作精神</td></tr>
</table>

续表

<table>
<tr><th colspan="2">学习与实践(训练)内容</th><th>教 学 载 体</th><th>教学形式与方法建议</th></tr>
<tr><td colspan="2">• 活动策划的写作方法与训练
• 调查问卷的设计方法与训练
• 调研报告的写作方法与训练</td><td>• 调查报告案例
• 调查报告文种写作</td><td>• 教师讲述
• 小组策划
• 研究性学习
• 任务驱动教学法</td></tr>
<tr><th>教学环境与媒体选择</th><th>学生已有的学习基础</th><th>教师应具备的能力</th><th>考核评价说明</th></tr>
<tr><td>• 多媒体教室
• 白板
• PPT 课件
• 优秀应用文写作案例
• 互联网</td><td>• 写作基础知识
• 相关写作技能</td><td>• 熟悉各种应用文写作基本知识
• 运用各种教学法实施教学的组织和控制能力
• 案例分析能力</td><td>• 自我评价
• 小组互评
• 教师评价</td></tr>
</table>

六、教学实施建议

1. 教师应以介绍应用文写作规范模式为主线，以具体工作情境中相关文种的写作为载体，安排和组织教学活动，使学生在完成任务的活动中提高写作技能。

2. 教师应按照不同的学习情境采用多种教学方式进行教学，如采用比较阅读教学法、案例导入教学法、成果展示教学法和模拟情境教学法等，以此激发和提高学生应用文写作的兴趣。

3. 教师应加强对学生写作方法的指导，通过引导问题、提示描述等方法指导学生的学习过程，并将有关知识、技能与职业道德和情感态度有机地融入课程中。

七、教师基本要求

1. 具有大学本科及以上中文专业所应具备的相关知识和能力。
2. 具有健康的身心，热爱教育工作，热爱学生。
3. 具有较强的语言表达能力、组织能力、人际沟通能力以及团结协作能力。
4. 具有制作多媒体课件进行教学设计的能力，能应用现代教育技术进行实施教学。

八、学习评价建议

1. 考核方式建议

本课程建议采用将形成性评价与终结性评价相结合的方式。形成性评价安排在每一个学习单元后，要求学生把写作理论转化为写作实践，在规定的时间内上机完成写作任务。在了解应用文写作基本知识的基础上，了解和掌握应用文书写作的规范格式，根据本学期讲授的主要内容，完成以下七类文种的写作。

(1) 参照行政公文的写作常识，拟写一份会议通知(内容自定)。

(2) 参照行政公文的写作常识，拟写一份开展社团活动的请示报告(提示：主送机关为院学生处)。

(3) 参照日常事务文书的写作方法，拟写一份个人学期学习计划(或者开展体育锻炼活动的计划、个人经济支出计划)。

(4) 参照日常事务文书的写作方法,拟写一份与上述计划相对应的总结。

(5) 参照日常事务文书的写作方法,制作结构完整,格式规范,语言得体,有独特性的个人简历。

(6) 参照日常事务文书的写作方法,拟写一份访谈纪要或活动简报。

(7) 参照事务文书的写作办法,拟写一份调查报告(要求:选题自定;调查方式可采用问卷调查,也可以采用抽样调查;可以3～5人为小组完成,强化团队意识和协作精神)。

终结性评价采用书面闭卷形式,既考核写作理论,也考核写作能力。课程学习结束后,要求学生撰写课程学习小结。

2. 考核标准建议

应用文写作技能考核主要通过案例写作,考核学生能否利用计算机写作平台熟练地完成规定文种的写作任务,建议从电子文稿的主题是否明确,结构是否完整,条理是否清晰,表述是否准确,文稿编排效果及完成速度等方面进行考核。打印文稿要求统一制作封面,包括姓名、班级、学号等个人基本信息。

"应用文写作"课程学习评价建议见表8。

表8 "应用文写作"课程学习评价建议

评价类型	评价内容	评价标准	成绩权重
形成性评价	1. 学习态度	出勤情况,参与课程活动互动情况	0.05
	2. 课堂表现	回答问题质量	0.05
	3. 平时作业	提交次数和作业成绩	0.4
	4. 实践技能	利用计算机写作平台完成规定文件电子文稿	0.2
	5. 单元基本知识测试	知识掌握程度	0.05
终结性评价	6. 期末考试	写作理论,文种规范写作	0.25

九、课程教学资源开发与利用

1. 为满足课程教学质量要求,应有丰富的教学资源。教学资源包括:课程教材(自编或选用),多媒体PPT课件,各种应用文种案例,学习指南等。

2. 充分利用电子期刊、数字图书馆、电子书籍和互联网等资源,丰富教学内容。

十、其他说明

根据实际教学需要,本标准可作适当调整。

"沟通与礼仪"课程标准

适用专业:电子信息工程技术专业

课程类别：职业领域公共课程
修课方式：必修课
教学时数：30 学时
总学分数：1 学分
编制人：王梅
审定人：李斯伟

一、制定课程标准的依据

本标准是依据《中华人民共和国职业教育法》、《关于加强高职高专教育人才培养工作的意见》（教高[2002]2 号）、《关于全面提高高等职业教育教学质量的若干意见》（教高[2006]16 号）等文件精神，以及电子信息工程技术专业的人才培养目标和培养规格的要求而制定，用于指导"沟通与礼仪"的课程编制。

二、课程定位与作用

"沟通与礼仪"是高职电子信息工程技术专业针对职业岗位与客户沟通的职业能力进行培养的一门重要的公共基础课程。本课程构建于较好的语言表达能力、人际沟通与交际的良好心理素质的基础上，通过沟通礼仪、商务礼仪、社交礼仪等知识的学习与训练，应力求使学生学会正确运用常用的现代礼仪技能，塑造与个人风格相适应的良好形象，做到举止优雅大方，展现个人的独特气质与魅力，促进学生关键能力和综合素质的提高，从而发展学生的综合职业能力。本课程对学生职业能力培养和职业素质养成起明显的促进作用。

三、课程目标

通过"沟通与礼仪"课程的学习和实践，使学生了解沟通与礼仪的基本知识和社交礼仪的功能与重要性，具有在职业岗位现场与服务的客户进行良好沟通的能力。掌握与客户交往的技能，提高分析和把握客户需求的能力。清楚各种职场礼仪规范，明确做人的原则和做事的方法，提升职业化的工作作风，有助于提升个人形象。

1. 认知目标

- 能描述礼仪的含义、特点及重要意义。
- 清楚礼仪中的主要原则、基本要求和宗旨，能描述社交礼仪的功能及重要性。
- 清楚沟通的三大要素及人际沟通的重要性，能够灵活得体地运用于人际沟通实践。
- 清楚与人沟通、赞美他人的技巧及交际语言注意讳避的原则，并能正确运用。
- 能正确描述会谈的次序和席位安排等礼仪知识。
- 清楚仪态、仪表要领，熟练掌握正确的站姿、走姿、坐姿，注重塑造良好的个人形象。

2. 能力目标

- 熟练进行介绍、握手、递接名片、问候等礼仪规范的运用练习，会根据设定的场景进行待客、拜访、谈话模拟练习。
- 熟练运用礼貌用语进行电话礼仪沟通。
- 熟练掌握和运用求职礼仪、接待礼仪、餐饮礼仪。

- 熟练进行不同场合、不同职业的着装技巧运用练习。
- 了解同色、对比色等色彩运用原理并合理进行服装搭配。
- 具有制订工作计划的能力。
- 具有查找资料获取信息的能力，能灵活运用资料有效完成工作任务的能力。
- 具有独立学习和准确描述礼仪规范的初步能力。

3. 素质目标

- 培养学生愿意与人交往和相处的能力。
- 具有遵守职业道德的能力。
- 具有在小组工作中的合作做事的能力。

四、课程教学内容与学时安排建议

“沟通与礼仪”课程的教学内容与学时安排建议详见表1。

表1　“沟通与礼仪”课程的教学内容与学时安排建议

序号	学习情境名称	学时	学习(任务)单元划分	教学形式
1	课程导论(第一次课)	2	① 课程在专业中的地位 ② 课程教学内容与实际工作岗位的关系 ③ 本课程学习方法 ④ 课程学习评价要求	教师讲授 引导文教学法
2	沟通礼仪	8	① 会见介绍 ② 来访接待 ③ 名片交接 ④ 电话艺术	教、学、做合一 任务驱动教学法
3	餐饮礼仪	8	① 中餐礼仪 ② 西餐礼仪 ③ 茶饮礼仪 ④ 宴会礼仪	教、学、做合一 任务驱动教学法
4	交际礼仪	6	① 服饰礼仪 ② 舞会礼仪 ③ 化妆礼仪 ④ 涉外礼仪	教、学、做合一 任务驱动教学法
5	职场礼仪	6	① 求职应聘 ② 人际交往 ③ 团队沟通 ④ 商务谈判	教、学、做合一 任务驱动教学法

五、学习情境及教学设计框架

学习情境是与学生所学习的内容相适应的包含任务的工作活动。描述学习情境的要素包括：教学目标、学习与实践(训练)内容、教学载体、教学形式与方法建议、教学环境与媒体选择、学生已有的学习基础、教师应具备的能力和考核评价说明。学习情境的详细描述如表2～表5所示。

表2 “沟通与礼仪”学习情境1设计简表

<table>
<tr><td>学习情境1</td><td>沟通礼仪</td><td>授课学时(建议)</td><td>8</td></tr>
<tr><td colspan="4">教学目标</td></tr>
<tr><td colspan="4">能力目标：
• 通过学习和情境模拟演练实践，学生能够准确描述礼仪的含义、特点及重要意义
• 能礼貌得体地进行介绍、握手、递接名片、问候等礼仪规范的运用练习
• 能根据设定的场景进行待客、拜访、谈话模拟练习
• 能熟练运用礼貌用语进行电话礼仪沟通
认知目标：
了解并清楚礼仪中的主要原则、基本要求和宗旨，能正确描述社交礼仪的功能及重要性
素质目标：
• 正确理解沟通礼仪与做人之间的关系
• 在了解沟通三大要素及人际沟通的重要性的基础上，能够灵活得体地运用于人际沟通实践</td></tr>
<tr><td colspan="2">学习与实践(训练)内容</td><td>教学载体</td><td>教学形式与方法建议</td></tr>
<tr><td colspan="2">学习内容：
• 会见介绍，来访接待，名片交接，电话艺术
• 社交场合的规范、礼貌用语
实践内容：
会见介绍，来访接待，名片交接，电话艺术等活动场景模拟练习</td><td>沟通礼仪场景模拟演练活动</td><td>• 教师讲述
• 场景模拟演练
• 任务驱动教学法
• 合作学习</td></tr>
<tr><td>教学环境与媒体选择</td><td>学生已有的学习基础</td><td>教师应具备的能力</td><td>考核评价说明</td></tr>
<tr><td>• 多媒体教室
• PPT课件
• 优秀案例演示
• 互联网</td><td>• 较好的语言表达能力
• 与人沟通与交际的良好心理素质</td><td>• 综合运用各种教学法实施教学的组织和控制能力
• 熟悉和理解礼仪常识与规范基本内容
• 案例分析能力</td><td>• 自我评价
• 小组互评
• 教师评价</td></tr>
</table>

表3 “沟通与礼仪”学习情境2设计简表

<table>
<tr><td>学习情境2</td><td>餐饮礼仪</td><td>授课学时(建议)</td><td>8</td></tr>
<tr><td colspan="4">教学目标</td></tr>
<tr><td colspan="4">能力目标：
• 通过学习和情境模拟演练实践，学生能够掌握中外饮食民俗、中外饮食礼仪、中外茶饮文化和中外酒文化中的基本情况和中西方餐饮礼仪常识，能描述宴会的座次和席位安排等礼仪知识
• 清楚与人沟通、赞美他人的技巧及交际语言应注意讳避的原则，能正确运用交际语言得体地与人沟通
• 能熟练掌握和运用餐饮礼仪
认知目标：
通过学习和情境模拟演练实践，学生能够掌握中外饮食民俗、中外饮食礼仪、中外茶饮文化和中外酒文化中的基本情况和中西方餐饮礼仪常识，能够灵活得体地运用于人际沟通实践
素质目标：
• 正确理解沟通礼仪与做人之间的关系
• 在了解沟通三大要素及人际沟通的重要性的基础上，能够灵活得体地运用于人际沟通实践</td></tr>
</table>

续表

学习与实践(训练)内容		教学载体	教学形式与方法建议
学习内容： 餐饮礼仪(中餐礼仪、西餐礼仪、茶饮礼仪、宴会礼仪)规范及活动场景模拟 实践内容： 中餐礼仪、西餐礼仪、茶饮礼仪、宴会礼仪等活动场景模拟练习		餐饮礼仪场景模拟演练活动	• 教师讲述 • 角色扮演 • 场景模拟演练 • 任务驱动教学法
教学环境与媒体选择	学生已有的学习基础	教师应具备的能力	考核评价说明
• 与学习情景相配套的多媒体课室 • 白板、计算机、投影仪、PPT课件 • 中餐具、西餐具、功夫茶具、咖啡饮具、办公室接访环境等道具 • 参考书籍：《中国茶艺全程学习指南》化学工业出版社（主编：赵英立)《金正昆礼仪教程》(主编：金正昆)	• 较好的语言表达能力 • 与人沟通与交际的良好心理素质	• 综合运用各种教学法实施教学的组织和控制能力 • 熟悉和理解礼仪常识和礼仪规范基本内容 • 案例分析能力	• 自我评价 • 小组互评 • 教师评价

表4 “沟通与礼仪”学习情境3设计简表

学习情境3	交际礼仪	授课学时(建议)	6
教学目标			
能力目标： • 能够熟练进行介绍、握手、递接名片、问候等礼仪规范的运用练习 • 会根据设定的场景进行待客、拜访、谈话模拟练习 • 清楚仪态仪表要领，熟练掌握正确的站姿、走姿、坐姿，注重塑造良好的个人形象 认知目标： 通过学习和情境模拟演练实践，学生能够准确描述礼仪的含义、特点及重要意义。清楚礼仪中的主要原则、基本要求和宗旨，能描述社交礼仪的功能及重要性 素质目标： • 正确理解沟通礼仪与做人之间的关系 • 在了解沟通三大要素及人际沟通的重要性的基础上，能够灵活得体地运用于人际沟通实践			
学习与实践(训练)内容		教学载体	教学形式与方法建议
学习内容： 交际礼仪(服饰礼仪、舞会礼仪、化妆礼仪、涉外礼仪)规范及活动场景模拟 实践内容： 服饰礼仪、舞会礼仪、化妆礼仪、涉外礼仪等活动场景模拟练习		交际礼仪场景模拟演练	• 教师讲述 • 角色扮演 • 场景模拟演练 • 录像播放

续表

教学环境与媒体选择	学生已有的学习基础	教师应具备的能力	考核评价说明
• 与学习情景相配套的多媒体课室 • 白板、计算机、投影仪、PPT课件 • 互联网	• 较好的语言表达能力 • 与人沟通与交际的良好心理素质	• 综合运用各种教学法实施教学的组织和控制能力 • 熟悉和理解礼仪常识和礼仪规范基本内容 • 案例分析能力	• 自我评价 • 小组互评 • 教师评价

表5 "沟通与礼仪"学习情境4设计简表

学习情境4	职场礼仪	授课学时(建议)	6
教学目标			
能力目标： • 能根据设定的应聘场景熟练运用礼貌用语进行自我介绍、交谈模拟练习 • 能根据设定的商务谈判场景熟练运用礼貌用语进行相互介绍、友好交谈模拟练习 • 熟练进行不同场合、不同职业的着装技巧运用练习，了解同色、对比色等色彩运用原理并合理进行服装搭配 认知目标： • 清楚职场礼仪中的主要原则、基本要求和宗旨，能描述职场礼仪的功能及重要性 • 熟练掌握职场会见礼仪，得体运用介绍、握手、递接名片、问候等规范礼仪 • 通过学习和情境模拟演练实践，能够准确描述职场礼仪的含义、特点及重要意义 素质目标： • 正确理解沟通礼仪与做人之间的关系 • 在了解沟通三大要素及人际沟通的重要性的基础上，能够灵活得体地运用于人际沟通实践			

学习与实践(训练)内容	教学载体	教学形式与方法建议
学习内容： 职场礼仪(求职应聘，人际关系，团队沟通，商务谈判)规范 实践内容： 求职应聘，人际关系，团队沟通，商务谈判等活动场景模拟练习	职场礼仪场景模拟演练活动	• 教师讲述 • 角色扮演 • 场景模拟演练 • 录像播放

教学环境与媒体选择	学生已有的学习基础	教师应具备的能力	考核评价说明
• 与学习情景相配套的多媒体课室 • 白板、计算机、投影仪、PPT课件 • 互联网 • 布置与情境相符的场景	• 较好的语言表达能力 • 与人沟通与交际的良好心理素质	• 综合运用各种教学法实施教学的组织和控制能力 • 熟悉和理解礼仪常识和礼仪规范基本内容 • 案例分析能力	• 自我评价 • 小组互评 • 教师评价

六、教学实施建议

1. 教师应以介绍沟通与礼仪规范模式为主线，以具体工作情境中相关的交际礼仪活动为载体，安排和组织教学活动，使学生在完成任务的活动中提高人际沟通的技能。

2. 教师应按照不同的学习情境采用多种教学方式进行教学，如采用比较阅读教学法、案例导入教学法、成果展示教学法和模拟情境教学法等，激发和提高学生应用文写作的兴趣。

3. 教师应加强对学生学法的指导，通过引导问题、提示描述等在方法上指导学生的学习过程，并将有关知识、技能与职业道德和情感态度有机地融入课程中。

4. 在实践教学活动中，教师应先示范动作要领，然后再组织学生做模仿和检查等实践活动。

七、教师基本要求

1. 具有大学本科及以上中文专业所应具备的相关知识和能力。

2. 具有健康的身心，热爱教育工作，关爱学生。

3. 具有较强的语言表达能力、组织能力、人际沟通能力，以及团结协作能力。

4. 具有制作多媒体课件进行教学设计的能力，能应用现代教育技术进行实施教学。

八、学习评价建议

1. 考核方式建议

本课程建议将采用形成性评价与终结性评价相结合的方式。形成性评价安排在每一个情境教学后，要求学生把沟通与礼仪理论知识转化为行为规范实践。

终结性评价采用书面开卷形式，既考核沟通与礼仪理论知识，也考核运用理论知识分析案例的概括表达能力。课程学习结束后，要求学生撰写课程学习小结。

2. 考核内容与标准建议

根据本学期学习的主要内容，“沟通与礼仪”的实践考核内容为：

(1) 会见介绍，来访接待，名片交接

(2) 电话艺术

(3) 中餐礼仪

(4) 西餐礼仪

(5) 茶饮礼仪

(6) 服饰礼仪

(7) 求职应聘

通过模拟情境活动，考核学生能否按照礼仪规范完成人与人之间的交际与沟通，能否有效达到实际目的。可以3～5人为小组完成，强化团队意识和协作精神。

改革以理论考试为主的传统考试方法，以考查融会贯通与实际运用的能力为重点，建议将期末的理论考试及技能操作的成绩与平时作业、课堂回答问题的成绩相结合，进行综合成绩评定：平时成绩占50%，期末考试成绩占50%，同时结合口试。既考核基本礼仪知识，也要重点考核技能，如站姿、坐姿、如何打领带、如何与他人握手、如何索取名片等考核项目，成绩综合评定的权重分配情况见表6。

九、课程教学资源开发与利用

1. 为满足课程教学质量要求，应有丰富的教学资源。教学资源包括：课程教材（自编或选用），多媒体PPT课件，各种礼仪视频，学习指南，礼仪用具等各种实物。

表6　"沟通与礼仪"课程考核内容与成绩综合评定

评价内容	评价标准	成绩权重
1. 学习态度	出勤情况	0.05
2. 课堂回答问题	回答问题质量	0.05
3. 平时作业	提交次数和作业成绩	0.05
4. 口试	知识掌握和语言表达能力	0.15
5. 实践技能	动作规范和技巧、与他人合作能力	0.4
6. 单元基本知识	知识掌握程度	0.05
7. 期末考试	理论知识	0.25

2. 充分利用电子期刊、数字图书馆、电子书籍和互联网等资源，丰富教学内容。

十、其他说明

1. 本课程标准是电子信息工程技术专业教研室与广州金禧信息技术有限公司合作编制的。

2. 根据实际教学需要，本标准可作适当调整。

"C语言程序设计(Ⅰ)"课程标准

适用专业：电子信息工程技术专业
课程类别：专业技术基础课
修课方式：必修课
教学时数：50学时
总学分数：2学分
编制人：宋之涛
审定人：李斯伟

一、制定课程标准的依据

本标准是依据《中华人民共和国职业教育法》、《关于加强高职高专教育人才培养工作的意见》(教高[2002]2号)、《关于全面提高高等职业教育教学质量的若干意见》(教高[2006]16号)等文件精神，以及电子信息工程技术专业的人才培养目标和培养规格的要求而制定，用于指导"C语言程序设计(Ⅰ)"的课程编制。

二、课程定位与作用

"C语言程序设计(Ⅰ)"是高职电子信息工程技术专业一门重要的专业技术基础课程。本课程构建于"计算机文化基础"课程的基础上，针对电子信息工程技术专业的特点，以典型的实用程序为载体，将C语言的学习和应用程序的设计与硬件电路有机融合，通过编程和调试训练，培养学生应用C语言实现简单应用程序的编程和调试能力，使学生养成良好的编程习惯，培养学生利用计算机工具分析问题和解决问题的能力。

三、课程目标

通过"C语言程序设计(Ⅰ)"的学习与上机编程实践，使学生具备以下知识、能力和素质：

- 掌握C语言的基本语法，熟练使用VC++ 6.0开发环境。
- 能解释计算机硬件结构、操作系统和编程语言的基本概念。
- 了解C语言的基本知识，熟悉结构化程序设计的方法。
- 能对C语言源文件进行编译和连接。
- 具有使用各种数据类型及基本数据存储的能力。
- 能通过分析将任务转化为流程图或框图以实现程序代码的编写。
- 应用格式输入语句和格式输出语句进行编程。
- 掌握程序的基本测试和调试方法，能对程序进行错误排查。
- 能针对具体问题进行分析，构建数学模型，设计合理算法。
- 具有制订工作计划的能力。
- 具有查找资料的能力，并能利用和筛查文献资料。
- 养成良好的编程习惯。
- 具有在小组工作中的合作能力。
- 具有较好的文字表达能力。

四、课程教学内容与学时安排建议

"C语言程序设计(Ⅰ)"课程的教学内容与学时安排建议详见表1。

表1　"C语言程序设计(Ⅰ)"课程的教学内容与学时安排建议

序号	学习情境名称	学时	学习(任务)单元划分	教学形式
1	课程引导(第一次课)	2	① 课程在专业中的地位 ② 实际工作岗位与课程教学内容的关系 ③ 本课程学习方法指南和学习评价要求	教师讲授 引导文教学法
2	简单C语言程序及其应用	6	① C语言源程序的录入 ② C语言源程序的编译和连接	学中做 做中学
3	数据类型、常量和变量的C语言编程应用	6	① 两个整数的加法运算 ② 欧姆定律的计算 ③ 电路支路中串联电阻分压的计算	学中做 做中学
4	运算符、表达式和输入/输出函数的C语言编程应用	12	① 电路支路中等效电阻的计算 ② 电路支路中并联电阻分流的计算 ③ 摄氏温度和华氏温度的转换	学中做 做中学
5	顺序结构和选择结构的C语言编程应用	12	① 两个整数的排序 ② 货物运输费用的计算 ③ 12小时制和24小时制的转换	学中做 做中学

续表

序号	学习情境名称	学时	学习(任务)单元划分	教学形式
6	循环结构的C语言编程应用	12	① 整数的累加求和 ② “百钱买百鸡”问题 ③ 九九表的输出的解	学中做 做中学

五、学习情境及教学设计框架

创设学习情境的目的是为了帮助学生更有效地学习知识和技能，实现专业能力、方法能力和社会能力等职业能力的培养。学习情境是与学生所学习的内容相适应的包含任务的工作活动。描述学习情境的要素包括：教学目标、学习内容与实践(训练)项目、教学载体、教学形式与方法建议、教学环境与媒体选择、学生已有的学习基础、教师应具备的能力和考核评价说明。学习情境的详细描述见表2～表7。

表2　“C语言程序设计(Ⅰ)”学习情境1设计简表

学习情境1	课程引导(第一次课)	授课学时(建议)	2
教学目标			
通过学习和实践，使学生能够理解本课程在专业中的地位；了解教学内容和后续课程的相互关系；熟悉本课程的学习方法；了解本课程的学生学习评价标准，从而使学生建立明确的学习目标。			
学习与实践(训练)内容		教学载体	教学形式与方法建议
• 课程目标介绍 • 课程内容 • 学习方法 • 学习评价标准 • 课程资源介绍 • VC++ 6.0开发环境介绍 • C语言程序实用案例演示 • 收集与本课程相关的资料 • C语言代码编写规则介绍 • 程序设计师认证考试介绍		C语言程序实用案例	• 教师讲述 • 课堂讨论 • 示范教学法 • 小组合作
教学环境与媒体选择	学生已有的学习基础	教师应具备的能力	考核评价说明
• 白板、计算机 • 投影仪 • PPT课件 • 相关C语言程序案例	• 计算机基础 • 熟练使用计算机 • 一定的英文水平	• 综合运用各种教学法实施教学的组织和控制能力 • 案例分析能力	• 出勤率 • 课堂提问 • 小组讨论 • 资料收集和处理能力

表3　“C语言程序设计(Ⅰ)”学习情境2设计简表

学习情境2	简单C语言程序及其应用	授课学时(建议)	6
教学目标			
通过学习和实践，使学生能在VC++ 6.0开发环境下编写简单的C语言程序并进行编译、连接和运行。 具体教学目标为：了解C语言的发展历史、基本特点；描述简单C语言程序的基本结构；理解算法的基本描述方法和结构化程序设计的基本方法；培养学生解决实际问题的能力。			

续表

学习内容	实践(训练)项目	教学载体	教学形式与方法建议
• C语言出现的历史背景 • C语言的特点 • 简单的C语言程序介绍 • C语言程序的上机步骤(VC++) • 算法的概念 • 简单算法举例 • 算法的特征 • 怎样描述一个算法 • 结构化程序设计方法	• 项目的创建 • C语言源程序的编辑 • C语言源程序的编译和连接 • 项目的维护	简单C语言程序	• 动画演示 • 教师讲述 • 引导文教学法 • 演示法教学 • 实践操作训练 • 案例教学
教学环境与媒体选择	学生已有的学习基础	教师应具备的能力	考核评价说明
• 白板、计算机 • 投影仪 • PPT课件 • 相关C语言程序案例	• 计算机基础 • 熟练使用计算机 • 一定的英文水平	• 综合运用各种教学法实施教学的组织和控制能力 • 案例分析能力	• 课堂提问 • 课堂测试 • 作业 • 单元测验 • 上机编程实验

表4　"C语言程序设计(Ⅰ)"学习情境3设计简表

学习情境3	数据类型、常量和变量的C语言编程应用	授课学时(建议)	6

教学目标

通过学习和实践,使学生能在VC++ 6.0开发环境下使用整数类型、浮点数类型的变量和常量编写的中等难度的C语言程序,并进行编译、连接和运行。

具体教学目标为:能描述C语言的常用数据类型、常量和变量的区别;能够正确地给变量赋初值;描述算术表达式中变量类型转换的原则。

学习内容	实践(训练)项目	教学载体	教学形式与方法建议
• C语言的数据类型 • 常量与变量 • 整型数据、实型数据、字符型数据 • 变量赋初值 • 各类数值型数据间的混合运算	• 两个整数的加法运算 • 等效电阻的计算 • 电路元件电流的计算 • 电路元件电压降的计算	中等难度的C语言程序	• 动画演示 • 教师讲述 • 引导文教学法 • 演示法教学 • 实践操作训练 • 案例教学
教学环境与媒体选择	学生已有的学习基础	教师应具备的能力	考核评价说明
• 白板、计算机 • 投影仪 • PPT课件 • 相关C语言程序案例	• 熟练使用C语言编译系统 • C语言程序基本结构,C语言程序的开发过程 • 一定的英文水平	• 综合运用各种教学法实施教学的组织和控制能力 • 案例分析能力	• 课堂提问 • 课堂测试 • 作业 • 单元测验 • 上机编程实验

表 5　“C 语言程序设计(Ⅰ)”学习情境 4 设计简表

学习情境 4	运算符、表达式和输入/输出函数的 C 语言编程应用	授课学时(建议)	12

教学目标

通过学习和实践,使学生能在VC++ 6.0 开发环境下使用格式输入函数和格式输出函数编写中等难度的 C 语言程序,并进行编译、连接和运行。

具体教学目标为:描述赋值语句的结构、特点;理解数据输入/输出的概念;描述字符型数据的特点;了解自定义函数和库函数的区别。

学习内容	实践(训练)项目	教学载体	教学形式与方法建议
• 算术运算符和算术表达式 • 赋值运算符和赋值表达式 • 字符型数据 • 赋值语句的结构、特点及应用 • 数据输入/输出的概念 • 字符数据的输入/输出 • 格式输入/输出	• 公里和英里的转换 • 摄氏温度与华氏温度的转换 • 字符串的显示 • 钻石图形的输出	中等难度的 C 语言程序	• 动画演示 • 教师讲述 • 引导文教学法 • 演示法教学 • 实践操作训练 • 案例教学
教学环境与媒体选择	**学生已有的学习基础**	**教师应具备的能力**	**考核评价说明**
• 白板、计算机 • 投影仪 • PPT 课件 • 相关 C 语言程序案例	• 熟练使用 C 语言编译系统 • C 语言程序基本结构,C 语言程序的开发过程 • 一定的英文水平	• 综合运用各种教学法实施教学的组织和控制能力 • 案例分析能力	• 课堂提问 • 课堂测试 • 作业 • 单元测验 • 上机编程实验

表 6　“C 语言程序设计(Ⅰ)”学习情境 5 设计简表

学习情境 5	顺序结构和选择结构的 C 语言编程应用	授课学时(建议)	12

教学目标

通过学习和实践,使学生能在VC++ 6.0 开发环境下使用顺序结构和选择结构编写中等难度的 C 语言程序,并进行编译、连接和运行。

具体教学目标为:描述关系表达式和了解表达式的特点;描述 if 语句的三种基本形式及功能;描述 switch-case 语句的基本形式及功能;理解 break 语句的应用。

学习内容	实践(训练)项目	教学载体	教学形式与方法建议
• 关系运算符和关系表达式 • 逻辑运算符和逻辑表达式 • if 语句的三种基本形式及功能 • if 语句的嵌套 • 条件运算符及应用 • switch-case 语句的结构、功能及应用	• 两个整数的排序 • 学生成绩等级的判别 • 货物运输费用的计算 • 12 小时制和 24 小时制的转换	中等难度的 C 语言程序	• 动画演示 • 教师讲述 • 引导文教学法 • 演示法教学 • 实践操作训练 • 案例教学

续表

教学环境与媒体选择	学生已有的学习基础	教师应具备的能力	考核评价说明
· 白板、计算机 · 投影仪 · PPT 课件 · 相关 C 语言程序案例	· 具有选择适当的输入/输出函数输入/输出相关数据的能力 · 已了解算法的基本概念及表示方法	· 综合运用各种教学法实施教学的组织和控制能力 · 案例分析能力	· 课堂提问 · 课堂测试 · 作业 · 单元测验 · 上机编程实验

表 7　“C 语言程序设计(Ⅰ)”学习情境 6 设计简表

学习情境 6	循环结构的 C 语言编程应用	授课学时(建议)	12
教学目标			
通过学习和实践,使学生能在VC++ 6.0 开发环境下使用循环结构编写中等难度的 C 语言程序,并进行编译、连接和运行。 具体教学目标为:描述循环控制的特点;描述 while 语句和 do-while 语句的基本形式及功能;描述 for 语句的基本形式及功能;理解 continue 语句的应用;培养学生良好的结构化程序设计风格。			
学 习 内 容	实践(训练)项目	教 学 载 体	教学形式与方法建议
· 循环控制的概念 · while 语句的结构、功能及应用 · do-while 语句的结构、功能及应用 · for 语句的结构、功能及应用 · 循环嵌套的概念、结构、功能及应用 · break 语句和 continue 语句	· 整数的累加求和 · 有条件的累加求和 · “百钱买百鸡”问题的解 · 九九表的输出的解	中等难度的 C 语言程序	· 动画演示 · 教师讲述 · 引导文教学法 · 演示法教学 · 实践操作训练 · 案例教学
教学环境与媒体选择	学生已有的学习基础	教师应具备的能力	考核评价说明
· 白板、计算机 · 投影仪 · PPT 课件 · 相关 C 语言程序案例	· 已掌握分支结构语句的使用 · 顺序语句的用法 · C 语言的常量、变量类型和基本使用方法,各算术运算符和表达式的运算方法	· 综合运用各种教学法实施教学的组织和控制能力 · 案例分析能力	· 课堂提问 · 课堂测试 · 作业 · 单元测验 · 上机编程实验

六、教学实施建议

1. 教师应将掌握以程序设计技术为教学重点,强调学生以上机编程实践作为学习的切入点,不过分关注语句、语法细节的讲授。建议以编程实践任务为载体安排和组织教学活动,使学生在完成工作任务的活动中提高程序设计技能。

2. 按照行动导向的教学原则,设计和组织教学实践活动,可以采用多种教学方法,如任务驱动教学法、引导文教学法、演示法、案例教学法、启发引导教学法和归纳演绎教学法等。在实践环节的教学活动中，教师应先示范操作，然后再组织学生进行上机编程、程序调试等实践活动。

3. 教师应加强对学生C语言学习的方法指导，通过引导、提示等在方法上指导学生的学习过程，并将有关知识、技能与职业道德和情感态度有机地融入课程中。

七、教师基本要求

1. 课程负责人：熟悉高职教育教学规律，具有较丰富的C语言程序设计实践经验，教学效果好，具有中高级职称的"双师"型教师。

2. 教师专业背景与能力要求：教师具有丰富的硬件电路和软件编程类课程的教学经验；教师具备电子线路设计和制作的实践教学经验；具有各种电子线路测试仪器的使用经验，能够正确、及时处理学生在软件编制过程中产生的错误；具备一定的教学方法能力与教学设计能力。

八、教学实验实训环境基本要求

实施"C语言程序设计(Ⅰ)"课程教学，校内实验实训硬件环境应具备表8所列条件。

表8　教学实验实训硬件环境基本要求

名　称	基本配置要求	功能说明
计算机实验实训室	按一个标准班40人配置，最低配置要求：教师机1台，配置PⅢ 800MHz，内存1GB，硬盘500GB，10M/100M网卡；PC终端40台，配置PⅡ 400MHz，内存512MB，硬盘80GB，10M/100M网卡；操作系统采用Windows XP专业版；小助教教学系统一套	为"C语言程序设计Ⅰ"课程的理论教学和实验实训提供教学保障条件

九、学习评价建议

1. 改革传统的学生学习评价手段与方法，关注学生学习评价的多元性，注重形成性评价和终结性评价相结合的评价方式。既重视结果的正确性，又重视学生的学习态度、上机表现、做事规范程度、完成作业等过程评价。

2. 学生学习评价分平时学习评价和期末考试评价，建议比例各占50%。

"C语言程序设计(Ⅰ)"课程的考核评价建议见表9。

表9　"C语言程序设计(Ⅰ)"课程的考核评价建议

项　目	平时学习评价(50%)						期末考试评价(50%)
评价项目	出勤	课堂交流	作业	程序编写	程序调试	实验报告	程序设计笔试
成绩权重	0.05	0.05	0.10	0.10	0.10	0.10	0.5

十、课程教学资源开发利用

1. 为满足课程教学质量要求，应有丰富的教学资源。教学资源包括：课程教材(自编或选用)，多媒体PPT课件，上机编程要求，VC++ 6.0开发环境，课程网站，C语言程序设计实际案例，学习指南，C语言代码编写规则等。

2. 充分利用电子期刊、数字图书馆、电子书籍和互联网等资源，丰富教学内容。

十一、其他说明

1. 本课程是与加拿大圣力嘉学院电子工程系联合办学("2+1"模式)的中加双方互认学分课程，对应加方的PRG155课程。

2. "C语言程序设计"课程分为"C语言程序设计(Ⅰ)"和"C语言程序设计(Ⅱ)"两部分，分别开设在第一学期和第二学期。本标准是"C语言程序设计(Ⅰ)"的课程标准。

3. 根据实际教学需要，本标准可作适当调整。

"C语言程序设计(Ⅱ)"课程标准

适用专业：电子信息工程技术专业
课程类别：专业技术基础课
修课方式：必修课
教学时数：70学时
总学分数：4学分
编制人：宋之涛
审定人：李斯伟

一、制定课程标准的依据

本标准是依据《中华人民共和国职业教育法》、《关于加强高职高专教育人才培养工作的意见》(教高[2002]2号)、《关于全面提高高等职业教育教学质量的若干意见》(教高[2006]16号)等文件精神，以及电子信息工程技术专业的人才培养目标和培养规格的要求而制定，用于指导"C语言程序设计(Ⅱ)"的课程编制。

二、课程定位与作用

"C语言程序设计(Ⅱ)"是高职电子信息工程技术专业一门重要的专业技术基础课程。本课程构建于"计算机文化基础"课程的基础上，针对电子信息工程技术专业的特点，以典型的实用程序为载体，将C语言的学习和应用程序的设计与硬件电路有机地融合，通过编程和调试训练，培养学生应用C语言实现简单应用程序的编程和调试能力，使学生养成良好的编程习惯，培养学生利用计算机工具分析问题和解决问题的能力。

三、课程目标

通过"C语言程序设计(Ⅱ)"的学习与上机编程实践，使学生具备以下知识、能力和素质。

- 掌握C语言的基本语法，熟练使用VC++ 6.0开发环境。

- 能解释计算机硬件结构、操作系统和编程语言的基本概念。
- 了解C语言的基本知识，熟悉结构化程序设计的方法。
- 能对C语言源文件程序进行编译和连接。
- 具有使用各种数据类型及基本数据存储的能力。
- 能通过分析将任务转化为流程图或框图，以实现程序代码的编写。
- 应用格式输入语句和格式输出语句进行编程。
- 掌握程序的基本测试和调试方法，能对程序错误进行排查。
- 能针对具体问题进行分析，构建数学模型，设计合理算法。
- 具有制订工作计划的能力。
- 具有查找资料的能力，并能利用与筛查文献资料。
- 养成良好的编程习惯。
- 具有在小组工作中的合作能力。
- 具有较好的文字表达能力。

四、课程教学内容与学时安排建议

“C语言程序设计（Ⅱ）”课程的教学内容与学时安排建议详见表1。

表1　“C语言程序设计（Ⅱ）”课程的教学内容与学时安排建议

序号	学习情境名称	学时	学习（任务）单元划分	教学形式
1	函数及编译预处理的C语言编程应用	16	① 两个整数的加法运算（使用函数） ② 延时函数的设计 ③ 数码管显示函数的设计	学中做 做中学
2	一维数组的C语言编程应用	16	① 数码管显示代码的转换 ② 液晶显示器显示代码的转换 ③ 液晶显示器的显示（使用字符串）	学中做 做中学
3	指针的C语言编程应用	14	① 两个整数的排序（使用指针） ② 液晶显示器的显示（使用指针）	学中做 做中学
4	位处理指令的C语言编程应用	12	① 彩灯控制（使用位与和移位指令） ② 彩灯控制2（使用循环移位指令） ③ 数码管显示控制（使用移位指令）	学中做 做中学
5	KEIL C语言开发系统简介	12	① 51单片机并行端口输出控制 ② 51单片机运行代码的生成 ③ 51单片机运行的仿真调试	学中做 做中学

五、学习情境及教学设计框架

创设学习情境的目的是为了帮助学生更有效地学习知识和技能，实现专业能力、方法能力和社会能力等职业能力的培养。学习情境是与学生所学习的内容相适应的包含任务的工作活动。描述学习情境的要素包括：教学目标、学习内容与实践（训练）项目、教学载体、教学形式与方法建议、教学环境与媒体选择、学生已有的学习基础、教师应具备的能力和考核评价说明。学习情境的详细描述见表2～表6。

表2 “C语言程序设计(Ⅱ)”学习情境1设计简表

<table>
<tr><td>学习情境1</td><td>函数及编译预处理的C语言编程应用</td><td>授课学时(建议)</td><td>16</td></tr>
<tr><td colspan="4">教学目标</td></tr>
<tr><td colspan="4">通过学习和实践,使学生能在VC++ 6.0开发环境下使用自定义函数编写中等难度的C语言程序,并进行编译、连接和运行。
具体教学目标为:描述标准库函数和自定义函数的区别;了解函数的存储类别和内部函数、外部函数的基本知识;描述函数的定义和调用;描述局部变量和全局变量的区别;描述运行多文件程序的基本方法;理解宏定义、文件包含、条件编译三种预处理功能的作用。</td></tr>
<tr><td>学习内容</td><td>实践(训练)项目</td><td>教学载体</td><td>教学形式与方法建议</td></tr>
<tr><td>• 标准函数、自定义函数等基本概念
• 函数定义的一般形式;函数的调用
• 数组作为函数参数
• 局部变量、全局变量、变量的存储类别
• 如何运行一个多文件的程序
• 掌握宏定义、文件包含、条件编译三种预处理功能</td><td>• 使用函数进行整数的加法运算
• 延时函数的编制
• 数码管显示函数的编制
• 使用库函数产生随机数</td><td>中等难度的C语言程序</td><td>• 动画演示
• 教师讲述
• 演示法教学
• 实践操作训练
• 案例教学</td></tr>
<tr><td>教学环境与媒体选择</td><td>学生已有的学习基础</td><td>教师应具备的能力</td><td>考核评价说明</td></tr>
<tr><td>• 白板、计算机
• 投影仪
• PPT课件
• 相关C语言程序案例</td><td>• C语言的数据类型
• C语言的运算符和表达式的熟练运用
• 较好的专业英语水平</td><td>• 综合运用各种教学法实施教学的组织和控制能力
• 案例分析能力</td><td>• 课堂提问
• 课堂测试
• 作业
• 单元测验
• 上机编程实验</td></tr>
</table>

表3 “C语言程序设计(Ⅱ)”学习情境2设计简表

<table>
<tr><td>学习情境2</td><td>一维数组的C语言编程应用</td><td>授课学时(建议)</td><td>16</td></tr>
<tr><td colspan="4">教学目标</td></tr>
<tr><td colspan="4">通过学习和实践,使学生能在VC++ 6.0开发环境下使用一维数组编写中等难度的C语言程序,并进行编译、连接和运行。
具体教学目标为:描述一维数组和二维数组的定义和引用;描述字符数组的定义和引用;理解字符数组和字符串的初始化和应用;描述常用字符串处理函数的特点。</td></tr>
<tr><td>学习内容</td><td>实践(训练)项目</td><td>教学载体</td><td>教学形式与方法建议</td></tr>
<tr><td>• 一维数组的定义和引用
• 二维数组的定义和引用
• 字符数组
• 字符串
• 常用字符串处理函数(puts、gets等)</td><td>• 使用一维数组实现数码管显示代码的转换
• 对一维数组的排序
• 使用一维数组实现液晶显示器显示代码的转换</td><td>中等难度的C语言程序</td><td>• 动画演示
• 教师讲述
• 演示法教学
• 实践操作训练
• 案例教学</td></tr>
</table>

续表

教学环境与媒体选择	学生已有的学习基础	教师应具备的能力	考核评价说明
• 白板、计算机 • 投影仪 • PPT 课件 • 相关 C 语言程序案例	• 熟练使用 C 语言编译系统 • 函数的熟练应用 • 较好的专业英语水平	• 综合运用各种教学法实施教学的组织和控制能力 • 案例分析能力	• 课堂提问 • 课堂测试 • 作业 • 单元测验 • 上机编程实验

表 4　"C 语言程序设计(Ⅱ)"学习情境 3 设计简表

学习情境 3	指针的 C 语言编程应用	授课学时(建议)	14

教学目标

通过学习和实践，使学生能在VC++ 6.0 开发环境下使用指针编写中等难度的 C 语言程序，并进行编译、连接和运行。

具体教学目标为：描述指针的基本概念；理解作为函数调用参数的指针的使用；描述指针数组、指向变量的指针、指向数组的指针的基本知识；理解指向字符串的指针的应用。

学习内容	实践(训练)项目	教学载体	教学形式与方法建议
• 指针的基本概念 • 变量的直接访问和间接访问 • 指向变量的指针 • 指向数组的指针 • 指向字符串的指针	• 使用指针实现对一维数组的排序 • 使用指针实现数码管的显示代码转换 • 使用指针实现液晶显示器的显示代码转换	中等难度的 C 语言程序	• 动画演示 • 教师讲述 • 演示法教学 • 实践操作训练 • 案例教学

教学环境与媒体选择	学生已有的学习基础	教师应具备的能力	考核评价说明
• 白板、计算机 • 投影仪 • PPT 课件 • 相关 C 语言程序案例	• 一维数组的熟练应用 • 字符数组和字符串的熟练应用 • 较好的专业英语水平	• 综合运用各种教学法实施教学的组织和控制能力 • 案例分析能力	• 课堂提问 • 课堂测试 • 作业 • 单元测验 • 上机编程实验

表 5　"C 语言程序设计(Ⅱ)"学习情境 4 设计简表

学习情境 4	位处理指令的 C 语言编程应用	授课学时(建议)	12

教学目标

通过学习和实践，使学生能在VC++ 6.0 开发环境下使用移位和循环移位标准函数编写中等难度的 C 语言程序，并进行编译、连接和运行。

具体教学目标为：描述原码、反码和补码的基本概念；理解逻辑位与运算、位或运算、位反运算、位异或运算的作用；描述移位运算符的作用；理解循环移位标准函数的作用。

学习内容	实践(训练)项目	教学载体	教学形式与方法建议
• 原码、反码和补码 • 位与、位或运算符 • 位反、位异或运算符 • 移位运算符	• 彩灯控制(使用位与和移位指令) • 彩灯控制 2(使用循环移位指令) • 数码管显示控制(使用移位指令)	彩灯控制 C 语言程序案例	• 动画演示 • 教师讲述 • 演示法教学 • 实践操作训练 • 案例教学

续表

教学环境与媒体选择	学生已有的学习基础	教师应具备的能力	考核评价说明
• 白板、计算机 • 投影仪 • PPT 课件 • 相关 C 语言程序案例	• 对计算机硬件结构有一定了解 • 对 MCS-51 系列单片机有一定了解 • 较好的专业英语水平	• 综合运用各种教学法实施教学的组织和控制能力 • 案例分析能力	• 课堂提问 • 课堂测试 • 作业 • 单元测验 • 上机编程实验

表 6　"C 语言程序设计(Ⅱ)"学习情境 5 设计简表

学习情境 5	KEIL C 开发系统简介	授课学时(建议)	12
教学目标			
经过学习和实践,使学生能在 KEIL C51 集成开发环境下编写中等难度的 C51 语言程序,并进行编译、连接并生成可供单片机下载的代码文件。 具体教学目标为:描述单片机开发项目的创建、C51 语言程序加入到项目、C51 语言程序的编译和连接;描述在 KEIL C51 集成开发环境的调试状态下进行代码文件的仿真调试。			
学 习 内 容	实践(训练)项目	教 学 载 体	教学形式与方法建议
• C51 源程序的录入 • 单片机开发项目的建立 • 单片机下载代码文件的产生 • 单片机的代码文件的仿真调试	• 单片机开发项目的建立 • 单片机下载代码文件的产生 • 单片机的代码文件的仿真调试	KEIL C51 集成开发环境	• 动画演示 • 教师讲述 • 演示法教学 • 实践操作训练 • 案例教学
教学环境与媒体选择	学生已有的学习基础	教师应具备的能力	考核评价说明
• 白板、计算机 • 投影仪 • PPT 课件 • 相关 C 语言程序案例	• 对计算机硬件结构有一定了解 • 对 MCS-51 系列单片机有一定了解 • 对常用数字逻辑电路有一定了解 • 较好的专业英语水平	• 综合运用各种教学法实施教学的组织和控制能力 • 案例分析能力	• 课堂提问 • 课堂测试 • 作业 • 单元测验 • 上机编程实验

六、教学实施建议

1. 教师应将掌握程序设计技术为教学重点,强调学生以上机编程实践作为学习的切入点,不过分关注语句、语法细节的讲授。建议以编程实践任务为载体安排和组织教学活动,使学生在完成工作任务的活动中提高程序设计技能。

2. 按照行动导向的教学原则,设计和组织教学实践活动,可以采用多种教学方法,如任务驱动教学法、引导文教学法、演示法、案例教学法、启发引导教学法和归纳演绎教学法等。在实践环节的教学活动中,教师应先示范操作,然后再组织学生进行上机编程、程序调试等实践活动。

3. 教师应加强对学生C语言学习的方法指导，通过引导、提示等在方法上指导学生的学习过程，并将有关知识、技能与职业道德和情感态度有机地融入课程中。

七、教师基本要求

1. 课程负责人：熟悉高职教育教学规律，具有较丰富的C语言程序设计实践经验，教学效果好，具有中高级职称的“双师”型教师。

2. 教师专业背景与能力要求：具有丰富的硬件电路和软件编程类课程的教学经验；具备电子线路设计和制作的实践教学经验，具有各种电子线路测试仪器的使用经验，能够正确、及时处理学生在软件编制过程中产生的错误；具备一定的教学方法能力与教学设计能力。

八、教学实验实训环境基本要求

实施“C语言程序设计(Ⅱ)”课程教学，校内实验实训硬件环境应具备表7所列条件。

表7　教学实验实训硬件环境基本要求

名　称	基本配置要求	功能说明
计算机实验实训室	按一个标准班40人配置，最低配置要求：教师机1台，配置PⅢ 800MHz，内存1GB，硬盘500GB，10M/100M网卡；PC终端40台，配置PⅡ 400MHz，内存512MB，硬盘80GB，10M/100M网卡；操作系统采用Windows XP专业版；小助教教学系统一套	为“C语言程序设计(Ⅱ)”课程的理论教学和实验实训提供教学保障条件

九、学习评价建议

1. 改革传统的学生学习评价手段与方法，关注学生学习评价的多元性，注重形成性评价和终结性评价相结合的评价方式。既重视结果的正确性，又重视学生的学习态度、上机表现、做事规范程度、完成作业等过程评价。

2. 学生学习评价分平时学习评价和期末考试评价，建议比例各占50%。

“C语言程序设计(Ⅱ)”课程的考核评价建议见表8。

表8　“C语言程序设计(Ⅱ)”课程的考核评价建议

项　目	平时学习评价(50%)						期末考试评价(50%)
评价项目	出勤	课堂交流	作业	程序编写	程序调试	实验报告	程序设计笔试
成绩权重	0.05	0.05	0.10	0.10	0.10	0.10	0.50

十、课程教学资源开发与利用

1. 为满足课程教学质量要求，应有丰富的教学资源。教学资源包括：课程教材(自编或选用)，多媒体PPT课件，上机编程要求，VC++ 6.0开发环境，课程网站，C语言程序设计实际案例，学习指南，C语言代码编写规则等。

2. 充分利用电子期刊、数字图书馆、电子书籍和互联网等资源，丰富教学内容。

十一、其他说明

1. 本课程是与加拿大圣力嘉学院电子工程系联合办学（“2＋1”模式）的中加双方互认学分课程，对应加方的PRG255课程。

2. “C语言程序设计”课程分为“C语言程序设计（Ⅰ）”和“C语言程序设计（Ⅱ）”两部分，分别开设在第一学期和第二学期，本标准是“C语言程序设计（Ⅱ）”的课程标准。

3. 根据实际教学需要，本标准可作适当调整。

“电工电子电路分析（Ⅰ）”课程标准

适用专业：电子信息工程技术专业
课程类别：专业技术基础课程
修课方式：必修课
教学时数：70学时
总学分数：3学分
编制人：顾倩
审定人：李斯伟

一、制定课程标准的依据

本标准是依据《中华人民共和国职业教育法》、《关于加强高职高专教育人才培养工作的意见》（教高[2002]2号）、《关于全面提高高等职业教育教学质量的若干意见》（教高[2006]16号）等文件精神，以及依据电子信息工程技术专业的人才培养目标和培养规格的要求而制定，用于指导“电工电子电路分析”的课程教学。

二、课程定位与作用

“电工电子电路分析（Ⅰ）”是高职电子信息工程技术专业一门重要的专业技术基础课程。本课程构建于数学基础知识、“计算机文化基础”等课程的基础上，围绕直流电路部分内容，基于职业能力分析，选择电路元件和典型直流电路为教学载体，通过完成直流电路分析与测量任务，辅以EWB计算机仿真软件使用，培养学生具有对分析电路基本特性、连接实现电路、测量电路参数与排除故障的专业能力的同时，获得工作过程知识，促进学生关键能力和职业素质的提高，从而发展学生的综合职业能力。本课程对学生职业能力培养和职业素质养成起主要支撑作用。

三、课程目标

通过“电工电子电路分析（Ⅰ）”的学习，使学生具有分析电路基本特性、连接实现电路、测量电路参数与排除故障等能力。具体目标如下：

1. 专业能力目标

- 能认识常用的电路元器件。
- 能读懂电路图，并根据电路图搭接电路。
- 能熟练使用各种测量仪器仪表，具有选择合适测量仪器仪表及使用工具的能力。
- 能对电路参数进行测量。
- 具有整理、计算、分析实验数据与编写报告的能力。
- 具有绘制简单的电路接线图、制作印刷电路板、实现电路的能力。
- 具有安全用电与自我保护的能力。

2. 方法能力目标

- 具有电路识图与绘图的能力。
- 具有电路的分析、制作与评估的能力。
- 具有查找资料的能力，并能筛查与利用文献资料。
- 具有初步的解决问题能力。
- 具有一定的分析与综合能力。

3. 社会能力目标

- 具有人际交往能力。
- 具有语言文字表达能力。
- 具有计划组织能力和团队协作能力。
- 遵守职业道德。

四、课程教学内容与学时安排建议

“电工电子电路分析(Ⅰ)”课程的教学内容与学时安排建议详见表1。

表1　“电工电子电路分析(Ⅰ)”课程的教学内容与学时安排建议

序号	学习情境名称	学时	学习任务单元划分	教学形式
1	课程引导(第一次课)	2	① 课程在专业中的地位 ② 课程教学内容与后续课程的衔接关系 ③ 本课程的学习方法 ④ 课程学习评价要求	教师讲授 引导文教学法
2	简单直流电路测量与分析	14	任务1　简单直流电路的连接 任务2　直流电路中电压的测量与分析 任务3　直流电路中电流的测量与分析 任务4　直流电路中电功率的计算与测量	学中做 做中学
3	直流电阻电路测量与分析	20	任务1　电阻的识别与特性测量 任务2　电阻的连接与测量分析 任务3　各种电阻的应用举例	学中做 做中学
4	复杂直流电路测量与分析	18	任务1　多电源电路的测量与特性分析 任务2　戴维南等效电路的特性分析与计算	学中做 做中学

续表

序号	学习情境名称	学时	学习任务单元划分	教学形式
5	电容元件与电感元件测量与分析	16	任务1　电容元件的识别与测量 任务2　电感元件的识别与测量 任务3　RC充放电电路的测量与分析 任务4　RL充放电电路的测量与分析 任务5　二阶充放电电路的观察与分析	学中做 做中学

五、学习情境及教学设计框架

创设学习情境的目的是为了帮助学生更有效地学习知识和技能，实现专业能力、方法能力和社会能力，即职业能力的培养。学习情境是与学生所学习的内容相适应的包含任务的工作活动。描述学习情境的要素包括：教学目标、学习实践（训练）内容、教学载体、教学形式与方法建议、教学环境与媒体选择、学生已有的学习基础、教师应具备的能力和考核评价说明。学习情境的详细描述见表2～表6所示。

表2 “电工电子电路分析（Ⅰ）”学习情境1设计简表

<table>
<tr><td>学习情境1</td><td>课程引导（第一次课）</td><td>授课学时（建议）</td><td>2</td></tr>
<tr><td colspan="4">教学目标</td></tr>
<tr><td colspan="4">通过学习和实践，使学生能够理解本课程在专业中的地位；了解教学内容和后续课程的相互关系；熟悉本课程的学习方法；了解本课程的学生学习评价标准，从而使学生建立明确的学习目标。</td></tr>
<tr><td colspan="2">学习与实践（训练）内容</td><td>教 学 载 体</td><td>教学形式与方法建议</td></tr>
<tr><td colspan="2">• 课程目标介绍
• 课程内容
• 学习方法
• 学习评价标准
• 课程资源介绍
• 各种典型电路元件认知
• EWB仿真软件使用介绍
• 电工电路测量仪器介绍
• 收集与本课程相关的资料</td><td>电路实际应用案例</td><td>• 教师讲述
• 课堂讨论
• 示范教学法
• 小组合作</td></tr>
<tr><td>教学环境与媒体选择</td><td>学生已有的学习基础</td><td>教师应具备的能力</td><td>考核评价说明</td></tr>
<tr><td>• 黑板、计算机、投影仪、PPT课件
• EWB仿真软件
• 各种电路元器件
• 电工电路测量仪器仪表</td><td>• 三角函数等数学基础知识
• 文字和语言表达能力</td><td>• 综合运用各种教学法实施教学的组织和控制能力
• 熟练使用各种电路元器件连接电路的能力
• 熟练运用各种仪器测量电路参数的能力</td><td>• 出勤率
• 课堂提问
• 小组讨论
• 资料收集和处理能力</td></tr>
</table>

表 3　“电工电子电路分析（Ⅰ）”学习情境 2 设计简表

<table>
<tr><td>学习情境 2</td><td>简单直流电路测量与分析</td><td>授课学时（建议）</td><td colspan="2">14</td></tr>
<tr><td colspan="5">教学目标
通过学习和实践，使学生能够熟练测量与分析直流电路。理解电路的基本量如电压、电流和电功率的概念，能描述电压源和电流源的特性，能熟练连接电路，并能够熟练测量电路中的电压与电流，能计算电路元件的电功率，能应用基尔霍夫电压定律和基尔霍夫电流定律进行电路分析和计算。</td></tr>
<tr><td colspan="2">学习与实践（训练）内容</td><td colspan="2">教学载体</td><td>教学形式与方法建议</td></tr>
<tr><td colspan="2">• 电路模型
• 理想电压源与电压的测量
• 理想电流源与电流的测量
• 电功率的计算与测量
• 基尔霍夫电流定律
• 基尔霍夫电压定律
• 实际电路制作与测量</td><td colspan="2">简单直流电路</td><td>• 教师讲述
• 任务驱动教学
• 课堂讨论
• 示范教学法
• 研究性学习
• 小组合作</td></tr>
<tr><td>教学环境与媒体选择</td><td>学生已有的学习基础</td><td colspan="2">教师应具备的能力</td><td>考核评价说明</td></tr>
<tr><td>• 黑板、计算机、投影仪、PPT 课件
• EWB 仿真软件
• 各种电路元器件
• 电工电路测量仪器仪表</td><td>• 三角函数等数学基础知识
• 文字和语言表达能力</td><td colspan="2">• 综合运用各种教学法实施教学的组织和控制能力
• 熟练使用各种电路元器件连接电路的能力
• 熟练运用各种仪器测量电路参数的能力</td><td>• 课堂提问
• 课堂测试
• 作业
• 单元测验
• 实验</td></tr>
</table>

表 4　“电工电子电路分析（Ⅰ）”学习情境 3 设计简表

<table>
<tr><td>学习情境 3</td><td>直流电阻电路测量与分析</td><td>授课学时（建议）</td><td colspan="2">20</td></tr>
<tr><td colspan="5">教学目标
通过学习和实践，使学生能够熟练掌握电阻元件的特性，进一步熟悉基尔霍夫定律。能进行直流电阻电路的连接和测量，会等效电阻的求解方法，熟练掌握电阻串联分压与并联分流关系，了解各类电阻的特性和电阻桥式连接的特性。</td></tr>
<tr><td colspan="2">学习与实践（训练）内容</td><td colspan="2">教学载体</td><td>教学形式与方法建议</td></tr>
<tr><td colspan="2">• 电阻的识别
• 欧姆定律
• 电阻的串联与分压关系
• 电阻的并联与分流关系
• 电阻的混联
• 电阻的Y形与△形变换
• 各类电阻特性
• 实际电路制作与测量</td><td colspan="2">直流电阻电路</td><td>• 教师讲述
• 任务驱动教学
• 课堂讨论
• 示范教学法
• 研究性学习
• 小组合作</td></tr>
<tr><td>教学环境与媒体选择</td><td>学生已有的学习基础</td><td colspan="2">教师应具备的能力</td><td>考核评价说明</td></tr>
<tr><td>• 黑板、计算机、投影仪、PPT 课件
• EWB 仿真软件
• 各种电路元器件
• 电工电路测量仪器仪表</td><td>• 三角函数等数学基础知识
• 文字和语言表达能力
• 电路的连接与测量方法
• 电路的基本量
• 基尔霍夫定律</td><td colspan="2">• 综合运用各种教学法实施教学的组织和控制能力
• 熟练使用各种电路元器件连接电路的能力
• 熟练运用各种仪器测量电路参数的能力</td><td>• 课堂提问
• 课堂测试
• 作业
• 单元测验
• 实验</td></tr>
</table>

表5 “电工电子电路分析(Ⅰ)”学习情境4设计简表

<table>
<tr><td>学习情境4</td><td>复杂直流电路测量与分析</td><td>授课学时(建议)</td><td>18</td></tr>
<tr><td colspan="4">教学目标</td></tr>
<tr><td colspan="4">通过学习和实践,使学生能够熟练地连接、测量与分析复杂直流电路。熟练运用直流电路的分析方法——节点电位法、网孔电流法、叠加定理和戴维南定理来分析电路,并能描述这些定理在电路分析中的地位。能运用线性电路的叠加性与齐次性分析电路。能画出含源二端网络的戴维南等效电路。能运用直流电路最大功率传输定理进行简单的计算。能描述受控源的特性,领会含受控源电路分析的基本思想,熟练掌握实际电源的两种模型及其变换方法。</td></tr>
<tr><td colspan="2">学习与实践(训练)内容</td><td>教学载体</td><td>教学形式与方法建议</td></tr>
<tr><td colspan="2">• 节点电位法
• 网孔电流法
• 叠加定理
• 戴维南定理
• 最大功率传输定理
• 实际电源的两种模型
• 受控电源
• 复杂直流电路连接和测量
• 简单电路的故障分析与排除</td><td>复杂直流电路</td><td>• 教师讲述
• 任务驱动教学
• 课堂讨论
• 示范教学法
• 研究性学习
• 小组合作</td></tr>
<tr><td>教学环境与媒体选择</td><td>学生已有的学习基础</td><td>教师应具备的能力</td><td>考核评价说明</td></tr>
<tr><td>• 黑板、计算机、投影仪、PPT课件
• EWB仿真软件
• 各种电路元器件
• 电工电路测量仪器仪表</td><td>• 三角函数等数学基础知识
• 文字和语言表达能力
• 欧姆定理
• 基尔霍夫定律</td><td>• 综合运用各种教学法实施教学的组织和控制能力
• 熟练使用各种电路元器件连接电路的能力
• 熟练运用各种仪器测量电路参数的能力</td><td>• 课堂提问
• 课堂测试
• 作业
• 单元测验
• 实验</td></tr>
</table>

表6 “电工电子电路分析(Ⅰ)”学习情境5设计简表

<table>
<tr><td>学习情境5</td><td>电容元件与电感元件测量与分析</td><td>授课学时(建议)</td><td>16</td></tr>
<tr><td colspan="4">教学目标</td></tr>
<tr><td colspan="4">通过学习和实践,使学生能够熟练掌握电容元件与电感元件的特性;会识别与挑选电容与电感元器件;会测量RC与RL电路的充放电过程;能够分析RC与RL元件参数对充放电过程的影响;观察二阶电路的充放电过程,了解RLC元件参数对充放电过程的影响。</td></tr>
<tr><td colspan="2">学习与实践(训练)内容</td><td>教学载体</td><td>教学形式与方法建议</td></tr>
<tr><td colspan="2">• 电容的识别与特性
• 电感的识别与特性
• 环路定律
• RC电路的充放电与时间常数
• RL电路的充放电与时间常数
• 二阶电路的充放电过程</td><td>电容元件与电感元件</td><td>• 教师讲述
• 任务驱动教学
• 课堂讨论
• 示范教学法
• 研究性学习
• 小组合作</td></tr>
</table>

续表

教学环境与媒体选择	学生已有的学习基础	教师应具备的能力	考核评价说明
• 黑板、计算机、投影仪、PPT课件 • EWB仿真软件 • 各种电路元器件 • 电工电路测量仪器仪表	• 三角函数等数学基础知识 • 文字和语言表达能力 • 欧姆定理 • 基尔霍夫定律	• 综合运用各种教学法实施教学的组织和控制能力 • 熟练使用各种电路元器件连接电路的能力 • 熟练运用各种仪器测量电路参数的能力	• 课堂提问 • 课堂测试 • 作业 • 单元测验 • 实验

六、教学实施建议

1. 教师应以电路元件及电路的连接为主线，以电路测量任务为载体安排和组织教学活动，使学生在完成工作任务的活动中提高专业基本技能。

2. 教师应按照学习情境的教学目标编制教学设计方案。

3. 建议采用任务驱动教学法实施教学，教师应先提出完成工作任务的要求、时间安排及内容等，然后分析工作任务内容。在教学过程中，应以学生为中心，学生学习多以强调合作与交流学习的小组形式进行。以小组形式进行学习时，教师应对分组安排及小组讨论（或操作）的要求做出明确的规定。在实际操作教学活动中，教师应先示范操作，然后再组织学生进行测试、操作等实践活动。

4. 教师应加强对学生学习方法的指导，通过引导问题、提示描述等在方法上指导学生的学习过程，并将有关知识、技能与职业道德和情感态度有机地融入课程中。教师应营造民主和谐的教学氛围，激发学习者参与教学活动，提高学习者学习积极性，增强学生学习的信心与成就感。

5. 采用EWB仿真软件辅助教学，提高学生的学习兴趣，提高教学效果。

七、教学团队的基本要求

1. 团队规模：基于每届3～4个教学班的规模，专职教师6人左右（含专业实训指导教师）。其中，专职教师4人，实验实训指导教师2人，职称和年龄结构合理，互补性强。

2. 教师专业背景与能力要求：教师应具有电子信息类专业背景和丰富的教学经验；应具备电路及后续课程的相关知识，并具有各种电路实验仪器仪表的使用经验，具备丰富的电路理论知识，能够正确及时处理学生误操作产生的相关故障；并应具备一定的教学方法能力与教学设计能力。

3. 课程负责人：具备丰富的教学经验，教学效果良好；熟悉高职高专学生教育规律，能够与后续课程的负责人进行良好的沟通；了解通信行业市场人才需求，了解电子通信技术，实践经验丰富；具有中级及以上的职称。

八、教学实验实训环境基本要求

实施“电工电子电路分析与制作（Ⅰ）”课程教学，校内实验实训硬件环境应具备表7所列条件。

表7　教学实验实训环境基本要求

序号	名　称	基本配置要求	功能说明
1	课堂教学环境	计算机配置：Windows 2000 以上操作系统，PowerPoint 演示软件，EWB 仿真软件等	用于课堂教学和模拟实验的演示
2	直流电路实验室	电路实验箱 25 套；电路元器件：各种不同参数的电阻、电容、电感元件和有足够的数量，供学生选择；测量仪器仪表 25 套：包括稳压电源、指针式及数字式万用表、示波器；PC 及相关软件 25 套：使用 Windows 2000 以上操作系统，EWB 仿真软件等；电路焊接设备 40 套：电烙铁、焊锡、松香等。印刷线路板制作设备：印刷电路板足够数量、腐蚀溶液、手钻 5 台等	提供给学生进行模拟实验、实物实验、实际电路制作的环境

九、学习评价建议

1. 教学评价主要是指学生学业评价，关注评价的多元性。注重过程评价和结果评价相结合的评价方式。既要重视结果的正确性，又要重视学生学习和完成工作任务的态度、做事规范程度、完成作业等过程评价。

2. 实操考核相对独立，评价方式由百分制考核改为等级制考核，课程考核方案突出整体性评价。

3. 课程学习情境教学评价建议由学习态度、理论学习评价和实践学习评价三部分组成，比例分别为 20%、50%和 30%。学生最终考核成绩由 3 个学习情境的平均成绩、实操考试和期末考试三部分成绩核算，比例分别为 50%、20%和 30%。若不参加实操考试或实操成绩不及格，则最终成绩评定为不及格。

“电工电子电路分析（Ⅰ）”课程的评价建议见表 8。

表8　“电工电子电路分析（Ⅰ）”课程的评价建议表

<table>
<tr><th colspan="4">评价内容与方法</th><th rowspan="2">成绩权重</th></tr>
<tr><th></th><th>评价子项目</th><th>评价标准</th><th>项目中所占比例/%</th></tr>
<tr><td rowspan="8">过程考核</td><td rowspan="2">学习态度</td><td>出勤率</td><td rowspan="2">20</td><td rowspan="8">0.5</td></tr>
<tr><td>作业情况</td></tr>
<tr><td rowspan="3">理论学习评价</td><td>课堂提问</td><td rowspan="3">50</td></tr>
<tr><td>课堂测试</td></tr>
<tr><td>平时测验</td></tr>
<tr><td rowspan="3">实践学习评价</td><td>EWB 仿真软件实验</td><td rowspan="3">30</td></tr>
<tr><td>实验项目及报告</td></tr>
<tr><td>自制实验电路及测试</td></tr>
<tr><td rowspan="2">结果考核</td><td colspan="3">实操考试</td><td>0.2</td></tr>
<tr><td colspan="3">期末考试</td><td>0.3</td></tr>
</table>

十、课程教学资源开发与利用

1. 为满足课程教学质量要求，应有丰富的教学资源。教学资源包括：课程教材（自编或选用），多媒体 PPT 课件，学习指南，工作任务书，教学模型，电子元器件技术手册，电器操作规章制度，安全操作规范，实验手册，测量仪器仪表等。

2. 充分利用电子期刊、数字图书馆、电子书籍和互联网等资源，丰富教学内容。

十一、其他说明

本课程是与加拿大圣力嘉学院电子工程系联合办学（“2＋1”模式）的中加双方互认学分课程，对应加方的 ETY155 课程（直流电路部分）。

“电工电子电路分析（Ⅱ）”课程标准

适用专业：电子信息工程技术专业
课程类别：专业技术基础课程
修课方式：必修课
教学时数：70 学时
总学分数：3 学分
编制人：顾倩
审定人：李斯伟

一、制订课程标准的依据

本标准是依据《中华人民共和国职业教育法》、《关于加强高职高专教育人才培养工作的意见》（教高[2002]2 号）、《关于全面提高高等职业教育教学质量的若干意见》（教高[2006]16 号）等文件精神，以及依据电子信息工程技术专业的人才培养目标和培养规格的要求而制定，用于指导“电工电子电路分析”的课程教学。

二、课程定位与作用

“电工电子电路分析（Ⅱ）”是高职电子信息工程技术专业一门重要的专业技术基础课程。本课程构建于基本数学知识、“计算机文化基础”等课程的基础上，围绕交流电路部分内容，基于职业能力分析，选择典型交流电路为教学载体，通过完成对交流电路分析与测量任务，辅以 EWB 计算机仿真软件使用，培养学生具有分析交流电路基本特性、连接实现电路、测量电路参数与排除故障的专业能力的同时，还获得工作过程知识，促进学生关键能力和职业素质的提高，从而提高学生的综合职业能力。本课程对学生职业能力培养和职业素质养成起主要支撑作用。

三、课程目标

通过“电工电子电路分析(Ⅱ)”的学习,使学生具有分析电路基本特性、连接实现电路、测量电路参数与排除故障等能力。具体目标如下:

1. 专业能力目标

- 能认识常用的电路元器件。
- 能读懂电路图,并根据电路图搭接电路。
- 能熟练使用各种测量仪器仪表,具有选择合适测量仪器仪表及使用工具的能力。
- 能对电路参数进行测量。
- 具有实验数据整理、计算、分析与编写报告的能力。
- 具有绘制简单的电路接线图、制作印刷电路板、实现电路的能力。
- 具有安全用电与自我保护的能力。
- 具有简单配电系统的设计能力。

2. 方法能力目标

- 具有电路识图与绘图的能力。
- 具有电路的分析、制作与评估的能力。
- 具有查找资料的能力,能对文献资料利用与筛查。
- 具有初步的解决问题能力。
- 具有一定的分析与综合能力。

3. 社会能力目标

- 具有人际交往能力。
- 具有语言文字表达能力。
- 具有计划组织能力和团队协作能力。
- 遵守职业道德。

四、课程教学内容与学时安排建议

“电工电子电路分析(Ⅱ)”课程的教学内容与学时安排建议详见表1所示。

表1 “电工电子电路分析(Ⅱ)”课程的教学内容与学时安排建议

序号	学习情境名称	学时	学习任务单元划分	教学形式
1	课程引导(第一次课)	2	① 课程在专业中的地位 ② 课程教学内容与后续课程的衔接关系 ③ 本课程的学习方法 ④ 课程学习评价要求	教师讲授 引导文教学法
2	交流电路的测量与分析	24	任务1 交流电路中电压的测量与分析 任务2 频率变化对交流串联电路的影响 任务3 频率变化对交流并联电路的影响	学中做 做中学 任务驱动教学法
3	谐振电路和滤波器的测量与分析	24	任务1 串联谐振电路的测量与分析 任务2 并联谐振电路的测量与分析 任务3 常用滤波器的应用举例	学中做 做中学 任务驱动教学法

续表

序号	学习情境名称	学时	学习任务单元划分	教学形式
4	变压器的测量与分析	10	任务1　互感电路的测量与分析 任务2　变压器电路的测量与分析	学中做 做中学 任务驱动教学法
5	家庭室内用电的配电设计	10	项目　家庭室内用电配电方案设计	教学做一体化 任务驱动教学法

五、学习情境及教学设计框架

创设学习情境的目的是为了帮助学生更有效地学习知识和技能，实现专业能力、方法能力和社会能力，即职业能力的培养。学习情境是与学生所学习的内容相适应的包含任务的工作活动。描述学习情境的要素包括：教学目标、学习实践(训练)内容、教学载体、教学形式与方法建议、教学环境与媒体选择、学生已有的学习基础、教师应具备的能力和考核评价说明。学习情境的详细描述见表2～表6所示。

表2　"电工电子电路分析(Ⅱ)"学习情境1设计简表

学习情境1	课程引导(第一次课)	授课学时(建议)	2
教学目标			
通过学习和实践，使学生能够理解本课程在专业中的地位；了解教学内容和后续课程的相互关系；熟悉本课程的学习方法；了解本课程的学生学习评价标准，从而使学生建立明确的学习目标。			
学习与实践(训练)内容		教学载体	教学形式与方法建议
• 课程目标介绍 • 课程内容 • 学习方法 • 学习评价标准 • 课程资源介绍 • 各种典型电路元件认知 • EWB仿真软件使用介绍 • 电工电路测量仪器介绍 • 收集与本课程相关的资料		电路实际应用案例	• 教师讲述 • 课堂讨论 • 示范教学法 • 小组合作
教学环境与媒体选择	学生已有的学习基础	教师应具备的能力	考核评价说明
• 黑板、计算机、投影仪、PPT课件 • EWB仿真软件 • 各种电路元器件 • 电工电路测量仪器仪表	• 三角函数等数学基础知识 • 文字和语言表达能力	• 综合运用各种教学法实施教学的组织和控制能力 • 熟练使用各种电路元器件连接电路的能力 • 熟练运用各种仪器测量电路参数的能力	• 出勤率 • 课堂提问 • 小组讨论 • 资料收集和处理能力

表3 "电工电子电路分析(Ⅱ)"学习情境2设计简表

学习情境2	交流电路的测量与分析	授课学时(建议)	24

教学目标

通过学习和实践,使学生能够熟练测量和分析交流电路。能熟练分析R、L、C元件的交流特性,能熟练分析交流串联电路和交流并联电路的频率特性。

学习与实践内容	载体选择	教学形式与方法建议
• 交流电的表示方法 • 电阻的相量模型 • 电容的相量模型 • 电感的相量模型 • 交流串联电路的频率特性 • 交流并联电路的频率特性 • 阻抗与导纳 • 最大功率传输定理 • 实际电路制作与测量	交流电路	• 教师讲述 • 任务驱动教学法 • 课堂讨论 • 示范教学法 • 研究性学习 • 小组合作

教学环境与媒体选择	学生已有的学习基础	教师应具备的能力	考核评价说明
• 黑板、计算机、投影仪、PPT课件 • EWB仿真软件 • 各种电路元器件和测量仪器仪表	• 三角函数等数学基础知识 • 文字和语言表达能力 • 电路的基本定理与定律	• 综合运用各种教学法实施教学的组织和控制能力 • 熟练使用各种电路元器件连接电路的能力 • 熟练运用各种仪器测量电路参数的能力	• 课堂提问 • 课堂测试 • 作业 • 单元测验 • 实验

表4 "电工电子电路分析(Ⅱ)"学习情境3设计简表

学习情境3	谐振电路和滤波器的测量与分析	授课学时(建议)	24

教学目标

通过学习和实践,使学生能够熟练测量和分析谐振电路和滤波器特性。能够熟练测量谐振电路频率与通频带,能够分析非正弦周期电路,熟练分析低通、高通、带通和带阻滤波器的典型电路,能够设计各种滤波器并测量其通频带。

学习与实践内容	载体选择	教学形式与方法建议
• 串联谐振电路的特性与测量 • 并联谐振电路的特性与测量 • 非正弦周期电路的分析方法 • 低通滤波器 • 高通滤波器 • 带通滤波器 • 带阻滤波器 • 滤波器的设计与测试	谐振电路和滤波器	• 教师讲述 • 任务驱动教学 • 课堂讨论 • 示范教学法 • 研究性学习 • 小组合作

续表

教学环境与媒体选择	学生已有的学习基础	教师应具备的能力	考核评价说明
• 黑板、计算机、投影仪、PPT课件 • EWB仿真软件 • 各种电路元器件 • 测量仪器仪表	• 三角函数等数学基础知识 • 文字和语言表达能力 • 电路的基本定理与定律 • 交流电路的阻抗与导纳 • 交流电路的频率特性	• 综合运用各种教学法实施教学的组织和控制能力 • 熟练使用各种电路元器件连接电路的能力 • 熟练运用各种仪器测量电路参数的能力	• 课堂提问 • 课堂测试 • 作业 • 单元测验 • 实验

表5 "电工电子电路分析(Ⅱ)"学习情境4设计简表

学习情境4	变压器的测量与分析	授课学时(建议)	10

教学目标

通过学习和实践,使学生能够熟练测量与分析互感元件和变压器。熟练分析含互感元件电路,能够分析理想变压器的特性,能对典型的变压器电路进行分析和计算。

学习与实践内容	载体选择	教学形式与方法建议
• 互感的概念 • 含互感电路的去耦等效 • 变压器的特性 • 变压器电路的分析 • 变压器的测量	变压器	• 教师讲述 • 任务驱动教学 • 课堂讨论 • 示范教学法 • 研究性学习 • 小组合作

教学环境与媒体选择	学生已有的学习基础	教师应具备的能力	考核评价说明
• 黑板、计算机、投影仪、PPT课件 • EWB仿真软件 • 各种电路元器件 • 测量仪器仪表	• 三角函数等数学基础知识 • 文字和语言表达能力 • 电路的基本定理与定律 • 交流电路的阻抗与导纳 • 交流电路的频率特性	• 综合运用各种教学法实施教学的组织和控制能力 • 熟练使用各种电路元器件连接电路的能力 • 熟练运用各种仪器测量电路参数的能力	• 课堂提问 • 课堂测试 • 作业 • 单元测验 • 实验

表6 "电工电子电路分析(Ⅱ)"学习情境5设计简表

学习情境5	家庭室内用电的配电设计	授课学时(建议)	10

教学目标

通过学习和实践,学生能综合运用所学的电路基本理论进行家庭室内用电的配电设计,并能编制配电设计方案。

续表

学习与实践内容		载体选择	教学形式与方法建议
• 安全用电基本知识 • 三相电路 • 低压配电装置的选择 • 室内配线的选择 • 家庭用电额度计算 • 家庭配电方案设计		家庭室内用电配电方案	• 教师讲述 • 项目导向教学 • 课堂讨论 • 示范教学法 • 研究性学习 • 小组合作
教学环境与媒体选择	学生已有的学习基础	教师应具备的能力	考核评价说明
• 黑板、计算机、投影仪、PPT课件 • EWB仿真软件 • 各种电路元器件和测量仪器仪表 • 各种配电专用工具	• 三角函数等数学基础知识 • 文字和语言表达能力 • 电路的基本定理与定律 • 交流电路的特性	• 综合运用各种教学法实施教学的组织和控制能力 • 熟练使用各种电路元器件连接电路的能力 • 熟练运用各种仪器测量电路参数的能力	• 课堂提问 • 课堂测试 • 作业 • 单元测验 • 实验

六、教学实施建议

1. 教师应以电路元件及交流电路的连接为主线，以交流电路测量任务为载体安排和组织教学活动，使学生在完成工作任务的活动中提高专业基本技能。

2. 教师应按照学习情境的教学目标编制教学设计方案。

3. 建议采用任务驱动教学法实施教学，教师应先提出完成工作任务的要求、时间安排及内容等，然后分析工作任务内容。在教学过程中，应以学生为中心，学生学习多以强调合作与交流学习的小组形式进行。以小组形式进行学习时，教师应对分组安排及小组讨论（或操作）的要求做出明确的规定。在实际操作教学活动中，教师应先示范操作，然后再组织学生进行测试、操作等实践活动。

4. 教师应加强对学生学习方法的指导，通过引导问题、提示描述等在方法上指导学生的学习过程，并将有关知识、技能与职业道德和情感态度有机地融入到课程中。教师应营造民主和谐的教学氛围，激发学习者参与教学活动，提高学习者学习积极性，增强学生学习的信心与成就感。

5. 采用EWB仿真软件辅助教学，提高学生的学习兴趣，提高教学效果。

七、教学团队的基本要求

1. 团队规模：基于每届3～4个教学班的规模，专职教师6人左右（含专业实验实训指导教师）。其中，理论课教师4人，实验实训课教师2人，职称和年龄结构合理，互补性强。

2. 教师专业背景与能力要求：教师应具有电子信息类专业背景和丰富的教学经验；应具备电路及后续课程的相关知识，并具有各种电路实验仪器仪表的使用经验；具备丰富的电路理论知识，能够正确及时处理学生误操作产生的相关故障；具备一定的教学方法能力与教学设计能力。

3. 课程负责人：具备丰富的教学经验，教学效果良好；熟悉高职高专学生教育规律，能够与后续课程的负责人进行良好的沟通；了解通信行业市场人才需求，了解电子通信技术，实践经验丰富；具有中级及以上职称。

八、教学实验实训环境基本要求

实施"电工电子电路分析与制作(Ⅱ)"课程教学，校内外实验实训硬件环境应具备表7所列条件。

表7　教学实验实训环境基本要求

序号	名　称	基本配置要求	功能说明
1	课堂教学环境	电脑配置：Windows 2000 以上操作系统，PowerPoint 演示软件，EWB 仿真软件等	用于课堂教学和模拟实验的演示
2	交流电路实验室	电路实验箱 25 套；电路元器件：各种不同参数的电阻、电容、电感元件并有足够数量，供学生选择；测量仪器仪表 25 套：包括稳压电源、指针式及数字式万用表、示波器，信号发生器，毫伏表；PC 及相关软件 25 套：使用 Windows 2000 以上操作系统，EWB 仿真软件等；电路焊接设备 40 套：电烙铁、焊锡、松香等。印刷线路板制作设备：印刷电路板并有足够数量、腐蚀溶液、手钻 5 台等	提供给学生进行模拟实验、实物实验、实际电路制作的环境

九、学习评价建议

1. 学习评价应关注评价的多元性，注重过程评价和结果评价相结合的评价方式，既要重视结果的正确性，又要重视学生学习和完成工作任务的态度、做事规范程度、完成作业等过程评价。

2. 实操考核相对独立，评价方式由百分制考核改为等级制考核，课程考核方案突出整体性评价。

3. 课程学习情境教学评价建议由学习态度、理论学习评价和实践学习评价三部分组成，比例分别为 20%、50%和 30%。学生最终考核成绩由 3 个学习情境的平均成绩、实操考试和期末考试三部分成绩核算，比例分别为 50%、20%和 30%。若不参加实操考试或实操成绩不及格，则最终成绩评定为不及格。

"电工电子电路分析(Ⅱ)"课程的评价建议见表 8。

十、课程教学资源开发与利用

1. 为满足课程教学质量要求，应有丰富的教学资源。教学资源包括：课程教材(自编或选用)，多媒体 PPT 课件，学习指南，工作任务书，教学模型，电子元器件技术手册，电器操作规章制度，安全操作规范，实验手册，测量仪器仪表等。

2. 充分利用电子期刊、数字图书馆、电子书籍和互联网等资源，丰富教学内容。

十一、其他说明

本课程是与加拿大圣力嘉学院电子工程系联合办学("2+1"模式)的中加双方互认学分课程，对应加方的 ECR255 课程(交流电路部分)。

表8 “电工电子电路分析(Ⅱ)”课程的评价建议表

评价内容与方法				成绩权重
	评价子项目	评价标准	项目中所占比例/%	
过程考核	学习态度	出勤率	20	0.5
		作业情况		
	理论学习评价	课堂提问	50	
		课堂测试		
		平时测验		
	实践学习评价	EWB仿真实验	30	
		实验项目及报告		
		自制实验电路及测试		
结果考核	实操考试			0.2
	期末考试			0.3

“电子电路分析与制作”课程标准

适用专业：电子信息工程技术专业

课程类别：专业技术基础课程

修课方式：必修课

教学时数：100学时

总学分数：5学分

编制人：李新勤

审定人：李斯伟

一、制定课程标准的依据

本标准是依据《中华人民共和国职业教育法》、《关于加强高职高专教育人才培养工作的意见》(教高[2002]2号)、《关于全面提高高等职业教育教学质量的若干意见》(教高[2006]16号)等文件精神，以及依据电子信息工程技术专业的人才培养目标和培养规格的要求而制定，用于指导“电子电路分析与制作”的课程编制。

二、课程定位与作用

“电子电路分析与制作”课程是电子信息工程技术专业的一门重要的专业技术基础课，是一门实践性很强的课程。本课程构建于“电工电路分析”等课程的基础上，基于职业能力分析，以电子产品制作为载体，通过完成功率放大器的分析和制作，将模拟电子技术的基本理论与电路制作技术有机地融合，配合计算机仿真软件，培养学生具有电路制作、简单的工程计算能力和调试能力，进而对综合电子电路进行装配调试，初步建立电子产品制作的工程实践能力，培养学生分析问题和解决问题的能力。本课程对学生职业能力培养和职业素质养成起主要支撑作用。

三、课程目标

通过电子电路分析制作课程的学习，使学生具备应用电子技术的能力，为学习后续课程打好基础。

1. 专业能力目标

- 能识别常用的电子元器件并会用万用表等电子仪器对其进行检测。
- 能掌握半导体器件的性能、主要参数和外特性，并会正确使用。
- 能看懂模拟电子电路图，并能用专用软件绘制电路图及进行计算机仿真测试。
- 能对模拟电子电路中的典型单元电路进行原理分析、计算，具有初步的设计能力。
- 能熟练使用常用的电子仪器对模拟电路性能参数进行测试、分析、整理和故障的排查。
- 能描述集成运算放大电路的工作原理，能进行分析和计算。
- 能制作典型的、实用的模拟电路，能在电路板上合理安排和布局元器件和走线，进行印刷板的设计制作，元器件的焊接。
- 会对制作好的典型的、实用的模拟电路进行调试，故障排查。
- 能编写单元电路实验报告、编写综合电路调试报告和实用电路的技术报告。
- 能以小组的形式完成音频功率放大器的制作、调试与评价。

2. 方法能力目标

- 具有制订学习和工作计划的能力。
- 具有查找资料的能力，能对文献资料进行利用与筛查。
- 具有初步的解决问题能力。
- 具有独立学习电子技术领域新技术的初步能力。
- 具有评估工作结果的能力。
- 具有一定的分析与综合能力。

3. 社会能力目标

- 具有人际交往能力。
- 具有严谨细致、一丝不苟的职业素质。
- 具有语言文字表达能力。
- 具有吃苦耐劳、顾全大局和团队协作能力。
- 遵守职业道德。

四、课程教学内容与学时安排建议

“电子电路分析与制作”课程的教学内容与学时安排建议详见表1所示。

表 1 “电子电路分析与制作”课程的教学内容与学时安排建议

序号	学习情境名称	学时	学习(任务)单元划分	教学形式
1	课程引导(第一次课)	2	① 课程在专业中的地位 ② 课程教学内容与后续的关系 ③ 本课程的学习方法 ④ 课程学习评价要求	教师讲授 引导文教学法
2	电源电路的分析、制作与调试	14	任务 1 示波器、交流毫伏表、万用表的使用 任务 2 二极管、稳压管的检测 任务 3 发光管、晶闸管的检测 任务 4 整流滤波电路的制作与调试 任务 5 简易直流稳压电路的制作与调试	做中学 学中做 任务驱动教学法
3	单级放大电路的分析、制作与调试	20	任务 1 三极管的测试 任务 2 单管共射放大电路制作与调试 任务 3 射极跟随器制作与调试 任务 4 场效应管放大电路制作与测试	教学做一体化 任务驱动教学法
4	集成放大电路的分析、制作与调试	16	任务 1 差动放大电路制作与测试 任务 2 集成运放线性应用电路的制作与调试 任务 3 集成运放非线性应用电路制作与调试 任务 4 有源滤波器的制作与调试	教学做一体化 任务驱动教学法
5	多级放大电路的分析、制作与调试	16	任务 1 多级放大电路制作与调试 任务 2 放大电路的频率特性测试 任务 3 负反馈大电路制作与调试	教学做一体化 任务驱动教学法
6	音频功率放大器的分析、制作与调试	32	任务 1 OTL 功率放大电路制作与调试 任务 2 集成功率放大电路制作与调试 任务 3 音频功率放大器制作与调试	教学做一体化 任务驱动教学法

五、学习情境及教学设计框架

创设学习情境的目的是为了帮助学生更有效地学习知识和技能,实现专业能力、方法能力和社会能力,即职业能力的培养。学习情境是与学生所学习的内容相适应的包含任务的工作活动。描述学习情境的要素包括:教学目标、学习与实践(训练)内容、教学载体、教学形式与方法建议、教学环境与媒体选择、学生已有的学习基础、教师应具备的能力和考核评价说明。学习情境的详细描述见表 2～表 6 所示。

表 2 “电子电路分析与制作”学习情境 1 设计简表

学习情境 1	电源电路的制作与调试	授课学时(建议)	14
教学目标			
通过学习和实践,学生能够掌握半导体材料的导电特性,能正确识别二极管和特殊二极管的类型,熟悉二极管的单向导电性。熟悉二极管和特殊二极管的应用及特点。熟悉整流、滤波电路的工作原理,能够制作简单的直流稳压电源,并能够测试电路,分析故障,采取正确方法处理电路中遇到的问题。			

续表

学习与实践(训练)内容		教学载体	教学形式与方法建议
• 半导体基本知识 • 二极管及其特性 • 稳压二极管及其特性 • 光敏、发光二极管、晶闸管 • 整流电路 • 滤波电路 • 简单稳压电路 • 电子电路板焊接 • 焊接注意事项 • 电路测试		• 电源电路 • 模拟电子线路实验装置	• 多媒体课件 • 半导体器件的测试 • 应用电路的制作与测试 • 教师讲述 • 引导文教学法 • 任务驱动教学法 • 现场教学法 • 案例教学法 • 小组合作学习 • EDA 仿真软件
教学环境与媒体选择	学生已有的学习基础	教师应具备的能力	考核评价说明
• 模拟电子技术实验箱 • 电源实验电路板 • 常用电子仪器和电子元器件 • 常用电工工具 • 黑板、计算机、投影仪、PPT 课件 • 相关分析案例	• 电路分析基础 • 了解万用表和示波器的基本使用方法 • 文字和语言表达能力 • 焊接电子电路板技能 • 数学、物理基础	• 综合运用各种教学法实施教学的组织和控制能力 • 掌握电子电路的基本理论和基本分析方法 • 熟练使用常用的电子仪器和仪表对电路进行分析 • 具有案例分析能力	• 自我评价 • 小组互评 • 教师评价

表 3　“电子电路分析与制作”学习情境 2 设计简表

学习情境 2	单级放大电路制作与调试	授课学时(建议)	20
教学目标			
通过学习和实践,学生能够掌握三极管的特性及使用方法,能正确识别三极管,了解三极管的放大原理。熟悉三极管放大电路的三种组态,并会分析和进行静态、动态参数的计算。熟悉三种单级放大电路的应用及特点。能够完成对单级放大电路的制作和测试,能分析故障,并采取正确方法处理电路中遇到的问题。			

学习与实践(训练)内容	教学载体	教学形式与方法建议
• 晶体三极管的结构和性能 • 三极管的放大原理 • 放大电路的基本知识 • 放大电路的组成 • 共射放大电路的静态分析 • 共射放大电路动态性能指标的估算 • 共集电极和共基极放大电路 • 三种基本放大电路的性能比较 • 场效应三极管的结构和性能 • 共源、共漏放大电路的分析 • 焊接电子电路板 • 组装电路 • 电路测试	• 单级放大电路 • 模拟电子线路实验装置	• 多媒体课件 • 三极管的测试 • 放大电路的制作与测试 • 教师讲述 • 引导文教学法 • 任务驱动教学法 • 实践操作训练 • 小组合作学习 • 案例教学法

续表

教学环境与媒体选择	学生已有的学习基础	教师应具备的能力	考核评价说明
• 模拟电子技术实验箱 • 单管放大电路板 • 常用电子仪器和电子元器件 • 常用电工工具 • 黑板、计算机、投影仪、PPT 课件 • EDA 仿真软件	• 电路分析基础 • 常用电子仪器的使用 • 半导体基础知识 • 文字和语言表达能力 • 焊接电子电路板技能 • 数学基础	• 综合运用各种教学法实施教学的组织和控制能力 • 熟练的分析放大电路 • 仪器仪表使用能力 • 案例分析能力	• 自我评价 • 小组互评 • 教师评价

表 4 “电子电路分析与制作”学习情境 3 设计简表

学习情境 3	集成放大电路制作与调试	授课学时(建议)	16

教学目标

通过学习和实践,学生能理解直流放大电路的特点及存在的零点漂移的问题。能了解集成运放的组成,熟悉理想运放的参数。会用集成运放构成比例运算电路、加法运算电路、积分运算电路、比较器、非线性信号发生电路和有源滤波电路等,会对这些电路进行测试和故障排查。

学习与实践(训练)内容	教 学 载 体	教学形式与方法建议
• 直流放大电路与零点漂移 • 差动放大电路 • 差动放大电路的四种连接 • 集成运放的组成与性能指标 • 集成运放的结构特点及理想化条件 • 集成运放的线性应用——比例、加法、积分等运算,有源滤波器。 • 集成运放的非线性应用——比较器、非线性信号发生器等 • 焊接电子电路板 • 注意事项 • 电路组装	• 集成放大电路 • 模拟电子线路实验装置	• 多媒体课件 • 示范教学法 • 教师讲述 • 引导文教学法 • 任务驱动教学法 • 实践操作训练 • 小组合作学习 • 案例教学法

教学环境与媒体选择	学生已有的学习基础	教师应具备的能力	考核评价说明
• 模拟电子技术实验箱 • 集成运放电路板 • 常用电子仪器和电子元器件 • 常用电工工具 • 黑板、计算机、投影仪、PPT 课件 • 相关案例分析 • EDA 仿真软件	• 电路分析基础 • 常用电子仪器的使用 • 单管放大电路 • 文字和语言表达能力 • 焊接电子电路板技能 • 数学基础	• 综合运用各种教学法实施教学的组织和控制能力 • 集成运放的应用能力 • 仪器仪表使用能力 • 案例分析能力	• 自我评价 • 小组互评 • 教师评价

表5 "电子电路分析与制作"学习情境4设计简表

学习情境 4	多级放大电路制作与调试	授课学时(建议)	16
教学目标			
通过学习和实践,学生能够了解多级放大电路的耦合方式,会估算多级放大电路的放大倍数,熟悉其频率特性。会识别电路中负反馈的类型,熟悉负反馈对电路性能的影响。会初步在电路中应用负反馈,并会估算在深度负反馈下电路的放大倍数。会制作和调试多级放大电路、负反馈放大电路,并会初步排查电路故障。			

学习与实践(训练)内容	教学载体	教学组织形式与方法建议
• 多级放大电路的耦合方式 • 多级放大电路的分析方法 • 放大电路的频率特性 • 反馈的基本概念 • 负反馈的分类 • 负反馈对放大电路性能的影响 • 深度负反馈下闭环增益的计算方法 • 负反馈放大电路的自激 • 焊接电子电路板 • 注意事项 • 电路测试	• 多级放大器 • 模拟电子线路实验装置	• 多媒体课件 • 教师讲述 • 多级放大电路的制作和调试 • 负反馈放大电路的制作和调试 • 引导文教学法 • 任务驱动教学法 • 小组合作学习 • 案例教学法

教学环境与媒体选择	学生已有的学习基础	教师应具备的能力	考核评价说明
• 模拟电子技术实验箱 • 多级放大电路板 • 常用电子仪器和电子元器件 • 常用电工工具 • 黑板、计算机、投影仪、PPT 课件 • 相关案例分析 • EDA 仿真软件	• 电路分析基础 • 常用电子仪器的使用 • 单管放大电路和集成运放 • 文字和语言表达能力 • 焊接电子电路板技能 • 数学基础	• 综合运用各种教学法实施教学的组织和控制能力 • 多级和负反馈放大电路的应用能力 • 仪器仪表使用能力 • 案例分析能力	• 自我评价 • 小组互评 • 教师评价

表6 "电子电路分析与制作"学习情境5设计简表

学习情境 5	音频功率放大器制作与调试	授课学时(建议)	32
教学目标			
通过学习和实践,学生能了解功率放大电路的特点,会识别不同类型的功率放大电路,对电路进行分析和估算电路的输出功率和效率。会制作和调试简单的功率放大电路,会正确地选择元器件。通过对25W 音频功率放大器的组装和调试,能对典型的实用的功率放大电路的组成和工作原理有所了解,能识别各个子电路是属于模拟电子电路中哪个范畴的典型应用,能初步排除故障,使放大电路正常工作。			

学习与实践(训练)内容	教学载体	教学形式与方法建议
• 低频功率放大电路概述 • OCL 双电源互补对称功率放大电路 • OTL 单电源互补对称功率放大电路 • 集成功率放大电路 • 音频功率放大器 • 整机电路组装与调试	• 模拟电子线路实验装置 • 音频功率放大器	• 多媒体课件 • 教师讲述 • 引导文教学法 • 任务驱动教学法 • 小组合作学习 • 案例教学法

续表

教学环境与媒体选择	学生已有的学习基础	教师应具备的能力	考核评价说明
• 模拟电子技术实验箱 • 低频 OTL 功率放大电路板 • 常用电子仪器和电子元器件 • 常用电工工具 • 黑板、计算机、投影仪、PPT 课件 • 相关案例分析 • EDA 仿真软件	• 电路分析基础 • 常用电子仪器的使用 • 放大电路基础 • 文字和语言表达能力 • 焊接电子电路板技能 • 数学基础	• 综合运用各种教学法实施教学的组织和控制能力 • 功率放大电路的应用能力 • 仪器仪表使用能力 • 案例分析能力	• 自我评价 • 小组互评 • 教师评价

六、教学实施建议

1. 教师应以音频功率放大电路和典型放大电路为主线，以制作和调试电路任务为载体安排和组织教学活动，使学生在完成工作任务的活动中提高专业技能。

2. 教师在实践教学中按基础、综合、提高三层次设计：硬件实验，仿真分析属于基础层，课程实训属于综合层，电子设计大赛属于提高层。通过循序渐进的三层次实践教学体系，强化学生能力培养。

3. 在实施教学时，教师应先提出完成工作任务的要求、时间安排及内容等，然后分析工作任务内容。在教学过程中，应以学生为中心，学生学习多以强调合作与交流学习的小组形式进行。以小组形式进行学习时，教师应对分组安排及小组讨论(或操作)的要求做出明确的规定。在实际操作教学活动中，教师应先示范操作，然后再组织学生进行实验、制作等实践活动。

4. 教师应加强对学生学习方法的指导，在教学方法上，要采用启发式，互动式的教学形式，通过引导问题、提示描述等在方法上指导学生的学习过程，并将有关知识、技能与职业道德和情感态度有机地融入到课程中。

5. 教师在教学手段上要将常规的教学模式与多媒体教学模式有机结合，辅之 EDA 教学，并采用如图片、视频、动画演示等多种素材辅助教学，以提高学生的学习兴趣，提高教学效果。

6. 教师应向学生提供电子教案，电子课件，模拟试卷自测题和习题，以便学生学习和练习，使理论教学从课内延伸到课外。

七、教学团队基本要求

1. 团队规模：基于每届 3～4 个教学班的规模，专兼职教师 6 人左右(含专业实验实训指导教师)。其中，专职教师 4 人，兼职教师 2 人，职称和年龄结构合理，互补性强。

2. 教师专业背景与能力要求：教师应具有电子技术基础的扎实的理论功底；教师应具备较强的实际动手能力，会熟练地使用常用电子仪器和电工工具；教师应有理论与实践的教学经验，能够正确、及时处理学生误操作产生的相关故障；具备一定的教学方法能力与教学设计能力。

3. 课程负责人：具备丰富的教学经验，教学效果良好；熟悉高职高专学生教育规律，了解通信、电子行业市场人才需求，具备通信电子行业背景与通信专业技术，实践经验丰富；在行业内有一定影响，具有中级及以上职称。

4. “双师型”教师队伍建设：“双师”比例应达到60%以上；承担理论实践一体化课程和工学结合课程的专业教师应为“双师型”教师；要通过校企合作方式建设专兼结合的“双师型”教师队伍。

八、教学实验实训环境基本要求

实施“电子电路分析与制作”课程教学，校内实验实训硬件环境应具备表7所列条件。

表7　“电子电路分析与制作”课程实验实训硬件基本条件

名　称	基本配置要求	功能说明
模拟电子技术实验实训室	双踪示波器25台、信号发生器25台、交流毫伏表25台、直流稳压电源25台、数字万用表25个；模拟电子实验箱25台；音频功率放大电路板及配套元器件50套；电烙铁及烙铁架50套、尖嘴钳50个、斜口钳50个、镊子50个、平口螺丝刀和十字螺丝刀各50个；投影仪1台，计算机1台；常用电子元器件，印制电路板、焊锡等耗材若干	为“电子电路分析与制作”课程进行单元电路实验和进行综合电子电路制作与调试实训提供条件，为教师进行实验实训课程现场教学演示提供条件

九、学习评价建议

1. 对学生学业评价，要改变原来重理论轻实践的做法，关注评价的多元性，注重过程评价和结果评价相结合的评价方式。既要重视结果的正确性，又要重视学生学习和完成工作任务的态度、实际操作能力、做事规范程度、完成作业等过程评价。

2. 实训和实验考核相对独立，评价方式由百分制考核改为等级制考核，课程考核方案突出整体性评价。

“电子电路分析与制作”课程学习评价建议见表8。

表8　“电子电路分析与制作”课程学习评价建议

评价类型	评价内容	评价标准	成绩权重
过程评价(60%)	1. 学习态度	出勤情况	0.03
	2. 课堂发言	课堂提问	0.02
	3. 作业提交情况	提交次数和作业成绩	0.08
	4. 学生自评和互评	客观评价自己和别人	0.05
	5. 实验安全操作规范、实验装置和相关仪器摆放情况	遵守实验操作规程 实验装置和相关仪器摆放整齐	0.02
	6. 单元实验情况	评价单元实验完成效果和次数	0.06
	7. 实验报告编制	评价实验报告和次数	0.04

续表

评价类型	评价内容	评价标准	成绩权重
过程评价(60%)	8. 阶段理论测试	考核成绩	0.1
	9. 阶段实验考试	单独考核	0.1
	10. 综合电子线路实训	单独考核	0.1
结果评价(40%)	11. 期末考试	考核成绩	0.4

十、课程教学资源开发与利用

1. 教师应根据课程目标，针对学习情境中的每个任务编写任务工单。

2. 为满足课程教学质量要求，应有丰富的教学资源。教学资源包括：课程教材(自编或选用)，教辅教材(实验、实训、习题指导书)、工具书(半导体器件手册、集成电路手册)多媒体 PPT 课件，视频录像，学习指南，工作任务书，教学实验箱等各种实物教具，电工工具、电子仪器仪表等。

3. 充分利用电子期刊、数字图书馆、电子书籍和互联网等资源，丰富教学内容。

十一、其他说明

1. 本课程是与加拿大圣力嘉学院电子工程系联合办学(“2+1”模式)的中加双方互认学分课程，对应加方的 EDV255 课程。

2. 根据电子技术的发展变化，本标准可做相应调整。

“数字电路设计与实践”课程标准

适用专业：电子信息工程技术专业
课程类别：专业技术基础课程
修课方式：必修课
教学时数：100 学时
总学分数：6 学分
编制人：黄祥本
审定人：李斯伟

一、制定课程标准的依据

本标准是依据《中华人民共和国职业教育法》、《关于加强高职高专教育人才培养工作的意见》(教高[2002]2 号)、《关于全面提高高等职业教育教学质量的若干意见》(教高[2006]16 号)等文件精神，以及依据电子信息工程技术专业的人才培养目标和培养规格的要求而制定，用于指导“数字电路设计与实践”的课程编制。

二、课程定位与作用

“数字电路设计与实践”课程是电子信息工程技术专业的一门重要的专业技术基础课，是一门实践性很强的课程。本课程基于职业能力分析，以数字电路为载体，配合计算机仿真软件，培养学生进行数字电路设计与实践能力，初步建立与实际工程实际相结合的能力，培养学生分析问题和解决问题的能力。本课程对学生职业能力培养和职业素质养成起主要支撑作用。

三、课程目标

通过“数字电路设计与实践”课程的学习，使学生具有应用 EDA 技术进行数字电路的设计与实践能力。具体目标如下：

1. 专业能力目标

• 能对各种常用数制进行相互转换。

• 能识别常用逻辑门电路的国际标准符号，画出其真值表。

• 能描述各种典型的数字电路的逻辑功能。

• 能使用计算机 EDA 仿真软件。

• 能使用 EDA 仿真软件的原理图法设计组合逻辑电路和时序逻辑电路。

• 具有数字逻辑电路的测试、查找故障和排除故障能力。

• 能读懂数字逻辑电路图，并能对各组成电路的作用和逻辑关系进行解释。

• 能编制实验技术报告。

2. 方法能力目标

• 具有制订学习和工作计划的能力。

• 具有查找资料的能力，能对文献资料进行利用与筛查。

• 具有初步的解决问题能力。

• 具有独立学习电子技术领域新技术的初步能力。

• 具有评估工作结果的能力。

• 具有一定的分析与综合能力。

3. 社会能力目标

• 具有人际交往能力。

• 具有严谨细致、一丝不苟的职业素质。

• 具有语言文字表达能力。

• 具有吃苦耐劳、顾全大局和团队协作能力。

• 遵守职业道德。

四、课程教学内容与学时安排建议

“数字电路分析与实践”课程教学内容与学时安排建议见表 1 所示。

表1 “数字电路分析与实践”课程教学内容与学时安排建议

序号	学习情境名称	学时	学习(任务)单元划分	教学形式
1	课程引导(第一次课)	2	① 课程在专业中的地位 ② 课程教学内容与后续的关系 ③ 认知传统的和现代的数字电路芯片 ④ 研讨数字电路的应用 ⑤ 研讨本课程的学习方法 ⑥ 提出本课程的学习评价要求	教师讲授 引导文教学法 课堂讨论
2	数字逻辑门电路认知	18	① 门电路认识 ② 基本逻辑运算与逻辑函数的化简 ③ 典型门电路认知与参数测试	做中学 学中做
3	组合电路设计与实践	20	① 译码器电路的设计 ② 数据选择器使用 ③ 数据比较器使用 ④ 全加器设计 ⑤ 表决器的设计	做中学 学中做
4	时序电路设计与实践	24	① D触发器功能分析 ② 分频电路的设计 ③ 移位寄存器设计 ④ 十进制计数器设计	做中学 学中做
5	脉冲信号的产生与整形的设计与实践	12	① 555定时器电路的设计 ② 单稳态触发器与施密特触发器电路设计应用 ③ 多谐振荡器电路设计应用	做中学 学中做
6	数模转换与模数转换的应用与实践	24	① 直流数字电压表电路设计 ② 正弦信号发生器的设计	做中学 学中做

五、学习情境及教学设计框架

创设学习情境的目的是为了帮助学生更有效地学习知识和技能,实现专业能力、方法能力和社会能力等职业能力的培养。学习情境是与学生所学习的内容相适应的包含任务的工作活动。描述学习情境的要素包括:教学目标、学习内容与实践(训练)项目、教学载体、教学形式与方法建议、教学环境与媒体选择、学生已有的学习基础、教师应具备的能力和考核评价说明。学习情境的详细描述见表2~表6所示。

表2 “数字电路设计与实践”学习情境1设计简表

学习情境1	数字逻辑门电路认知	授课学时(建议)	18
教学目标			
通过学习和实践,学生认识基本数字逻辑门电路的逻辑功能。 具体教学目标为:理解数制与码制的概念,掌握其相互转换的方法,会用逻辑代数的基本规则进行逻辑函数的化简;分析门电路的工作原理,掌握门电路的外部特性及常用集成门电路;了解逻辑门电路使用应注意的一些问题,认识数字电路的特点;掌握常用逻辑函数的化简方法。			

续表

学习内容	实践(训练)项目	教学载体	教学形式与方法建议
• 逻辑符号的认识 • 基本的逻辑关系 • 数制及其相互转换 • 常用几种编码 • 逻辑代数的基本公式和定理 • 逻辑函数的表示方式 • 公式化简逻辑函数 • 卡诺图化简逻辑函数 • TTL 集成与非门的工作原理、特性及其主要参数 • CMOS 集成电路的特点及主要参数	• 实验室管理规则 • 数字万用表使用 • 数制及其相互转换训练 • 逻辑函数化简训练 • 基本逻辑门电路逻辑功能验证 • 数字电子技术实验装置使用	• 典型逻辑门电路 • 数字电子技术实验装置	• 教师讲述 • 引导文教学法 • 课堂讨论 • 实验操作 • 现场教学法
教学环境与媒体选择	**学生已有的学习基础**	**教师应具备的能力**	**考核评价说明**
• 多媒体教室 • 数字电子技术实验室 • 数字电子技术实验装置 • 常用电工工具 • 黑板 • 计算机 • 投影仪 • PPT 课件	• 电路分析基础 • 模拟电路分析基础 • 熟悉万用表和示波器的基本使用方法 • 文字和语言表达能力	• 综合运用各种教学法实施教学的组织和控制能力 • 具有数字逻辑电路的分析和设计能力 • 熟练使用常用的电子仪器和仪表对电路进行分析	• 考勤 • 作业提交 • 课堂提问 • 单元测验 • 实验操作 • 实验报告

表 3　“数字电路设计与实践”学习情境 2 设计简表

学习情境 2	组合电路设计与实践	授课学时(建议)	20

教学目标

通过学习和实践，掌握组合逻辑电路的特点、分析方法和设计方法。

具体教学目标为：掌握常见组合逻辑电路的逻辑功能、工作原理与应用；能综合分析组合逻辑电路的逻辑关系；根据给定逻辑功能要求，会设计组合逻辑电路；能对逻辑电路中竞争冒险产生的原因进行判断并提出消除的方法。

学习内容	实践(训练)项目	教学载体	教学形式与方法建议
• 真值表 • 组合逻辑电路的分析与设计 • 编码器电路分析 • 译码器电路分析 • 数据选择、分配器功能及应用 • 数值比较器电路分析 • 加法电路设计分析 • 应用组合电路实现逻辑函数 • 竞争冒险现象的认识及产生原因 • 竞争冒险的判断、消除方法	• 组合电路逻辑功能测试 • 集成逻辑芯片内部功能分析 • 集成逻辑芯片使用 • 数字万用表使用 • 数码管使用 • 数字电子技术实验装置使用 • MAX Plus Ⅱ仿真软件使用	• 组合逻辑门电路 • MAX Plus Ⅱ仿真软件 • 数字电子技术实验装置	• 教师讲述 • 引导文教学法 • 任务驱动教学法 • MAX Plus Ⅱ软件仿真设计 • 实践操作训练 • 小组合作学习

续表

教学环境与媒体选择	学生已有的学习基础	教师应具备的能力	考核评价说明
• 多媒体教室 • 数字电子技术实验室 • 数字电子技术实验装置 • 黑板 • 计算机 • 投影仪 • PPT 课件 • MAX Plus Ⅱ仿真软件	• 电路分析基础 • 逻辑电路分析基础 • 常用电子仪器的使用 • 文字和语言表达能力	• 综合运用各种教学法实施教学的组织和控制能力 • 数字逻辑电路分析与设计能力 • 仪器仪表的使用能力	• 考勤 • 作业提交 • 课堂提问 • 单元测验 • 实验操作 • 实验报告

表4 “数字电路设计与实践”学习情境3设计简表

学习情境 3	时序电路设计与实践	授课学时(建议)	24
教学目标			
通过学习和实践，学生掌握典型的触发器的逻辑功能特点以及集成触发器的外部特性。 具体教学目标为：能分析时序电路的特点，掌握常用的时序逻辑电路的分析方法，描述工作原理及应用；借助数字集成电路手册能够领会集成芯片的功能特点及其使用，能用寄存器和计数器进行电路设计。			
学习内容	**实践(训练)项目**	**教学载体**	**教学形式与方法建议**
• 基本 RS 触发器的电路结构、动作特点及描述方法 • D 触发器电路结构、逻辑功能。 • 触发器之间的相互转换 • 时序逻辑电路的概念与分类 • 寄存器的电路结构、逻辑功能分析 • 计数器的逻辑功能分析 • 移位寄存器逻辑功能分析 • 十进制计数器电路功能分析 • 同步时序逻辑电路的设计 • 电路特点的分析	• D 触发器逻辑功能测试 • D 触发器的时序图绘制 • 集成触发器功能验证 • 寄存器功能验证 • 计数器功能验证 • 同步时序电路时序图绘制 • 数字电子技术实验装置使用 • MAX Plus Ⅱ仿真软件使用	• 时序逻辑电路 • MAX Plus Ⅱ软件 • 数字电子技术实验装置	• 教师讲述 • 引导文教学法 • 组织实验 • 任务驱动教学法 • 实践操作训练 • 小组合作学习
教学环境与媒体选择	**学生已有的学习基础**	**教师应具备的能力**	**考核评价说明**
• 多媒体教室 • 数字电子技术实验室 • 数字电子技术实验装置 • 黑板、计算机 • 投影仪、PPT 课件 • 相关实际数字逻辑电路案例 • MAX Plus Ⅱ仿真软件	• 电路分析基础 • 常用电子仪器的使用 • 逻辑电路基础 • 文字和语言表达能力	• 综合运用各种教学法实施教学的组织和控制能力 • 数字逻辑电路分析与设计能力 • 仪器仪表的使用能力	• 考勤 • 作业提交 • 课堂提问 • 单元测验 • 实验操作 • 实验报告

表5　“数字电路设计与实践”学习情境4设计简表

学习情境4	脉冲信号的产生和整形设计与实践	授课学时(建议)	12

教学目标

通过学习和实践，学生能够了解脉冲波形的产生、整形、延时电路的电路特点和工作原理，综合分析单稳态触发器、多谐振荡器和施密特触发器电路的工作原理。

具体教学目标为：掌握集成555定时器的电路结构和基本原理，熟悉555定时器典型应用电路的特点和功能，了解555定时器的几种实际应用电路。

学习内容	实践(训练)项目	教学载体	教学形式与方法建议
• 脉冲信号产生与变换方法 • 集成555定时器的电路结构与工作原理 • 单稳态触发器的电路特点和功能 • 施密特触发器的电路特点和功能 • 多谐振荡器的电路特点和功能 • 多谐振荡器频率的计算 • 注意事项 • 电路测试	• 集成555定时器的电路测试 • 使用集成555定时芯片进行各种常用电路的设计 • 单稳态触发器电路调试 • 单稳态触发器的工作波形图绘制 • 多谐振荡器电路的测试 • 多谐振荡器工作波形绘制 • 数字电子技术实验装置的使用 • MAX PlusⅡ仿真软件的使用	• 555定时器电路的设计 • 单稳态触发器电路 • 施密特触发器电路 • 多谐振荡器电路 • MAX PlusⅡ软件 • 数字电子技术实验装置	• 教师讲述 • 实验指导 • 电路调试 • 引导文教学 • 任务驱动教学法 • 小组合作学习
教学环境与媒体选择	**学生已有的学习基础**	**教师应具备的能力**	**考核评价说明**
• 数字电子技术实验装置 • 集成555定时器芯片 • 常用电子仪器和电子元器件 • 常用电工工具 • 黑板、计算机、投影仪、PPT课件 • 相关案例分析 • MAX PlusⅡ仿真软件	• 电路分析基础 • 常用电子仪器的使用 • 逻辑电路基础 • 文字和语言表达能力 • 焊接电子电路板技能	• 综合运用各种教学法实施教学的组织和控制能力 • 数字逻辑电路分析与设计能力 • 仪器仪表使用能力	• 考勤 • 作业提交 • 课堂提问 • 单元测验 • 实验操作 • 实验报告

表6　“数字电路设计与实践”学习情境5设计简表

学习情境5	数模转换与模数转换应用与实践	授课学时(建议)	24

教学目标

通过学习和实践，学生了解数模转换器(DAC)和模数转换器(ADC)的基本原理及主要技术指标。

具体教学目标为：掌握几种常见DAC和ADC芯片的主要性能参数和典型电路的应用。结合集成电路手册或芯片手册能合理选择芯片。

续表

学习内容	实践(训练)项目	教学载体	教学形式与方法建议
• 模数、数模转换器的工作原理 • 全电阻网络 DAC 的工作原理 • T 型电阻网络 DAC 的工作原理 • DAC 的主要技术指标 • ADC 的基本工作原理 • 并行比较型 ADC 的工作原理 • 逐次逼近型 ADC 的工作原理 • 双积分型 ADC 的工作原理 • ADC 的主要技术指标	• 直流数字电压表电路调试 • 正弦信号发生器电路调试 • 使用数字电子技术实验装置 • MAX Plus Ⅱ仿真软件的使用	• 直流数字电压表电路 • 正弦信号发生器电路 • MAX Plus Ⅱ软件 • 数字电子技术实验装置	• 教师讲述 • 引导文教学法 • 实验指导 • 任务驱动教学法 • 小组合作学习 • 案例教学法
教学环境与媒体选择	学生已有的学习基础	教师应具备的能力	考核评价说明
• 数字电子技术实验装置 • ADC0809 和 DAC0832 • 常用电子仪器和电子元器件 • 常用电工工具 • 黑板、计算机、投影仪、PPT 课件 • 相关分析案例 • MAX Plus Ⅱ仿真软件	• 电路分析基础 • 常用电子仪器的使用 • 逻辑电路基础 • 二进制数的理解 • 数学基础	• 综合运用各种教学法实施教学的组织和控制能力 • 数字逻辑电路分析与设计能力 • 仪器仪表使用的能力	• 考勤 • 作业提交 • 课堂提问 • 单元测验 • 实验操作 • 实验报告

六、教学实施建议

1. 教师应以典型的数字逻辑电路为主线,以数字逻辑电路设计与实践任务为载体安排和组织教学活动,使学生在完成工作任务的活动中提高专业技能。

2. 课程教学过程中,应以常规教学和基本能力训练为主,可引入部分实际应用案例作为载体激发学生学习兴趣。按照工作过程导向的课程教学改革理念,可采取行动导向的理论实践一体化的教学模式,让学生在“做中学”,通过实践加深对理论知识的理解。

3. 教师应按照学习情境的教学目标编制教学设计方案。教师应先提出完成工作任务的要求、时间安排及内容等,然后分析工作任务内容。在教学过程中,应以学生为中心,学生学习多以强调合作与交流学习的小组形式进行。以小组形式进行学习时,教师应对分组安排及小组讨论(或操作)的要求做出明确的规定。在实际操作教学活动中,教师应先示范操作,然后再组织学生进行实验、制作等实践活动。

4. 教师在教学手段上要将常规的教学模式与多媒体教学模式有机地结合,辅之以计算机软件仿真教学,并采用如图片、视频、动画演示等多种素材辅助教学,提高学生的学习兴趣,增强教学效果。

七、教学团队基本要求

1. 团队规模:基于每届 3～4 个教学班的规模,专兼职教师 6 人左右(含专业实验实训指导教师)。其中,专职教师 4 人,兼职教师 2 人,职称和年龄结构合理,互补性强。

2. 教师专业背景与能力要求:具有数字电子技术基础的扎实的理论功底;具备较强的

实际动手能力，会熟练地使用常用电子仪器和电工工具；具有理论与实践的教学经验，能够正确、及时处理学生误操作产生的相关故障；具备一定的教学方法能力与教学设计能力。

3. 课程负责人：具备丰富的教学经验，教学效果良好，且熟悉高职高专学生教育规律；了解通信、电子行业市场人才需求，具备通信电子行业背景，通信专业技术、实践经验丰富；在行业内有一定影响，具有中级及以上职称。

4. “双师型”教师队伍建设：“双师”比例应达到60%以上；承担理论实践一体化课程和工学结合课程的专业教师应为“双师型”教师；要通过校企合作方式建设专兼结合的“双师型”教师队伍。

八、教学实验实训环境基本要求

实施“数字电路设计与实践”课程教学，校内实验实训硬件环境应具备表7所列条件。

表7　教学实验实训环境基本要求

名　　称	基本配置要求	功能说明
数字电子技术实验室	信号发生器、交流毫伏表、直流稳压电源、数字万用表、50M示波器、数字电子实验箱各20套，数字集成芯片若干；计算机40台，每台计算机安装MAX Plus Ⅱ软件，多媒体教学设备1套	实验室要为学生以小组进行电子电路实验和教师进行课程现场教学演示提供条件

九、学习评价建议

1. 教学评价主要是指学生学业评价。教师应该关注评价的多元性，注重过程评价和结果评价相结合的评价方式。既要重视结果的正确性，又要重视学生学习和完成工作任务的态度、做事规范程度、完成作业等过程评价。

2. 实操考核相对独立，评价方式由百分制考核改为等级制考核，课程考核方案突出整体性评价。

3. 课程学习情境教学评价建议由学生自评、小组评价和教师评价三部分组成，比例分别为20%、30%和50%。学生最终考核成绩由5个学习情境的平均成绩、实操考试和期末考试三部分成绩核算，比例分别为40%、20%和40%。若不参加实操考试或实操成绩不及格，视最终成绩评定为不及格。具体评价建议见表8所示。

表8　“数字电路分析与实践”课程学习评价建议

评价类型	评价内容	评价标准	成绩权重
过程评价(60%)	1. 学习态度	出勤情况	0.05
	2. 课堂发言	课堂提问	0.05
	3. 作业提交情况	提交次数和作业成绩	0.05
	4. 学生自评和互评	客观评价自己和别人	0.05
	5. 实验安全操作规范	有无事故发生	0.1
	6. 实验装置整理	实验装置和相关仪器摆放情况	0.05

续表

评价类型	评价内容	评价标准	成绩权重
过程评价(60%)	7. 实验报告编制	评价实验报告	0.1
	8. 小组合作	小组协作意识	0.05
	9. 单元测试	考核成绩	0.1
结果评价(40%)	10. 实操考试	单独考核	0.1
	11. 期末考试	考核成绩	0.3

十、课程教学资源开发与利用

1. 教师应根据课程目标,针对学习情境中的每个任务编写教学设计。

2. 为满足课程教学质量要求,应有丰富的教学资源。教学资源包括:课程教材(自编或选用),实验实训指导书,多媒体 PPT 课件,视频录像,学习指南,工作任务书,教学实验箱、数字集成芯片,数字集成电路大全,电子仪器仪表等。

3. 充分利用电子期刊、数字图书馆、电子书籍和互联网等资源,丰富教学内容。

十一、其他说明

1. 如学时允许,可增加讲授大规模集成电路作为拓展知识。

2. 随着数字电子技术的发展,本课程标准应做相应的调整。

"通信电路分析与测试"课程标准

适用专业:电子信息工程技术专业

课程类别:专业技术基础课

修课方式:必修课

教学时数:70 学时

总学分数:4 学分

编制人:林冬梅

审定人:李斯伟

一、制定本课程标准的依据

本标准是依据《中华人民共和国职业教育法》、《关于加强高职高专教育人才培养工作的意见》(教高[2002]2 号)、《关于全面提高高等职业教育教学质量的若干意见》(教高[2006]16 号)等文件精神,以及依据电子信息工程技术专业的人才培养目标和培养规格的要求而制定,用于指导"通信电路的分析与测试"的课程编制。

二、课程定位与作用

"通信电路的分析与测试"课程是电子信息工程技术专业必修的一门专业技术基础课。本课程构建于"电工电路分析"、"电子电路分析与制作"、"数字电路设计与实践"等课程的基础上，通过岗位职业能力分析，以发射机和接收机中的典型通信电路为载体，配合计算机仿真软件，使学生了解通信电路在实际通信电子设备中的应用，重点培养学生的通信电路分析思维方法与基本技能，锻炼学生分析问题和解决问题的能力，培养严谨求实的工作作风，以适应职业岗位的要求，为后续的移动无线网络设备配置和维护等课程打下良好的基础。本课程对学生职业能力培养和职业素质养成起主要支撑作用。

三、课程目标

依据电子信息工程技术专业的培养目标要求，本课程着重培养本专业必备的无线电路专业知识，培养通信电路的分析思维方法与应用能力，建立完整的无线电通信系统模型的概念，为后续课程的知识学习和能力培养提供保障。

通过"通信电路分析与测试"课程的学习和实践训练，使学生达到以下目标。

- 能认识常用的射频电路元器件。
- 能看懂典型的射频单元电路图。
- 能对发射机电路中的典型单元电路进行分析、计算和测试。
- 能对接收机电路中的典型单元电路进行分析、计算和测试。
- 能编写电路测试与分析的技术报告。
- 能认识天馈线系统结构、线缆、组成部件和常用接口。
- 能读懂射频电路系统的整机电路图，并能对组成整机电路的各组成部分电路的作用和功能进行解释。
- 熟练使用万用表、直流稳压电源、高频信号发生器、音频信号发生器、双踪示波器、频率计、扫频仪、Q 表等高频仪表。
- 能正确使用射频电路的专业仿真软件。
- 具备查阅常用元器件手册、仪器手册和本专业刊物的能力。
- 具有团队协作精神。
- 具有良好的学习工作习惯和工作任务的执行力。

四、课程教学内容与学时安排建议

"通信电路分析与测试"课程的教学内容与学时安排建议详见表 1 所示。

表 1　"通信电路分析与测试"课程的教学内容与学时安排建议

序号	学习情境名称	学时	学习(任务)单元划分	教学形式
1	课程引导(第一次课)	2	① 课程在专业中的地位 ② 实际工作岗位与课程教学内容的关系 ③ 本课程学习方法指南 ④ 课程学习评价要求	教师讲授 引导文教学法

续表

序号	学习情境名称	学时	学习(任务)单元划分	教学形式
2	载波振荡电路分析与测试	10	① 反馈式振荡器的分析 ② LC 振荡器的分析与测试 ③ 石英晶体振荡器的分析与测试 ④ RC 振荡器的分析	学中做 做中学
3	调制电路分析与测试	16	① 振幅调制电路的分析与测试 ② 频率调制电路的分析与测试	学中做 做中学
4	功率放大器分析与测试	10	① 丙类谐振功率放大电路分析与测试 ② 宽带高频功率放大器分析	学中做 做中学
5	小信号调谐放大电路分析与测试	10	① 高频小信号谐振放大器的分析与计算 ② 单调谐高频放大器电路分析 ③ 集中参数滤波器分析	学中做 做中学
6	混频电路分析与测试	6	① 晶体三极管混频电路分析 ② 晶体二极管混频电路分析 ③ 收音机混频电路分析 ④ 接收机混频干扰分析	学中做 做中学
7	解调电路分析与测试	8	① 调幅收音机检波器分析 ② 电视机检波器分析 ③ 斜率鉴频器分析与应用 ④ 相位鉴频器分析与应用	学中做 做中学
8	反馈控制电路分析与测试	8	① 自动增益控制电路(AGC)分析与应用 ② 自动频率控制电路(AFC)分析与应用 ③ 锁相环路及其应用	学中做 做中学

五、学习情境及教学设计框架

创设学习情境的目的是为了帮助学生更有效地学习知识和技能,实现专业能力、方法能力和社会能力等职业能力的培养。学习情境是与学生所学习的内容相适应的包含任务的工作活动。描述学习情境的要素包括:教学目标、学习内容与实践(训练)项目、教学载体、教学形式与方法建议、教学环境与媒体选择、学生已有的学习基础、教师应具备的能力和考核评价说明。学习情境的详细描述见表 2~表 9 所示。

表 2 "通信电路分析与测试"学习情境 1 设计简表

学习情境 1	课程引导(第一次课)	授课学时(建议)	2
教学目标			
通过学习和实践,学生能够了解本课程在专业课程体系中的地位与作用,了解本课程学习与实践(训练)内容的特点,了解课程内容与后续专业技术学习领域课程之间的关系,了解射频技术的发展,了解通信电路工作原理知识与实际通信电子设备或应用系统之间的关系,深入了解本课程的学习方法。			

续表

学习与实践(训练)内容	教学载体	教学形式与方法建议
学习内容： • 课程教学内容与实际工作岗位任务之间的关系 • 典型的无线电通信系统 • 无线电信号的传输 • 通信频率与通信传输媒质 • 本课程的任务 • 本课程的学习方法 • 学习评价要求 • 无线电导航设备观摩学习 实践内容： • 射频器件认知 • 无线电导航实训室参观	• 射频器件 • 无线电导航设备 • 通信电路应用案例	宏观： 案例分析法 微观： • 教师讲授 • 引导文教学法 • 启发引导教学法 • 现场教学法 • 班级讨论 • 动画视频演示

教学环境与媒体选择	学生已有的学习基础	教师应具备的能力	考核评价说明
• 多媒体专业教室 • 无线电导航设备实训室 • 黑板、计算机、投影仪 • PPT 课件 • 射频器件实物	• 电工电路基本知识 • 模拟电子线路基本知识 • 数字电路基本知识	• 综合运用各种教学法实施教学的组织和控制能力 • 掌握通信电路基础理论与基本分析方法 • 熟练使用常用的电子仪器和仪表 • 具有案例分析能力	• 过程考核 • 结果考核

表 3 “通信电路分析与测试”学习情境 2 设计简表

学习情境 2	载波振荡电路分析与测试	授课学时(建议)	10

教学目标

通过学习和实践，学生能说明典型振荡电路的工作原理，能对典型振荡电路进行测试，并对测试数据进行分析。

具体教学目标为：能说出振荡器的分类，能理解反馈振荡器的含义，知道它们的用途场合；能解释反馈振荡器的基本工作原理和性能指标，会判断反馈振荡器的起振条件；能比较典型的正弦波振荡电路的优缺点；能对正弦波振荡电路的参数进行测试，并对测试结果进行分析和计算。

学习内容	实践(训练)项目	载体选择	教学形式与方法建议
• 反馈式振荡器的分析 • LC 振荡器特点与工作原理 • 石英晶体振荡器特点与工作原理 • 倍频器电路工作原理与应用	• 振荡器电路的起振条件判断 • 实验室仪器设备认知 • 反馈式振荡器电路功能测试 • LC 振荡器电路功能测试 • 石英晶体振荡器电路功能测试	• 通信电路实验装置 • 载波振荡电路 • EWB 仿真软件	• 案例分析法 • 教师讲授、动画视频演示 • 引导启发教学法 • 归纳演绎 • 实验操作 • EWB 仿真软件 • 引导文教学法

续表

教学环境与媒体选择	学生已有的学习基础	教师应具备的能力	考核评价说明
• 多媒体专业教室 • 通信基础实验室 • 黑板、计算机、投影仪 • PPT 教学课件 • 实验实训指导手册 • EWB 仿真软件	• 电工电路基本知识 • 模拟电路基本知识与分析方法 • 非正弦函数的描述	• 综合运用各种教学法实施教学的组织和控制能力 • 掌握通信电路基础理论与基本分析方法 • 熟练使用常用的电子仪器和仪表 • 具有案例分析能力	• 过程考核 • 结果考核

表 4 "通信电路分析与测试"学习情境 3 设计简表

学习情境 3	调制电路分析与测试	授课学时(建议)	16

教学目标

通过学习和实践,学生能分析和测试调制电路。

具体教学目标为:认识三种调幅信号 AM 信号、DSB 信号、SSB 信号特点,能合理地应用高电平调幅电路、模拟乘法器电路调幅电路、二极管平衡调幅电路及二极管环形调幅电路,能对其进行测试,并能对测试结果进行分析;能认识调频信号,能合理应用调频电路,并能对调频电路测试结果进行分析。

学习内容	实践(训练)项目	载体选择	教学形式与方法建议
• AM 信号分析、DSB 信号分析、SSB 信号分析 • 高电平调幅电路分析 • 低电平调幅电路分析 • 调频波信号的分析 • 直接调频电路分析 • 间接调频电路分析	• 高电平调幅电路测试 • 低电平调幅电路测试 • 调频电路测试	• 通信电路实验装置 • 调制电路 • EWB 仿真软件	• 案例分析法 • 教师讲授 • 引导启发教学法 • 归纳演绎 • 实验操作 • EWB 仿真软件 • 引导文教学法 • 动画视频演示
教学环境与媒体选择	**学生已有的学习基础**	**教师应具备的能力**	**考核评价说明**
• 多媒体专业教室 • 通信基础实验室 • 黑板、计算机、投影仪 • PPT 教学课件 • 实验实训指导手册 • EWB 仿真软件	• 电工电路基本知识 • 模拟电路基本知识与分析方法 • 数学三角函数积化和差、倍角公式熟练运用 • 正余弦三角函数与波形的对应关系充分认识 • 对三角函数三要素的充分认识 • 对晶体管放大电路的充分认识	• 综合运用各种教学法实施教学的组织和控制能力 • 掌握通信电路基础理论与基本分析方法 • 熟练使用常用的电子仪器和仪表 • 具有案例分析能力	• 过程考核 • 结果考核

表5　"通信电路分析与测试"学习情境4设计简表

学习情境4	功率放大电路分析与测试	授课学时(建议)	10

教学目标

通过学习和实践,学生能分析和测试调制电路。

具体教学目标为:学生会分析丙类谐振功率放大电路组成,能描绘出各极电压、电流波形,能合理选取导通角,解释基极调制及集电极调制特性,能完成丙类谐振功率放大电路的输出电压、输出功率和效率的测试;能合理利用传输线变压器组成宽带高频功率放大器。

学习内容	实践(训练)项目	载体选择	教学形式与方法建议
• 丙类谐振功率放大电路组成分析 • 丙类谐振功率放大电路性能分析 • 宽带高频功率放大器分析	• 丙类谐振功率放大电路的测试 • 根据要求,用EWB仿真软件搭建一个简单的发射机电路,并进行仿真调试。 • 用通信实验电路箱提供的器件搭建一个简单的发射机电路,并对其进行调试。	• 通信电路实验装置 • 调制电路 • EWB仿真软件	• 案例分析法 • 教师讲授 • 引导启发教学法 • 归纳演绎 • 实验操作 • EWB仿真软件 • 引导文教学法 • 动画视频演示
教学环境与媒体选择	**学生已有的学习基础**	**教师应具备的能力**	**考核评价说明**
• 多媒体专业教室 • 通信基础实验室 • 黑板、计算机、投影仪 • PPT教学课件 • 实验实训指导手册 • EWB仿真软件	• 电工电路基本知识 • 模拟电路基本知识与分析方法 • 功率放大器的导通角与效率关系 • 非正弦电压和电流的描述表示方法 • 低频放大器基极偏置、集电极偏置 • 低频功率放大器的匹配 • 电路平衡与不平衡输入概念	• 综合运用各种教学法实施教学的组织和控制能力 • 掌握通信电路基础理论与基本分析方法 • 熟练使用常用的电子仪器和仪表 • 具有案例分析能力	• 过程考核 • 结果考核

表6　"通信电路分析与测试"学习情境5设计简表

学习情境5	小信号调谐放大电路分析与测试	授课学时(建议)	10

教学目标

通过学习和实践,学生能分析和测试小信号调谐放大电路。

具体教学目标为:学生能认识小信号调谐放大器的指标,会分析调谐放大器电路,完成高频小信号谐振放大器指标的测试,并对其结果进行分析;能合理应用声表面波滤波器、石英晶体滤波器、LC集中滤波器、陶瓷滤波器;完成石英晶体滤波器指标的测试,解释其测试结果。

学习内容	实践(训练)项目	载体选择	教学形式与方法建议
• 小信号调谐放大器的主要指标分析 • 单调谐高频放大器电路分析 • 集中选频放大器应用分析	• 高频小信号谐振放大器的调谐及测试 • 石英晶体滤波器的测试	• 通信电路实验装置 • 调制电路 • EWB仿真软件	• 案例分析法 • 教师讲授 • 引导启发教学法 • 归纳演绎 • 实验操作 • EWB仿真软件 • 引导文教学法 • 动画视频演示

续表

教学环境与媒体选择	学生已有的学习基础	教师应具备的能力	考核评价说明
• 多媒体专业教室 • 通信基础实验室 • 黑板、计算机、投影仪 • PPT 教学课件 • 实验实训指导手册 • EWB 仿真软件	• 电工电路基本知识 • 模拟电路基本知识与分析方法 • 对晶体管 PN 结的充分认识 • 晶体管共发射极、共基电路、共集电路的特点 • 共发射极放大器、多级放大器级联知识	• 综合运用各种教学法实施教学的组织和控制能力 • 掌握通信电路基础理论与基本分析方法 • 熟练使用常用的电子仪器和仪表 • 具有案例分析能力	• 过程考核 • 结果考核

表 7　"通信电路分析与测试"学习情境 6 设计简表

学习情境 6	混频电路分析与测试	授课学时(建议)	6
教学目标			
通过学习和实践,学生能分析和测试混频电路。 具体教学目标为:学生能认知变频的主要性能指标,说明晶体三极管(二极管)混频电路原理,完成混频电路的测试,解释其测试结果。说明试收音机混频电路的原理,尝试测试收音机混频电路指标,并对其测试结果进行分析。			
学习内容	实践(训练)项目	载体选择	教学形式与方法建议
• 变频电路的框图、变频作用、原理 • 变频(混频)器的主要性能指标 • 晶体三极管混频电路分析 • 晶体二极管混频电路分析 • 收音机混频电路分析	• 晶体三极管混频电路测试 • 晶体二极管混频电路测试	• 通信电路实验装置 • 调制电路 • EWB 仿真软件	• 案例分析法 • 教师讲授 • 引导启发教学法 • 归纳演绎 • 实验操作 • EWB 仿真软件 • 引导文教学法 • 动画视频演示
教学环境与媒体选择	学生已有的学习基础	教师应具备的能力	考核评价说明
• 多媒体专业教室 • 通信基础实验室 • 黑板、计算机、投影仪 • PPT 教学课件 • 实验实训指导手册 • EWB 仿真软件	• 电工电路基本知识 • 模拟电路基本知识与分析方法 • 非线性元件的数学描述 • 三角函数的积化和差公式 • 非线性器件谐波产生的原因	• 综合运用各种教学法实施教学的组织和控制能力 • 掌握通信电路基础理论与基本分析方法 • 熟练使用常用的电子仪器和仪表 • 具有案例分析能力	• 过程考核 • 结果考核

表 8　"通信电路分析与测试"学习情境 7 设计简表

学习情境 7	解调电路分析与测试	授课学时(建议)	8
教学目标			
通过学习和实践,学生能分析和测试解调电路。 具体教学目标为:学生有能力分析调幅收音机及电视机包络检波器、同步检波;完成包络检波器和同步检波器的测试,并对其结果进行分析。			

续表

学习内容	实践(训练)项目	载体选择	教学形式与方法建议
• 调幅收音机检波器分析与测试 • 电视机检波器分析与测试 • 鉴频电路的主要性能指标的分析 • 斜率鉴频器——单失谐回路、双失谐回路的分析	• 调幅收音机检波器的测试 • 电视机检波器的测试	• 通信电路实验装置 • 调制电路 • EWB 仿真软件	• 案例分析法 • 教师讲授 • 引导启发教学法 • 归纳演绎 • 实验操作 • EWB 仿真软件 • 引导文教学法 • 动画视频演示
教学环境与媒体选择	学生已有的学习基础	教师应具备的能力	考核评价说明
• 多媒体专业教室 • 通信基础实验室 • 黑板、计算机、投影仪 • PPT 教学课件 • 实验实训指导手册 • EWB 仿真软件	• 电工电路基本知识 • 模拟电路基本知识与分析方法	• 综合运用各种教学法实施教学的组织和控制能力 • 掌握通信电路基础理论与基本分析方法 • 熟练使用常用的电子仪器和仪表 • 具有案例分析能力	• 过程考核 • 结果考核

表 9　“通信电路分析与测试”学习情境 8 设计简表

学习情境 8	反馈控制电路的分析与测试	授课学时(建议)	8

教学目标

通过学习和实践，学生能分析和测试反馈控制电路。

具体教学目标为：学生能分析 AGC 电路、AFC 电路及 PLL 电路，尝试测试锁相环路，归纳出锁相环路的具体应用方法。

学习内容	实践(训练)项目	载体选择	教学形式与方法建议
• 自动增益控制电路(AGC)分析 • 自动频率控制电路(AFC)分析 • 锁相环路(PLL)分析	锁相环路(PLL)测试	• 通信电路实验装置 • 调制电路 • EWB 仿真软件	• 案例分析法 • 教师讲授 • 引导启发教学法 • 归纳演绎 • 实验操作 • EWB 仿真软件 • 引导文教学法 • 动画视频演示
教学环境与媒体选择	学生已有的学习基础	教师应具备的能力	考核评价说明
• 多媒体专业教室 • 通信基础实验室 • 黑板、计算机、投影仪 • PPT 教学课件 • 实验实训指导手册 • EWB 仿真软件	• 电工电路基本知识 • 模拟电路基本知识与分析方法	• 综合运用各种教学法实施教学的组织和控制能力 • 掌握通信电路基础理论与基本分析方法 • 熟练使用常用的电子仪器和仪表 • 具有案例分析能力	• 过程考核 • 结果考核

六、教学实施建议

1. 教师应以无线电发射机电路和接收机电路为主线，以典型通信电路为载体安排和组织教学活动，使学生在完成学习性工作任务的过程中提高专业基本技能。

2. 教师应按照学习情境的教学目标编制教学设计方案，先提出完成工作任务的要求、时间安排及内容等，然后分析工作任务内容。在教学过程中，建议以实际发射机和接收机电路为载体，联系实际电路讲解，强调具体电路的应用，特别是EWB仿真软件的演示，启发引导学生思考。在实验教学活动中，教师应先示范操作，然后再组织学生进行测试、操作等实践活动。

3. 教师应加强对学生学习方法的指导，通过引导问题、提示描述等形式在方法上指导学生的学习过程，并将有关知识、技能与职业道德和情感态度有机融入到课程中。教师应营造民主和谐的教学氛围，激发学习者参与教学活动，提高学习者学习积极性，增强学生学习的信心与成就感。

七、教学团队基本要求

1. 团队规模：基于每届2～4个教学班的规模，专兼职教师4人左右(含实验实训指导教师)，职称和年龄结构合理，互补性强。

2. 教师专业背景与能力要求：具有专业背景和丰富的教学经验；具备通信电路的理论基础，熟悉通信电路的相关应用；具有各种电路测试仪器的使用经验，能够正确及时处理学生误操作产生的相关故障；具备一定的教学方法能力与教学设计能力。

3. 课程负责人：具备丰富的教学经验，教学效果良好，且熟悉高职高专学生教育规律；了解通信行业市场人才需求，具备通信行业背景与通信专业技术知识，实践经验丰富；在行业内有一定影响，具有中级及以上职称。

八、教学实验实训环境基本要求

实施“通信电路分析与测试”课程教学，校内外实验实训硬件环境应具备表10所列条件。

表10　教学实验实训环境基本要求

名　称	基本配置要求	功能说明
通信电路实验室	20个工位(按一个标准班40人) 最低配置要求：20套信号发生器、20套双踪的示波器、20套毫伏表、20套扫频仪，20个万用表；40台计算机及相关操作系统；EWB仿真软件(网络版)	具备专业教室功能，为课程现场教学和测试实验提供条件

九、学习评价建议

1. 教学评价主要是指学生学业评价。教师应该关注评价的多元性，注重过程评价和结果评价相结合的评价方式,既要重视结果的正确性,又要重视学生学习和完成工作任务的态度、做事规范程度、完成作业等过程评价。

2. 实操考核相对独立,评价方式由百分制考核改为等级制考核,课程考核方案突出整体性评价。

"通信电路分析与测试"学习评价建议见表11。

表11　通信电路分析与测试学习评价建议

评价类型	评价内容	评价标准	成绩权重
过程评价(60%)	1. 学习态度	出勤情况	0.05
	2. 课堂发言	课堂提问	0.05
	3. 作业提交情况	提交次数和作业质量	0.05
	4. 学习笔记	归纳总结	0.05
	5. 单元测试	考核成绩	0.2
	6. 实验报告提交	评价实验报告	0.05
	7. 实操考试	单独考核	0.15
结果评价(40%)	8. 期末考试	考核成绩	0.4

十、学习领域课程资源开发与利用

1. 教师应根据课程目标,针对学习情境中的每个任务编写教学设计。

2. 为满足课程教学质量要求,应有丰富的教学资源。教学资源包括:课程教材(自编或选用),多媒体PPT课件,视频录像,学习指南,电子仪器使用说明书,EWB计算机仿真软件,挂图,网络信息资源,用电安全操作标准,实验实训要求等。

3. 充分利用电子期刊、数字图书馆、电子书籍和互联网等资源,丰富教学内容。

十一、其他说明

如有条件可适当补充射频电路作为拓展学习内容。

"数字通信系统分析"课程标准

适用专业:电子信息工程技术专业

课程类别:专业技术基础课

修课方式:必修课

教学时数:70学时

总学分数:4学分

编制人:张建超

审定人:李斯伟

一、制定课程标准的依据

本标准是依据《中华人民共和国职业教育法》、《关于加强高职高专教育人才培养工作的意见》(教高[2002]2号)、《关于全面提高高等职业教育教学质量的若干意见》(教高[2006]16号)等文件精神,以及依据电子信息工程技术专业的人才培养目标和培养规格的要求而制定,用于指导"数字通信系统分析"的课程编制。

二、课程定位与作用

数字通信系统分析课程是电子信息工程技术专业的一门重要的专业技术基础课,是一门实际应用性很强的课程。本课程构建于"电子电路分析"、"数字电路设计与实践"、"通信电路分析与测试"等课程的基础上,对后续交换设备运行维护、移动无线网络设备配置等学习领域课程所需的知识和能力有明显的支撑作用。本课程基于职业能力分析,以数字通信系统为载体,辅以计算机仿真软件,主要培养学生将数字通信系统中的信号传输技术与实际数字通信系统应用有机结合的能力。本课程对学生职业能力培养和职业素质养成起主要支撑作用。

三、课程目标

通过数字通信系统分析课程的学习与实践,使学生掌握数字通信系统的一般模型和基本理论,并能通过实验中的调试、观察及测量等环节提高学生的实践能力,初步培养学生分析问题和解决问题的能力。具体目标如下:

1. 专业能力目标

- 能描述数字通信系统的组成和功能。
- 能用数字通信系统模型对实际数字通信系统的组成进行解释。
- 能对数字通信系统的性能指标进行简单的计算和评价。
- 能对简单的周期信号求其傅立叶展开式,并能绘制频谱图。
- 能对简单的非周期信号求其傅立叶变换式,能理解其频谱的物理含义。
- 能解释信道的特性对信号传输的影响。
- 能解释数字传输系统各部分的工作原理,并能进行一些简单相关的计算。
- 能使用示波器对典型信号进行观测与分析。
- 能用通信系统仿真软件对典型的数字频带通信系统进行仿真设计和测试分析。
- 能对典型的数字通信系统电路进行测试和分析。
- 能编制技术报告。

2. 方法能力目标

- 具有制订学习和工作计划的能力。
- 具有查找资料的能力,能对文献资料进行利用与筛查的能力。
- 具有初步的解决问题能力。
- 具有独立学习电子技术领域新技术的初步能力。
- 具有评估工作结果的方式能力。
- 具有一定的分析与综合能力。

3. 社会能力目标

- 具有人际交往能力。
- 具有严谨细致、一丝不苟的职业素质。
- 具有遵守职业道德的能力。
- 具有语言文字表达能力。
- 具有吃苦耐劳、顾全大局和团队协作能力。

四、课程教学内容与学时安排建议

"数字通信系统分析"课程教学内容与学时安排建议如表1所示。

表1　"数字通信系统分析"课程教学内容与学时安排建议

序号	学习情境名称	学时	备　注	教学形式
1	课程入门(第一次课)	2	① 课程在专业中的地位 ② 课程教学内容与后续的关系 ③ 认知数字通信系统 ④ 研讨数字通信技术的应用 ⑤ 研讨本课程的学习方法 ⑥ 提出本课程学习评价要求	教师讲授 引导文教学法 课堂讨论
2	数字通信系统认知	6	① 数字通信系统模型认知 ② 数字通信系统功能关系分析 ③ 数字通信系统应用分析	学中做 做中学
3	典型信号观测与时频域分析	6	① 典型信号的观察与分析 ② 信号的频谱分析 ③ 随机过程认知	学中做 做中学
4	模拟信号数字化传输机理分析	8	① 信源编码应用分析 ② 脉冲编码调制(PCM)原理分析 ③ 增量调制原理分析	教、学、练
5	数字信号基带传输系统分析与测量分析	8	① 数字基带信号及码型认知 ② 数字基带传输系统认知 ③ 无码间干扰条件分析 ④ 数字基带信号的再生中继传输 ⑤ 时域均衡技术应用 ⑥ 扰码和解扰系统设计	教、学、练
6	差错控制编码及应用分析	8	① 信号编码认知 ② 常用检错码认知与应用分析 ③ 循环码应用分析 ④ 卷积码应用分析	教、学、练
7	信道复用技术及应用分析	8	① 信道复用技术应用分析 ② 时分复用(TDM)与数字复接原理分析	引导文教学法 学中做 做中学
8	数字信号调制传输系统分析与测试	16	① 基本数字调制技术原理分析 ② QAM 调制原理分析与仿真 ③ OQPSK 调制原理分析仿真	教、学、练

续表

序号	学习情境名称	学时	备　注	教学形式
9	通信信道特性分析	8	① 信道物理特性分析 ② 恒参信道特性分析 ③ 变参信道特性分析	学中做 做中学

五、学习情境及教学设计框架

创设学习情境的目的是为了帮助学生更有效地学习知识和技能,实现专业能力、方法能力和社会能力等职业能力的培养。学习情境是与学生所学习的内容相适应的包含任务的工作活动。描述学习情境的要素包括:教学目标、学习与实践(训练)内容、教学载体、教学形式与方法建议、教学环境与媒体选择、学生已有的学习基础、教师应具备的能力和考核评价说明。学习情境的详细描述见表2～表10所示。

表2 "数字通信系统分析"学习情境1设计简表

<table>
<tr><td>学习情境1</td><td colspan="2">课程入门(第一次课)</td><td>授课学时(建议)</td><td>2</td></tr>
<tr><td colspan="5">教学目标</td></tr>
<tr><td colspan="5">通过学习和实践,能够了解本课程在专业课程体系中的地位与作用。
具体教学目标为:了解本课程学习与实践内容的特点;了解课程内容与后续专业技术学习领域课程之间的关系;了解通信行业中数字通信技术的发展趋势;了解数字通信原理知识与实际应用系统之间的关系;深入了解本课程的学习方法。</td></tr>
<tr><td colspan="2">学习与实践内容</td><td colspan="2">教学载体</td><td>教学形式与方法建议</td></tr>
<tr><td colspan="2">学习内容:
• 课程教学内容与实际工作岗位任务之间的关系
• 数字通信基本概念
• 实训室主要仪器仪表和实验装置的使用方法
• 配合课程教学的MATLAB计算机仿真软件
• 本课程学习方法
• 本课程学习评价要求
• 专题讲座1:结合典型的数字通信系统应用案例,介绍数字通信技术
• 专题讲座2:计算机技术在数字通信系统中的应用
实践内容:
结合应用案例,训练学生将理论知识与实际应用相结合的能力</td><td colspan="2">数字通信系统应用案例</td><td>宏观:
案例教学法
微观:
• 学中做
• 启发引导教学法
• 教师讲授
• 课堂互动
• 研讨</td></tr>
<tr><td>教学环境与媒体选择</td><td>学生已有的学习基础</td><td colspan="2">教师应具备的能力</td><td>考核评价说明</td></tr>
<tr><td>• 数字通信原理实验箱
• 双踪数字存储示波器
• 频率计
• MATLAB计算机仿真软件
• 黑板、计算机、投影仪、PPT课件
• 相关数字通信系统应用案例
• 通信基础实验室和设备实训室</td><td>• 电路分析基础
• 了解万用表和示波器的基本使用方法
• 文字和语言表达能力
• 通信电路基础知识</td><td colspan="2">• 综合运用各种教学法实施教学的组织和控制能力
• 掌握数字通信原理基础理论与基本分析方法
• 熟练使用常用的电子仪器和仪表
• 具有案例分析能力</td><td>• 自我评价
• 小组互评
• 教师评价</td></tr>
</table>

表 3 “数字通信系统分析”学习情境 2 设计简表

<table>
<tr><td>学习情境 2</td><td colspan="2">数字通信系统认知</td><td>授课学时(建议)</td><td>6</td></tr>
<tr><td colspan="5">教学目标</td></tr>
<tr><td colspan="5">通过学习和实践,培养学生能将数字通信的基础理论学习与实际数字通信系统有机结合的能力。
具体教学目标为:能描述通信系统的组成;能绘制通信系统模型图;能陈述通信系统各部分的功能;了解通信系统的分类;能识别典型的通信系统采用的通信方式;能描述数字通信的优点;初识数字通信系统;初步了解数字通信系统的组成模型及各个部分的作用;能根据所给定的通信系统技术指标;对系统进行评价,并能进行相关的指标计算。</td></tr>
<tr><td colspan="2">学习与实践内容</td><td>教学载体</td><td colspan="2">教学形式与方法建议</td></tr>
<tr><td colspan="2">学习内容:
• 通信系统模型
• 通信系统的分类和通信方式
• 数字通信的特点
• 数字通信系统组成模型
• 通信系统的性能指标
• 数字通信系统的性能指标
实践内容与训练项目:
• 通过文献、上网搜集等方式,搜集实际生活中的数字通信系统案例,并用所学的通信系统组成模型的知识,分析系统各个部分与通信系统组成模型中的对应关系
• 布置学生写小论文:针对数字通信技术领域感兴趣的话题,写一篇关于数字通信技术应用的小论文
• 给定数字通信系统的性能指标,并对其性能指标进行评价</td><td>• 通信系统应用案例
• 数字通信系统性能指标技术文件</td><td colspan="2">• 教师讲述
• 启发讨论
• 任务驱动教学法
• 学中做
• 做中学
• 案例教学法</td></tr>
<tr><td>教学环境与媒体选择</td><td>学生已有的学习基础</td><td>教师应具备的能力</td><td colspan="2">考核评价说明</td></tr>
<tr><td>• 数字通信原理实验箱
• 双踪数字存储示波器
• MATLAB 计算机仿真软件
• 黑板、计算机、投影仪、PPT 课件
• 相关数字通信系统应用案例</td><td>• 电路分析基础
• 了解万用表和示波器的基本使用方法
• 文字和语言表达能力
• 通信电路基础知识</td><td>• 综合运用各种教学法实施教学的组织和控制能力
• 掌握数字通信原理基础理论与基本分析方法
• 具有案例分析能力</td><td colspan="2">• 自我评价
• 小组互评
• 教师评价</td></tr>
</table>

表 4 “数字通信系统分析”学习情境 3 设计简表

<table>
<tr><td>学习情境 3</td><td>典型信号的观测与时频域分析</td><td>授课学时(建议)</td><td>6</td></tr>
<tr><td colspan="4">教学目标</td></tr>
<tr><td colspan="4">通过学习和实践,总体教学目标为:能描述典型信号的特点;识记典型信号的数学表达式。
具体教学目标为:会计算信息量;会写周期信号的傅里叶级数展开式,并能绘制频谱;会写非周期信号的傅里叶变换数学表达式,绘制频谱,并能解释频谱的物理含义;能解释信号的互相关与自相关的物理意义,理解和领会其在实际通信系统中的应用;学会使用 MALAB 进行信号仿真。</td></tr>
</table>

续表

学习与实践内容	教学载体	教学形式与方法建议
学习内容： • 信号的种类和性质 • 信息量的计算 • 周期信号的傅里叶级数和非周期信号的频谱 • 信号的互相关与自相关 实践内容与训练项目： • 以图片图形制成 PPT 形式展示各种典型信号的应用 • 典型信号的观测 • 信号的频谱分析计算机仿真实验 • 信息量计算 • 频谱图绘制	典型信号	• 教师讲述 • 启发讨论 • 任务驱动教学法 • 学中做 • 做中学 • 案例教学法

教学环境与媒体选择	学生已有的学习基础	教师应具备的能力	考核评价说明
• 数字通信原理实验箱 • 双踪数字存储示波器 • MATLAB 计算机仿真软件 • 黑板、计算机、投影仪、PPT 课件 • 相关信号应用案例	• 电路分析基础 • 了解万用表和示波器的基本使用方法 • 文字和语言表达能力 • 通信电路基础知识 • 数字通信系统基本知识	• 综合运用各种教学法实施教学的组织和控制能力 • 掌握数字通信原理基础理论与基本分析方法 • 具有案例分析能力	• 自我评价 • 小组互评 • 教师评价

表 5　“数字通信系统分析”学习情境 4 设计简表

学习情境 4	模拟信号数字化传输机理分析	授课学时(建议)	8

教学目标

通过学习和实践，能解释信源编码的概念；能领会低通信号的抽样及已抽样信号的频谱特点；能对量化特性和量化信噪比进行简单计算；能画出 PCM 编码的原理组成图，并能解释各部分的功能和作用；会计算 PCM 系统编码信号的码率和带宽；能正确理解 A 律 13 折线编译码方法；能根据所给的 PCM 系统输入信号的抽样值，求解 A 律 PCM 编码、译码输出和量化误差；了解增量调制的工作原理；学会对抽样信号、PAM 信号以及 PCM 信号的观测与分析方法。

学习与实践内容	教学载体	教学形式与方法建议
学习内容： • 信源编码的概念 • 信源与信源编码的关系 • 模拟信号数字化传输方法概要 • 脉冲编码调制(PCM) • 增量调制 实践训练内容与项目： • 数字通信原理实验装置结构认识 • 抽样定理观测实验 • 脉冲编码调制(PCM)观测实验 • 增量调制观测实验	• PCM 系统应用案例 • 数字通信原理实验装置	• 示范教学法 • 教师讲述 • 引导文教学法 • 任务驱动教学法 • 实践操作训练 • 小组合作学习 • 案例教学法 • 做中学、学中做

续表

教学环境与媒体选择	学生已有的学习基础	教师应具备的能力	考核评价说明
• 数字通信原理实验箱 • 双踪数字存储示波器 • 频率计 • 黑板、计算机、投影仪、PPT 课件 • 相关信号应用案例	• 电路分析基础 • 了解万用表和示波器的基本使用方法 • 文字和语言表达能力 • 通信电路基础知识 • 典型信号相关知识	• 综合运用各种教学法实施教学的组织和控制能力 • 掌握数字通信原理基础理论与基本分析方法 • 具有案例分析能力	• 自我评价 • 小组互评 • 教师评价

表 6　“数字通信系统分析”学习情境 5 设计简表

学习情境 5	数字信号基带传输系统认知与分析	授课学时(建议)	8

教学目标

通过学习和实践，能描述数字基带信号的常用码型的特点和应用场合，会画常用数字基带信号码型的波形图；理解和领会数字基带传输系统无码间干扰条件，并学会判断；能对滚降系统进行简单的计算；了解时域均衡技术的应用；理解扰码器和解扰器的基本原理，并能设计简单的多级扰码器和解扰器。

学习与实践内容	教学载体	教学形式与方法建议
学习内容： • 数字基带信号的概念 • 数字基带信号的常用码型 • 数字基带通信模型 • 无码间干扰条件与无码间干扰的基带传输系统 • 基带数字信号的再生中继传输 • 眼图 • 时域均衡 • 数字信号的扰码与解扰 实践内容与训练项目： • 各种典型的数字基带信号常用码型波形绘制 • 数字基带传输系统搭建与眼图观测 • 基带传输系统码间干扰条件的判断 • 根据要求设计多级扰码器和解扰器	数字基带传输系统应用案例	• 示范教学法 • 教师讲述 • 引导文教学法 • 任务驱动教学法 • 实践操作训练 • 小组合作学习 • 案例教学法 • 做中学 • 学中做

教学环境与媒体选择	学生已有的学习基础	教师应具备的能力	考核评价说明
• 数字通信原理实验箱 • 双踪数字存储示波器 • MATLAB 计算机仿真软件 • 黑板、计算机、投影仪、PPT 课件 • 相关数字基带传输应用案例	• 电路分析基础 • 万用表和示波器使用 • 文字和语言表达能力 • 通信电路基础知识 • 典型信号及 PCM 原理知识	• 综合运用各种教学法实施教学的组织和控制能力 • 功率放大电路的应用能力 • 仪器仪表的使用能力 • 案例分析能力	• 自我评价 • 小组互评 • 教师评价

表 7　“数字通信系统分析”学习情境 6 设计简表

<table>
<tr><td>学习情境 6</td><td colspan="2">差错控制编码及应用分析</td><td>授课学时(建议)</td><td>8</td></tr>
<tr><td colspan="5">教学目标</td></tr>
<tr><td colspan="5">总体教学目标为：通过学习和实践能正确理解差错控制编码的工作原理，并能解释差错控制编码在数字通信系统中的应用。
具体教学目标为：能领会差错控制编码的基本思路，能举例说明差错控制编码在实际中的应用；能说出差错控制的基本工作方式；能理解和领会差错控制编码的基本原理；能判断给定码组的检纠错能力；能理解领会汉明码的编码原理；理解循环码的编译码方法，会分析循环码的纠检错能力；能理解卷积码编解码器的工作原理及在数字通信系统中的应用；会用树图、网格图描述卷积码。</td></tr>
<tr><td colspan="3">学习与实践内容</td><td>教 学 载 体</td><td>教学形式与方法建议</td></tr>
<tr><td colspan="3">学习内容：
• 信源编码的概念
• 差错控制编码的分类及工作原理
• 常用的检错码
• 线性分组码(汉明码)
• 卷积码
• 循环码
实践内容与训练项目：
• 编码的纠检错能力判断
• 循环码编、解码相关求解运算
• 用树图和网络图表示卷积码</td><td>差错控制编码</td><td>• 示范教学法
• 教师讲述
• 引导文教学法
• 相关计算训练
• 小组合作学习
• 案例教学法</td></tr>
<tr><td>教学环境与媒体选择</td><td colspan="2">学生已有的学习基础</td><td>教师应具备的能力</td><td>考核评价说明</td></tr>
<tr><td>• 数字通信原理实验箱
• 双踪数字存储示波器
• MATLAB 计算机仿真软件
• 黑板、计算机、投影仪、PPT 课件
• 相关数字基带传输应用案例</td><td colspan="2">• 电路分析基础
• 万用表和示波器使用
• 文字和语言表达能力
• 通信电路基础知识
• 典型信号及 PCM 原理知识</td><td>• 综合运用各种教学法实施教学的组织和控制能力
• 功率放大电路的应用能力
• 仪器仪表的使用能力
• 案例分析能力</td><td>• 自我评价
• 小组互评
• 教师评价</td></tr>
</table>

表 8　“数字通信系统分析”学习情境 7 设计简表

<table>
<tr><td>学习情境 7</td><td>信道复用技术及应用分析</td><td>授课学时(建议)</td><td>8</td></tr>
<tr><td colspan="4">教学目标</td></tr>
<tr><td colspan="4">通过学习和实践，能理解和领会复用技术的基本原理，能说出信道复用技术在实际通信系统中的应用。
具体教学目标为：能理解多路复用和多址的概念；能说明多路复用和多址概念的区别；能描述频分多路复用的概念和特点；能描述时分多路复用的概念，理解和领会时分多路复用的工作原理；会画出 PCM30/32 系统帧结构图；能理解和领会数字复接的概念，能熟练说出数字复接等级；了解多址通信方式的分类、原理及其特点。</td></tr>
</table>

续表

学习与实践内容		教学载体	教学形式与方法建议
学习内容： • 频分多路复用和时分多路复用的概念 • PCM30/32系统及其特点 • 数字复接的概念以及高次群复接系统模型 • 同步数字体系(SDH)的概念和特点 实践内容与训练项目： • 专题讲座：师生共同研讨复用技术的应用 • 时分多路复用实验观测与分析 • 时分多路复用系统的简单计算		复用技术应用案例	• 示范教学法 • 教师讲述 • 引导文教学法 • 实验观测 • 小组合作学习 • 案例教学法
教学环境与媒体选择	学生已有的学习基础	教师应具备的能力	考核评价说明
• 数字通信原理实验箱 • 双踪数字存储示波器 • MATLAB计算机仿真软件 • 黑板、计算机、投影仪、PPT课件 • 相关数字基带传输应用案例	• 电路分析基础 • 万用表和示波器使用 • 文字和语言表达能力 • 通信电路基础知识 • 典型信号及PCM原理知识	• 综合运用各种教学法实施教学的组织和控制能力 • 功率放大电路的应用能力 • 仪器仪表的使用能力 • 案例分析能力	• 自我评价 • 小组互评 • 教师评价

表9　"数字通信系统分析"学习情境8设计简表

学习情境8	数字信号基带传输系统分析与测试	授课学时(建议)	16
教学目标			
通过学习和实践，能理解数字调制的原理及应用；能理解基本的数字调制技术的基本原理，并能绘制常见的数字调制信号的波形，画出基本的数字调制系统的发送和接收原理图；理解和领会QAM调制技术的原理；能描述QAM调制技术的特点；能画出QAM实现原理图，会画出QAM信号的波形；初步了解扩频技术的概念和原理。			

学习与实践内容	教学载体	教学形式与方法建议
学习内容： • 数字调制技术相关概念 • 数字振幅调制：2ASK、MASK • 数字频率调制：2FSK、MFSK • 数字相位调制：2PSK、MPSK • QAM调制技术 • 交错正交相移键控(OQPSK)技术 • 扩频调制技术初步 实践内容与训练项目： • 基本的数字调制编码信号波形绘制 • 二相BPSK(DPSK)调制解调实验观测与分析 • FSK调制解调实验观测与分析 • 根据要求设计简单的数字频带调制系统框图	数字频带传输系统应用案例	• 示范教学法 • 教师讲述 • 引导文教学法 • 任务驱动教学法 • 实验观测 • 小组合作学习 • 案例教学法 • 做中学 • 学中做

续表

教学环境与媒体选择	学生已有的学习基础	教师应具备的能力	考核评价说明
• 数字通信原理实验箱 • 双踪数字存储示波器 • MATLAB计算机仿真软件 • 黑板、计算机、投影仪、PPT课件 • 相关数字基带传输应用案例	• 电路分析基础 • 万用表和示波器使用 • 文字和语言表达能力 • 通信电路基础知识 • 典型信号及PCM原理知识	• 综合运用各种教学法实施教学的组织和控制能力 • 功率放大电路的应用能力 • 仪器仪表的使用能力 • 案例分析能力	• 自我评价 • 小组互评 • 教师评价

表10 "数字通信系统分析"学习情境9设计简表

学习情境9	通信信道特性分析	授课学时(建议)	8

教学目标

通过学习和实践，能理解通信信道的特性及其对信号传输的影响；能描述信道的定义和分类；能理解和领会调制信道和编码信道的概念，并能说明调制信道和编码信道在通信系统模型中的位置；能描述香农定理的内容，并能进行相关的计算；能描述通信信道的噪声及特征；能说明恒参数信道的特性及其对信号传输的影响；能说明变参信道的特性及其对传输信号的影响。

学习与实践内容	教学载体	教学形式与方法建议
学习内容： • 信道的物理特性 • 信道容量(香农定理) • 传输损耗 • 恒参信道的特性及其对信号传输的影响 • 变参信道的特性及其对信号传输的影响 实践内容与训练项目： • 信道容量的计算 • 幅度失真和相位失真的判断 • 信号强度的计算	通信信道	• 示范教学法 • 教师讲述 • 引导文教学法 • 任务驱动教学法 • 实验观测 • 小组合作学习 • 案例教学法 • 做中学 • 学中做

教学环境与媒体选择	学生已有的学习基础	教师应具备的能力	考核评价说明
• 数字通信原理实验箱 • 双踪数字存储示波器 • MATLAB计算机仿真软件 • 黑板、计算机、投影仪、PPT课件 • 相关数字基带传输应用案例	• 电路分析基础 • 万用表和示波器使用 • 文字和语言表达能力 • 通信电路基础知识 • 典型信号及PCM原理知识	• 综合运用各种教学法实施教学的组织和控制能力 • 功率放大电路的应用能力 • 仪器仪表的使用能力 • 案例分析能力	• 自我评价 • 小组互评 • 教师评价

六、教学实施建议

1. 教师应以数字通信系统为主线，按数字通信系统信号发送流程顺序组织教学，使学生建立一个完整的系统概念。

2. 教师在教学过程中应重点培养学生的逻辑思维能力，不强调电路的细节，弱化对系统的数学分析，侧重数字通信技术在实际系统中的应用。

3. 教师应加强对学生学法的指导，在教学方法上，要采用启发式，互动式的教学形式，通过引导问题、提示描述等在方法上指导学生的学习过程，并将有关知识、技能与职业道德和情感态度有机融入到课程中。教师应营造民主和谐的教学氛围，激发学习者参与教学活动，提高学习者学习积极性，增强学生学习的信心与成就感。

4. 教师在教学手段上要将常规的教学模式与多媒体教学模式有机结合，对较为抽象的内容，采用如图片、视频、动画演示等多种素材辅助教学，帮助学生理解抽象概念，提高学生的学习兴趣，提高教学效果。

七、教学团队的基本要求

1. 团队规模：基于每届3～4个教学班的规模，专职教师6人左右(含专业实验实训指导教师)，职称和年龄结构合理，互补性强。

2. 教师专业背景与能力要求：具有通信技术基础的扎实的理论功底；具备较强的实际动手能力，会熟练地使用常用电子仪器和电工工具；具有理论与实践的教学经验；能够正确、及时处理实验过程误操作产生的相关故障；具备一定的教学方法能力与教学设计能力。

3. 课程负责人：具备丰富的教学经验，教学效果良好，且熟悉高职高专学生教育规律；具备通信行业背景，对实际通信系统有深刻的理解，教学经验丰富；具有中级及以上职称。

八、教学实验实训环境基本要求

实施“数字通信系统分析”课程教学，校内实验实训硬件环境应具备表11所列条件。

表11 “数字通信系统分析”实验实训环境基本要求

名 称	基本配置要求	功能说明
通信基础实验室	通信基础实验装置20套(2人/组，最低应配置10套，实施重复教学)，相关测试设备包括双踪数字存储示波器20套，数字频率计20套，40套数字万用表；多媒体教学设备1套(包括：计算机、打印机、扫描仪、投影仪)	实验室为学生以小组进行数字通信原理实验和教师进行课程现场教学演示提供条件

九、学习评价建议

1. 学习评价应关注评价的多元性，采用过程评价和结果评价相结合的评价方式，既要重视结果的正确性，又要重视学生学习和完成工作任务的态度、做事规范程度、完成作业等过程评价。

2. 实操考核相对独立，评价方式由百分制考核改为等级制考核，课程考核方案突出整体性评价。

“数字通信系统分析”课程学习评价建议见表12。

表12 “数字通信系统分析”课程学习评价建议

评价类型	评价内容	评价标准	成绩权重
过程评价(60%)	1. 学习态度	出勤情况	0.05
	2. 课堂发言	课堂提问	0.05
	3. 作业提交情况	提交次数和作业成绩	0.1
	4. 数字系统仿真软件使用	熟练程度和仿真设计效果	0.05
	5. 实验安全操作规范	有无事故发生	0.05
	6. 实验装置整理	实验装置和相关仪器摆放	0.05
	7. 实验报告编制	评价实验报告	0.1
	8. 小组合作	协作意识	0.05
	9. 单元测试	考核成绩	0.1
结果评价(40%)	10. 实操考试	单独考核	0.1
	11. 期末考试	考核成绩	0.3

十、课程教学资源开发利用

1. 为满足课程教学质量要求,应有丰富的教学资源。教学资源包括:课程教材(自编或选用),多媒体PPT课件,Flash动画,学习指南,实验指导书,数字通信系统应用案例,教学实验装置,仪器仪表等。

2. 充分利用电子期刊、数字图书馆、电子书籍和互联网等资源,丰富教学内容。

十一、其他说明

如有条件,课余时间可安排数字通信技术讲座,扩大学生的知识面。

“专业实用英语”课程标准

适用专业:电子信息工程技术专业

课程类别:职业领域公共课程

修课方式:必修课

教学时数:30学时

总学分数:1学分

编制人:胡成伟

审定人:李斯伟

一、制定课程标准的依据

本标准是依据《中华人民共和国职业教育法》、《关于加强高职高专教育人才培养工作的意见》(教高[2002]2号)、《关于全面提高高等职业教育教学质量的若干意见》(教高[2006]

16号)等文件精神,以及依据电子信息工程技术专业的人才培养目标和培养规格的要求而制定,用于指导"专业实用英语"的课程编制。

二、课程定位与作用

"专业实用英语"是高职电子信息工程技术专业针对通信工作岗位涉及的专业英语能力进行培养的一门重要的职业领域公共课程。本课程构建于"数据网络组建与配置"等课程的基础上,通过情境教学和交际教学,结合学生的通信专业知识和工作需要来培养学生的专业英语实际应用能力,促进学生专业英语能力和职业素质的提高,发展学生的综合职业技能。

三、课程目标

贯彻"以学生为主体,以学生的学习为中心"的教学原则。通过创建实际的环境和情景,培养学生具有通信专业英语的实际运用能力,包括英文技术资料阅读、通信产品英文介绍和技术交流等方面的英语综合运用能力,以实用为主。培养学生的实用英语运用能力,尤其是听说和翻译能力。同时,培养学生良好的学习态度,为其将来从事专业活动和未来的职业生涯打下基础。课程内容以"学其所用,用其所学"突出高职教育特点,确保人才培养目标的实现。

1. 能力目标

- 具有用英语接待外宾、用英语进行技术层面交流的能力。
- 具有编写英文简历和英文推荐信能力。
- 具有阅读英文的通信技术资料能力。
- 具有通信设备说明书的阅读能力。
- 具有专业英语听、说、读、写的综合运用能力。
- 具有初步的编写英文设备说明书的能力。
- 具有用英语制订工作计划的能力。
- 具有查找英文资料的能力。
- 具有持续学习、独立思考的基本能力。

2. 认知目标

- 认知通信领域的2000个基本英文专业词汇。
- 认知通信领域的800个基本英文专业短语。
- 认知通信通信领域400个基本英文缩略语。
- 熟悉通信专业英语句子结构特点。
- 掌握通信专业英语复合句翻译技巧。
- 熟悉通信专业英语时态特点。
- 认识通信专业英语的语法特点。

3. 情感目标

提高学生学习英语的兴趣,口语表达能力和语言交际能力以及学生的服务意识,良好的学习习惯和向上的心态。

四、课程教学内容与学时安排建议

“专业实用英语”课程的教学内容与学时安排建议详见表 1。

表 1　“专业实用英语”课程的教学内容与学时安排建议

序号	学习情境名称	学时	学习(任务)单元划分	教学形式
1	编写英文个人简历	4	① 制作个人英文简历 ② 用英语自我介绍 ③ 英文编写推荐信 ④ 英文对所学课程进行介绍	教师讲授 引导文教学法 学生演讲 小组讨论
2	介绍世界著名通信公司	4	① 整理当前的主要通信公司 ② 英文介绍公司产品和概况	教师讲授 学生演讲 小组讨论
3	介绍通信设备产品	6	① 整理主要通信设备英文资料 ② 对英文资料进行熟悉介绍 ③ 编写简单的设备英文说明书	教师讲授 学生演讲 小组讨论 任务驱动教学法
4	外宾来访接待	6	① 学习英文的礼貌用语 ② 英语交流能力 ③ 外宾的接待	教师讲授 学生演讲 小组讨论 角色扮演
5	电子元器件说明书编写	6	① 了解电子器件的英文表达 ② 阅读英文说明书 ③ 编写简要英文说明书	教师讲授 引导文教学法 学生演讲 小组讨论
6	通信技术短文阅读	4	① 学习英文技术资料翻译技巧 ② 常用的语法结构 ③ 常用的通信英文缩略语	教师讲授 角色扮演 学生演讲 小组讨论

五、学习情境及教学设计指导性框架

“专业实用英语”课程教学采用基于工作过程的课程开发方法进行设计，以就业中的英文的实际应用为导向。创设学习情境的目的是为了帮助学生更有效地学习知识和技能，实现专业能力、方法能力和社会能力等职业能力的培养。学习情境是与学生所学习的内容相适应的包含任务的工作活动。描述学习情境的要素包括：教学目标、学习内容与实践(训练项目)、教学载体、教学形式与方法建议、教学环境与媒体选择、学生已有的学习基础、教师应具备的能力和考核评价说明。学习情境的详细描述见表 2～表 7。

表 2　“专业实用英语”学习情境 1 设计简表

学习情境 1	编写英文简历	授课学时(建议)	4
教学目标			
通过学习和实践，收集大量的英文优秀简历模板，培养学生具有编写专业的英文简历和英文推荐信的能力。同时，提高学生的就业观念和就业态度，为以后的求职工作打下基础。			

续表

学习内容	实践(训练)项目	教学载体	教学组织形式与方法建议
• 个人简历的编写技巧 • 英文简历的编写 • 英文推荐信的编写 • 求职技巧和就业观 • 求职的英语表达 • 听力和口语训练 • 专业英语翻译技巧	• 上网收集资料 • 英文简历编写 • 英文推荐信编写 • 相关的专业英文词汇训练 • 英文演讲 • 听力和口语训练	• 英文简历 • 英文推荐信 • 通信技术英文资料	• 班级讨论 • 独立学习 • 资料收集 • 教师讲述 • 任务驱动教学法 • 演示教学法 • 小组合作学习 • 案例教学法
教学环境与媒体选择	**学生已有的学习基础**	**教师应具备的能力**	**考核评价说明**
• 多媒体教室 • 演讲平台 • 通信技术英文资料 • 英文简历模板	• 英文写作能力 • 个人中文简历的编写 • 熟练使用计算机 • 一定的英文水平	• 综合运用各种教学法实施教学的组织和控制能力 • 英语的表达能力 • 简历编写指导能力	• 自我评价 • 小组互评 • 教师评价

表 3 “专业实用英语”学习情境 2 设计简表

学习情境 2	介绍世界著名通信公司	授课学时(建议)	4
教学目标			
通过学习和实践,学生具有英文检索和查阅英文资料的能力。通过对当前世界上各大著名的通信技术公司,以及相关的产品的学习,培养学生能够熟练地用英文对通信产品和新技术进行翻译等方面的实际运用能力。			
学习内容	**实践(训练)项目**	**教学载体**	**教学组织形式与方法建议**
• 了解当前的著名通信公司 • 各个公司的主要通信产品 • 通信技术英文资料翻译 • 通信产品的英文介绍 • 专业词汇学习 • 听力和口语训练 • 英文演讲	• 上网收集资料 • 通信公司英文介绍 • 通信产品英文资料翻译 • 相关的专业英文词汇训练 • 英文演讲训练 • 听力和口语训练	• 通信公司英文技术资料 • 通信设备英文技术资料	• 资料收集 • 公司产品介绍 • 教师讲述 • 任务驱动教学法 • 实践操作训练 • 小组合作学习 • 案例教学法
教学环境与媒体选择	**学生已有的学习基础**	**教师应具备的能力**	**考核评价说明**
• 多媒体教室 • 通信技术英文资料 • 通信公司英文资料	• 英文资料的收集 • 通信设备知识 • 英文口语 • 专业英语基本翻译技巧	• 综合运用各种教学法实施教学的组织和控制能力 • 英语的表达能力 • 案例分析能力	• 过程评价 • 小组互评 • 教师评价 • 演讲表现评价

表 4 "专业实用英语"学习情境 3 设计简表

学习情境 3	介绍通信设备产品	授课学时(建议)	4
教学目标			
通过学习和实践,培养学生介绍通信设备产品的能力。内容主要包括通信设备典型名词术语、介绍技巧、能针对给定的通信设备产品制作宣讲 PPT,并通过给定的实物和图片介绍通信产品的功能和使用方法等。			
学习内容	实践(训练)项目	教学载体	教学组织形式与方法建议
• 通信设备常见术语 • 日常用语表达 • 相关的专业英文词汇 • 听力和口语训练 • 专业英语翻译技巧	• 制作英文的通信产品宣讲 PPT • 演讲训练 • 相关的专业英文词汇 • 礼仪训练 • 听力和口语训练	通信产品英文资料	• 英语演讲 • 常用口语交谈 • 沟通与礼仪场景模拟 • 小组讨论 • 角色扮演
教学环境与媒体选择	学生已有的学习基础	教师应具备的能力	考核评价说明
• 多媒体教室 • 演讲平台 • 通信产品英文资料 • 模拟场景	• 大学英语 • 熟练使用计算机 • 文字和语言表达能力 • 通信基础知识	• 综合运用各种教学法实施教学的组织和控制能力 • 很强的专业英语听、说、读、写能力 • 熟悉通信设备	• 自我评价 • 教师评价 • 演讲表现评价

表 5 "专业实用英语"学习情境 4 设计简表

学习情境 4	外宾来访接待	授课学时(建议)	6
教学目标			
通过学习和实践,建立各种语境,培养学生具有英文的基本表达能力,沟通礼仪技巧和专业英语的实际应用能力。内容主要包括外宾的接待用语,沟通礼仪技巧,英语听、说、读、写和日常用语的交流。			
学习内容	实践(训练)项目	教学载体	教学组织形式与方法建议
• 英语常用语 • 沟通礼仪用语 • 日常用语表达 • 相关的专业英文词汇 • 外宾接待的礼仪 • 听力和口语训练 • 专业英语翻译技巧	• 英语常用语训练 • 沟通礼仪训练 • 演讲训练 • 相关的专业英文词汇 • 外宾接待的礼仪训练 • 听力和口语训练	• 外宾接待场景模拟 • 通信技术英文资料	• 英语演讲 • 常用口语交谈 • 沟通与礼仪场景模拟 • 小组讨论 • 角色扮演
教学环境与媒体选择	学生已有的学习基础	教师应具备的能力	考核评价说明
• 多媒体教室 • 演讲平台 • 通信技术英文资料 • 外宾接待模拟场景	• 大学英语能力 • 熟练使用计算机 • 文字和语言表达能力 • 通信基础知识	• 综合运用各种教学法实施教学的组织和控制能力 • 具有很强的专业英语听、说、读、写能力 • 具有案例编写能力	• 自我评价 • 教师评价 • 演讲表现评价

表 6　“专业实用英语”学习情境 5 设计简表

<table>
<tr><td>学习情境 5</td><td colspan="2">电子元器件英文介绍</td><td>授课学时(建议)</td><td>6</td></tr>
<tr><td colspan="5">教学目标</td></tr>
<tr><td colspan="5">通过学习和实践,学生具有对已经学习的电子元器件,如二极管,三极管,电容等专业词汇的翻译,提高学生的专业词汇量和相关技术资料的阅读和翻译能力。同时提高学生的听、说、读、写实际运用能力。</td></tr>
<tr><td>学习内容</td><td>实践(训练)项目</td><td>教学载体</td><td colspan="2">教学组织形式与方法建议</td></tr>
<tr><td>• 主要的电子元器件
• 英文专业词汇特点
• 相关的英文资料
• 翻译技巧
• 专业英语翻译技巧
• 常用英文缩略语
• 听力和口语训练
• 英文演讲</td><td>• 上网收集资料
• 电子元器件
• 相关的专业英文词汇训练
• 编写英文技术操作手册
• 英文演讲训练
• 听力和口语训练
• 英文缩略语翻译</td><td>• 电子元器件
• 英文技术资料
• 英文缩略语</td><td colspan="2">• 电子元器件
• 英文演讲
• 教师讲述
• 技术资料阅读
• 录像(DVD)播放
• 任务驱动教学法
• 案例教学法
• 小组策划
• 合作学习</td></tr>
<tr><td>教学环境与媒体选择</td><td>学生已有的学习基础</td><td>教师应具备的能力</td><td colspan="2">考核评价说明</td></tr>
<tr><td>• 实际的电子元器件
• 白板、计算机、投影仪、PPT 课件
• 英文资料
• 相关案例、设备技术手册</td><td>• 通信器件基本知识
• 熟练使用英文说明书
• 翻译能力</td><td>• 运用各种教学法实施教学的组织和控制能力
• 英语运用能力
• 案例分析能力</td><td colspan="2">• 过程评价
• 小组互评
• 教师评价</td></tr>
</table>

表 7　“专业实用英语”学习情境 6 设计简表

<table>
<tr><td>学习情境 6</td><td colspan="2">通信技术短文阅读</td><td>授课学时(建议)</td><td>4</td></tr>
<tr><td colspan="5">教学目标</td></tr>
<tr><td colspan="5">通过学习和实践,学生具有查找和翻译通信技术文章、通信设备资料的能力。培养学生具有很强的英文写作能力和英语口语表达能力,有获取新知识、新技能、新方法的基本能力。</td></tr>
<tr><td>学习内容</td><td>实践(训练)项目</td><td>教学载体</td><td colspan="2">教学组织形式与方法建议</td></tr>
<tr><td>• 英文资料翻译
• 通信知识的复习
• 专业英语语法现象
• 常用的专业词汇特点
• 英文缩略语
• 专业词汇学习
• 听力和口语训练
• 英文演讲</td><td>• 英文资料收集
• 通信设备操作手册编写
• 相关的专业英文词汇训练
• 编写英文技术操作手册
• 英文演讲训练
• 听力和口语训练
• 英文缩略语翻译</td><td>• 通信新技术英文文献资料
• 通信设备操作手册
• 通信设备英文说明书</td><td colspan="2">• 实践操作
• 英文写作
• 教师讲述
• 小组策划、合作学习
• 班级讨论
• 角色扮演
• 案例分析
• 学生演讲</td></tr>
<tr><td>教学环境与媒体选择</td><td>学生已有的学习基础</td><td>教师应具备的能力</td><td colspan="2">考核评价说明</td></tr>
<tr><td>• 技术英文说明书
• 多媒体教室
• 收集技术资料
• 相关案例、设备手册、工作任务单</td><td>• 通信系统基本知识
• 熟练使用计算机
• 英文阅读能力
• 写作能力</td><td>• 运用各种教学法实施教学的组织和控制能力
• 案例组织分析能力</td><td colspan="2">• 过程评价
• 小组互评
• 教师评价
• 自我评价</td></tr>
</table>

六、教学实施建议

1. 教师应以实际的工作所涉及的英语要求为主线，以实际的英语应用展开教学活动，使学生在情境教学活动中提高专业英语技能。

2. 教师应按照学习英语情境的教学目标编制教学设计方案。在教学过程中，应以学生为中心，学生学习多以强调合作与交流学习的小组形式进行。以小组形式进行学习时，教师应对分组安排及小组讨论（或操作）的要求做出明确的规定。在实际操作教学活动中，教师应讲明要求，然后再组织学生进行英语实践活动。

3. 教师应积极营造良好的专业英语学习氛围，建立有效的激励机制。

七、教师基本要求

1. 团队规模：基于每届 3～4 个教学班的规模，专职教师 2～3 人。

2. 课程负责人专业背景与能力要求：教师应具有很强的通信专业基础和专业英语实际运用能力，以及丰富的教学经验；具备一定的教学方法与教学设计能力。

八、教学实验实训环境基本要求

实施“专业实用英语”课程教学，校内实验实训硬件环境应具备表 8 所列条件。

表 8 “专业实用英语”实验实训环境基本要求

名　称	基本配置要求	功能说明
多媒体教室	为学生提供实际的英语交流，演讲和训练任务	学生能查阅资料和进行演讲。配有相关的通信设备。通信技术英文资料和文献

九、学习评价建议

1. 教学评价主要是指学生学业评价，关注评价的多元性。注重过程评价和结果评价相结合的评价方式。既要重视结果的正确性，又要重视学生学习和完成工作任务的态度、做事规范程度、完成作业等过程评价。

2. 实操考核相对独立，评价方式由百分制考核改为等级制考核，课程考核方案突出整体性评价。“专业实用英语”课程学习评价建议见表 9。

表 9 “专业实用英语”课程学习评价建议

评价类型	评价内容	评价标准	成绩权重
过程评价(60%)	1. 学习态度	出勤情况	0.05
	2. 课堂发言	课堂提问	0.05
	3. 作业提交情况	提交次数和作业成绩	0.05
	4. 学生自评和互评	客观评价自己和别人	0.05
	5. 英语演讲	英语表达流利性和准确性	0.1

续表

评价类型	评价内容	评价标准	成绩权重
过程评价(60%)	6. 通信设备英文介绍	英文表达准确性	0.05
	7. 英文简历和推荐信编写	评价英文表达	0.05
	8. 英文操作手册编写	评价英文表达	0.05
	9. 小组合作	小组协作意识	0.05
	10. 单元测试	考核成绩	0.1
结果评价(40%)	11. 口试	单独考核	0.1
	12. 期末考试	考核成绩	0.3

十、学习领域课程资源开发与利用

1. 为满足课程教学质量要求，应有丰富的教学资源。教学资源包括：课程教材(自编或选用)，多媒体 PPT 课件，视频录像，英语报刊与杂志，学习指南，英文设备维护手册，英文技术资料和文献等。

2. 充分利用电子期刊、数字图书馆、电子书籍和互联网等资源，丰富教学内容。

“电子装配技能实训”课程标准

适用专业：电子信息工程技术专业
课程类别：专业技术基础课程
修课方式：必修课
教学时数：30 学时
总学分数：1 学分
编制人：林修杰
审定人：李斯伟

一、制定课程标准的依据

本标准是依据《中华人民共和国职业教育法》、《关于加强高职高专教育人才培养工作的意见》(教高[2002]2 号)、《关于全面提高高等职业教育教学质量的若干意见》(教高[2006]16 号)等文件精神，以及依据电子信息工程技术专业的人才培养目标和培养规格的要求而制定，用于指导“电子装配技能实训”的课程编制。

二、课程定位与作用

“电子装配技能实训”是电子信息工程技术专业的一门职业领域专业技能课程。本课程构建于“电工电子电路分析”、“计算机应用基础”等课程的基础上，旨在使学生了解电子产品的整个生产过程，了解电气生产安全的基本知识，正确使用各类实验室测量仪器与常用工具，熟练掌握焊接技术与电子产品装配技术，了解电子产品生产中各环节的工艺要求，培养学生具有对电子装配工艺、电路调试等专业能力的同时，获得经验知识，促进学生关键能力和职业素质的提高。

三、课程目标

通过“电子装配技能实训”的学习，使学生具有电子装配所需要的专业能力、方法能力和社会能力。

1. 专业能力目标

- 认识和理解电子产品生产环境的电气安全原理。
- 学会正确使用各类电子工具。
- 能识别出各类不同的电子元器件，如电阻、电容、二极管、三极管、集成电路、发光二极管、开关等。
- 能读懂各类电子元器件的图形符号、读数和管脚排列图。
- 能简单解释各电子元器件的功能，如电阻、电容、二极管、三极管、集成电路、发光二极管和开关等。
- 能看懂电子产品的装配图与装配表。
- 学会正确使用电烙铁在印刷电路板上焊接元器件。
- 能正确使用数字万用表测量电阻、电压和电流。
- 能正确使用示波器测量波形的幅度与周期。
- 能正确使用直流电源。
- 初步具有电子产品的整机装配与调试的能力。

2. 方法能力目标

- 具有制订工作计划的能力。
- 具有查找资料的能力，能利用与筛查文献资料。
- 具有初步解决问题的能力。
- 具有独立学习电子新技术的初步能力。
- 具有评估工作结果的能力。
- 具有一定的分析与综合能力。

3. 社会能力目标

- 具有人际交往能力。
- 具有遵守职业道德的能力。
- 具有语言文字表达能力。
- 具有计划组织和团队协作能力。

四、课程教学内容与学时安排建议

电子装配技能实训课程的教学内容与学时安排建议详见表1。

表1　电子装配技能实训课程的教学内容与学时安排建议

序号	学习情境名称	学时	学习(任务)单元划分	教学形式
1	课程认识(第一次课)	2	① 课程在专业中的地位 ② 实际工作岗位与课程教学内容的关系 ③ 本课程学习方法指南 ④ 课程学习评价要求 ⑤ 加拿大 WHMIS(工作场所危险品信息系统)内容学习	教师讲授 引导文教学法
2	电阻器装配工艺	6	① 电气安全 ② 常用电子产品装配工具的介绍与使用 ③ 电阻器的读数与安装焊接工艺	教学做一体化
3	电容器装配工艺	4	① 电容器的识别与读数 ② 电容器的安装焊接工艺	教学做一体化
4	晶体管装配工艺	4	① 晶体管的识别与测量 ② 晶体管的安装焊接工艺	教学做一体化
5	集成电路装配工艺	4	① 集成电路的识别 ② 集成电路的安装焊接工艺	教学做一体化
6	开关导线类装配工艺	2	开关导线类的安装焊接工艺	教学做一体化
7	整机装配工艺	8	① 整机的安装工艺 ② 整机的调试与各实验仪器的使用	教学做一体化

五、学习情境及教学设计框架

创设学习情境的目的是为了帮助学生更有效地学习知识和技能,实现专业能力、方法能力和社会能力等职业能力的培养。学习情境是与学生所学习的内容相适应的包含任务的学习活动。描述学习情境的要素包括:教学目标、学习与实践内容、教学载体、教学形式与方法建议、教学环境与媒体选择、学生已有的学习基础、教师应具备的能力和考核评价说明。学习情境的详细描述见表2～表7。

表2　“电子装配技能实训”学习情境1设计简表

学习情境1	电阻器装配工艺	授课学时(建议)	6
教学目标			
通过对电阻器装配技能的训练,使学生掌握电阻器装配工艺。 具体教学目标为:了解电子装配前的安全意识,能正确使用常用的电子装配工具,能分辨出不同功率类型的电阻器,能对色环电阻器进行正确的读数,能正确地对电阻器进行装配焊接。			

学习与实践内容	教学载体	教学形式与方法建议
• 安全用电常识(WHMIS) • 常用装配工具的使用 • 电阻器的识别与读数 • 电阻器的装配焊接	电话机套件	• 观看影碟 • 实物展示 • 教师演示 • 动手实操 • 反复练习

续表

教学环境与媒体选择	学生已有的学习基础	教师应具备的能力	考核评价说明
• 电子工艺实训室 • 投影仪 • 焊接工具 • 电阻器 • PPT 课件 • 电话机套件 • 防护眼镜 • 示波器 • 电源	• 高中物理 • 高等数学 • 计算机应用基础 • 电工电子电路分析	• 能熟练使用各种电子装配工具,掌握电阻器的装配工艺要求 • 运用各种教学法实施教学的组织和控制能力	• 理论考试 • 小组互评 • 教师评价

表 3 "电子装配技能实训"学习情境 2 设计简表

学习情境 2	电容器装配工艺	授课学时(建议)	4

教学目标

通过对电容器装配技能的训练,使学生掌握电容器装配工艺。

具体教学目标为:能正确分辨出不同类型的电容器,能对电容器的标称值进行正确的读数,能正确地对电容器进行装配焊接。

学习与实践内容	教学载体	教学形式与方法建议
• 电容器的识别与读数 • 电容器的装配焊接	电话机套件	• 观看影碟 • 实物展示 • 教师演示 • 动手实操 • 反复练习

教学环境与媒体选择	学生已有的学习基础	教师应具备的能力	考核评价说明
• 电子工艺实训室 • 投影仪 • 焊接工具 • 电阻器 • PPT 课件 • 电话机套件 • 防护眼镜 • 示波器 • 电源	• 高中物理 • 高等数学 • 计算机应用基础 • 电工电子电路分析	• 能熟练使用各种电子装配工具,掌握电容器的装配工艺要求 • 运用各种教学法实施教学的组织和控制能力	• 理论考试 • 小组互评 • 教师评价

表 4 "电子装配技能实训"学习情境 3 设计简表

学习情境 3	晶体管装配工艺	授课学时(建议)	4

教学目标

通过对晶体管装配技能的训练,使学生能正确分辨出各种晶体管(如二极管、三极管),并掌握晶体管装配工艺。

具体教学目标为:能使用万用表对晶体管进行测量,并判断出晶体管的好坏;能正确分辨出二极管的正负极以及三极管的各个引脚;能正确地对晶体管进行装配焊接。

续表

学习与实践内容		教学载体	教学形式与方法建议
• 分辨各种不同的晶体管 • 对各种晶体管进行测量 • 晶体管的装配焊接		电话机套件	• 观看影碟 • 实物展示 • 教师演示 • 动手实操 • 反复练习
教学环境与媒体选择	学生已有的学习基础	教师应具备的能力	考核评价说明
• 电子工艺实训室 • 投影仪 • 焊接工具 • 电阻器 • PPT 课件 • 电话机套件 • 防护眼镜 • 示波器 • 电源	• 高中物理 • 高等数学 • 计算机应用基础 • 电工电子电路分析	• 能熟练使用万用表测量二极管与三极管，掌握晶体管的装配工艺要求 • 运用各种教学法实施教学的组织和控制能力	• 理论考试 • 小组互评 • 教师评价

表 5　“电子装配技能实训”学习情境 4 设计简表

学习情境 4	集成电路装配工艺	授课学时（建议）	4
教学目标			
通过对集成电路装配技能的训练，使学生掌握集成电路装配工艺。 具体教学目标为：了解集成电路的命名方式，能正确指出集成电路的装配方向，能正确地对集成电路进行装配焊接。			

学习与实践内容		教学载体	教学形式与方法建议
• 集成电路的命名 • 集成电路的装配焊接		电话机套件	• 观看影碟 • 实物展示 • 教师演示 • 动手实操 • 反复练习
教学环境与媒体选择	学生已有的学习基础	教师应具备的能力	考核评价说明
• 电子工艺实训室 • 投影仪 • 焊接工具 • 电阻器 • PPT 课件 • 电话机套件 • 防护眼镜 • 示波器 • 电源	• 高中物理 • 高等数学 • 计算机应用基础 • 电工电子电路分析	• 能熟练使用各种电子装配工具，掌握集成电路的装配工艺要求 • 运用各种教学法实施教学的组织和控制能力	• 理论考试 • 小组互评 • 教师评价

表6 “电子装配技能实训”学习情境5设计简表

<table>
<tr><td>学习情境5</td><td>开关导线类装配工艺</td><td>授课学时(建议)</td><td>2</td></tr>
<tr><td colspan="4">教学目标</td></tr>
<tr><td colspan="4">通过对开关导线类装配技能的训练,使学生掌握开关导线类装配工艺。
具体教学目标为:能正确对开关导线的引线进行搪锡,能正确地对开关导线类进行装配焊接。</td></tr>
<tr><td colspan="2">学习与实践内容</td><td>教学载体</td><td>教学形式与方法建议</td></tr>
<tr><td colspan="2">• 开关引线的搪锡
• 导线引线的剥皮与搪锡
• 开关导线的装配焊接</td><td>电话机套件</td><td>• 观看影碟
• 实物展示
• 教师演示
• 动手实操
• 反复练习</td></tr>
<tr><td>教学环境与媒体选择</td><td>学生已有的学习基础</td><td>教师应具备的能力</td><td>考核评价说明</td></tr>
<tr><td>• 电子工艺实训室
• 投影仪
• 焊接工具
• 电阻器
• PPT课件
• 电话机套件
• 防护眼镜
• 示波器
• 电源</td><td>• 高中物理
• 高等数学
• 计算机应用基础
• 电工电子电路分析</td><td>• 能熟练使用各种电子装配工具,掌握开关导线的装配工艺要求
• 运用各种教学法实施教学的组织和控制能力</td><td>• 理论考试
• 小组互评
• 教师评价</td></tr>
</table>

表7 “电子装配技能实训”学习情境6设计简表

<table>
<tr><td>学习情境6</td><td>整机装配工艺</td><td>授课学时(建议)</td><td>8</td></tr>
<tr><td colspan="4">教学目标</td></tr>
<tr><td colspan="4">通过对整机装配技能的训练,使学生掌握整机装配工艺。
具体教学目标为:了解整机安装的顺序,扎线的工艺,能对整机设备进行安装调试,能正确使用各实验仪器。</td></tr>
<tr><td colspan="2">学习与实践内容</td><td>教学载体</td><td>教学形式与方法建议</td></tr>
<tr><td colspan="2">• 整机的安装顺序
• 整机扎线的工艺
• 实验仪器的使用
• 整机设备进行安装调试</td><td>电话机套件</td><td>• 观看影碟
• 实物展示
• 教师演示
• 动手实操
• 反复练习</td></tr>
<tr><td>教学环境与媒体选择</td><td>学生已有的学习基础</td><td>教师应具备的能力</td><td>考核评价说明</td></tr>
<tr><td>• 电子工艺实训室
• 投影仪
• 焊接工具
• 电阻器
• PPT课件
• 电话机套件
• 防护眼镜
• 示波器
• 电源</td><td>• 高中物理
• 高等数学
• 计算机应用基础
• 电工电子电路分析</td><td>• 能熟练使用各种实验仪器设备,掌握电话机整机的装配工艺要求
• 运用各种教学法实施教学的组织和控制能力</td><td>• 理论考试
• 小组互评
• 教师评价</td></tr>
</table>

六、教学实施建议

1. 教师应以电子装配工艺为主线，以电子装配任务为载体安排和组织教学活动，使学生在完成工作任务的活动中提高专业技能。

2. 在教学过程中，按照基于工作过程导向的课程改革理念，在基本能力训练课程的教学设计中，选择和实施项目教学的课程教学模式。以实际操作过程为导向，以学生实际动手为主要教学途径。以学生为主体开展实训教学，实训教学完全在实训室进行。

3. 在实施项目教学时，每一位任课教师直接指导的学生数不能太多，否则无法达到有效的教学效果。在这种情况下，建议采用小班教学或分组教学的教学模式，并且每一位任课教师直接指导的学生数以不超过20人为宜。

七、教师基本要求

1. 教师数量要求：基于每届3～4个教学班的规模，专兼职教师安排2～3人。职称和年龄结构要合理，互补性要强。

2. 教师专业背景与能力要求：教师应具有电子企业工作经历或有从事多年的实践教学经验，有丰富的教学经验；具备电子技术基础、模拟电路、数字电路等电子类专业必有的相关知识；具有电子产品整机装配、调试的实际操作能力；熟悉电子类企业生产管理过程，了解现代前沿电子工艺先进技术和发展方向；具备一定的教学方法与教学设计能力。

3. 课程负责人：具备丰富的教学经验，教学效果良好，且熟悉高职高专学生教育规律；了解电子类企业生产过程；了解先进电子装配工艺技术和发展方向；具有中级及以上职称。

八、教学实验实训环境基本要求

实施电子装配技能实训课程教学，校内实验实训硬件环境应具备表8所列条件。

表8　教学实验实训环境基本要求

名　　称	基本配置要求	功能说明
电子工艺实训室	① 符合安全规范，面积120m² 左右。 ② 40个操作工位(按一个标准班40人计算)。 ③ 最低配置要求： 40套电工电子工具(清单见表9)；40个数字万用表；40台示波器；40台直流电源；1套多媒体教学设备；40套DH-01面包型电话机实验套件；40个工具箱；40个电烙铁和电烙铁架；清洗海绵、焊锡(直径1mm)若干；剥线钳、斜口钳、小型一字螺丝刀、小型十字螺丝刀、镊子、吸锡器、安全眼镜、防静电手腕各40个	具备专业教室功能，为课程现场教学和学生电子装配技能训练提供条件

九、学习评价建议

根据学生平时知识掌握的程度和最终验收结果进行考核，主要考核内容包括：电气安全知识笔试、电子元器件检测、整机装配焊接工艺、装配作业报告、纪律学风和最终验收结果。每个考核项目分成A、B、C、D四个等级，课程结束后将每个项目的得分情况结合该项目所占总分比例，确定最后成绩。

“电子装配技能实训”课程考核建议见表9。

表9 “电子装配技能实训”课程考核建议

考核等级 考核项目	A (85%～100%)	B (70%～84%)	C (60%～69%)	D (<60%)	成绩权重
电气安全知识	做对85%以上	做对70%～84%	做对60%～69%	做对60%以下	0.1
电子元器件检测	正确使用万用表完成三项考核，且操作熟练、测量方法正确、测量结果准确	正确使用万用表完成三项考核，其中有一项判断错误或有两项判断不完全正确	正确使用万用表完成三项考核，其中有两项判断错误或有三项判断不完全正确	万用表使用不当，测量时三项要求均不正确，且测量时姿势不当	0.15
整机装配焊接工艺	规定时间内完成焊接任务，器件装焊正确，焊接过程中操作正确，且90%以上的焊点焊接质量良好	规定时间内完成焊接任务，器件装焊正确，焊接过程中操作正确，且80%以上的焊点焊接质量良好	在整机装配中有多个元件装错，没有导致整机工作后严重损坏或造成事故	整机装配中有多个元件装错，并导致整机工作后严重损坏或造成事故，如线圈烧毁或电解电容爆炸等	0.2
装配作业报告	在规定时间内按要求完成实习报告，报告内容正确、全面、系统	在规定时间内按要求完成实习报告，报告内容基本正确且较全面、系统	未在规定时间内按要求完成实习报告，或在规定时间内未按要求完成实习报告，报告内容不正确，不够系统、全面	未完成实习报告，或实习报告内容基本错误	0.15
纪律学风	出满勤，且无迟到、早退现象。实习期间严格遵守实训中心的规章制度及安全操作规程，学习认真，积极主动	出满勤，且无迟到、早退现象。实习期间严格遵守实训中心的规章制度及安全操作规程，学习较主动认真	实习期间遵守实训中心的规章制度及安全操作规程，学习主动性一般	实习期间有违反纪律现象，或有多次迟到、早退、旷课现象	0.1
验收结果能力描述	电话机能正常工作，接听和拨打电话正常，振铃响亮，话音清晰	电话机能正常工作，接听和拨打电话正常，振铃基本正常，话音较清晰	电话机能工作，但不振铃或不能拨打电话，话音杂音很大，不清晰	电话机不能正常工作，不能接听和拨打电话，不振铃	0.3

十、课程教学资源开发与利用

1. 教师应根据课程目标，针对学习情境编写教学设计方案。

2. 为满足课程教学质量要求，应有丰富的教学资源。教学资源包括：课程教材（自编或选用），电子仪器、电话机套件安装说明书，电子元器件技术手册，电气操作规章制度，安全操作规程，电子元器件图册，加拿大 WHMIS 知识手册等。

3. 充分利用电子期刊、数字图书馆、电子书籍和互联网等资源，丰富教学内容。

十一、其他说明

本课程是与加拿大圣力嘉学院电子工程系联合办学（“2＋1”模式）的中加双方互认学分课程，对应加方的 LIN155 课程。

“C 语言程序设计综合实训”课程标准

适用专业：电子信息工程技术专业
课程类别：专业技术基础实训课
修课方式：必修课
教学时数：30 学时
总学分数：1 学分
编制人：宋之涛
审定人：李斯伟

一、制定课程标准的依据

本标准是依据《中华人民共和国职业教育法》、《关于加强高职高专教育人才培养工作的意见》（教高[2002]2 号）、《关于全面提高高等职业教育教学质量的若干意见》（教高[2006]16 号）等文件精神，以及依据电子信息工程技术专业的人才培养目标和培养规格的要求而制定，用于指导“C 语言程序设计综合实训”的课程编制。

二、课程定位与作用

“C 语言程序设计综合实训”是高职电子信息工程技术专业一门重要的专业技术基础实训课程。本课程针对电子信息工程技术专业的特点，通过大量的编程和调试训练，培养学生应用 C 语言进行结构化编程的专业能力，掌握运用 C 语言编程来解决工作中的实际问题的方法和步骤，促进学生关键能力和职业素质的提高，为提升职业能力和拓展职业空间打下坚实基础。

三、课程目标

通过 C 程序设计项目综合实践，学生应掌握程序设计方法和有关程序设计技巧，具有独立上机和调试程序的能力，能利用 C 语言解决有关问题，完成较为复杂的程序设计。通过对较复杂的程序范例的剖析，使学生掌握结构化程序设计方法、调试方法和有关程序设计技巧。提高利用计算机解决实际问题的能力，为学生应用开发和后续课程的学习、工作打下扎实的基础。

1. 专业能力目标

- 掌握 C 语言源程序的结构，具有良好的编程习惯。

• 熟练掌握变量的使用，能够编写、调试和运行程序。
• 熟练掌握数组的定义和数组元素引用的方法，并能用数组解决实际编程问题。
• 掌握C语言程序的调试方法，具备结构化程序设计的编程思想。
• 能读懂较复杂的项目程序，通过对程序的运行调试，培养自学能力和项目策划能力。

2. 方法能力目标

• 具备良好的自我管理能力，安排自己的任务并承担责任，安排好时间完成课题。
• 具备获取、整理、利用、使用信息资源的能力。
• 具备发现和解决常规问题的能力。

3. 社会能力目标

• 具备与他人合作共事的能力。
• 具备良好的与他人沟通、交往的能力。

四、课程教学内容与学时安排建议

"C语言程序设计综合实训"课程的教学内容与学时安排建议详见表1。

表1　"C语言程序设计综合实训"课程的教学内容与学时安排建议

序号	学习情境名称	学时	教学形式
1	实训准备	4	教师讲授 引导文教学法
2	选择项目，接受任务	4	教学做一体化教学法
3	拟定设计方案	4	项目驱动、做学合一
4	项目制作与调试	12	项目驱动、做学合一
5	技术总结与答辩	6	技术讲解、答辩

五、学习情境及教学设计框架

创设学习情境的目的是为了帮助学生更有效地学习知识和技能，实现专业能力、方法能力和社会能力等职业能力的培养。学习情境是与学生所学习的内容相适应的包含任务的工作活动。描述学习情境的要素包括：教学目标、学习内容与实践(训练)项目、教学载体、教学组织形式与方法建议、教学环境与媒体选择、学生已有的学习基础、教师应具备的能力和考核评价说明。学习情境的详细描述见表2～表6。

表2　"C语言程序设计综合实训"学习情境1设计简表

学习情境1	实训准备	授课学时(建议)	4
教学目标			
通过学习和实践，使学生具备独立收集资料并对资料进行分析和归纳的能力。 具体教学目标为：描述本课程的专业定位；描述本课程教学内容与实际岗位工作内容之间的关系；具备收集和应用信息的能力；具备与他人沟通、交流的能力；描述本课程的学习方法。			

续表

学习内容	实践内容(项目)	教学载体	教学组织形式与方法建议
• 软件设计的基本概念 • 企业实际工作岗位对软件设计人员的需求 • 软件设计开发的流程 • 软件设计开发的特点	• 软件设计开发前期工作 • 相关资料的收集 • 制作软件开发特点的PPT	KEIL C51集成开发环境	• 动画演示 • 教师讲述 • 演示教学法 • 引导文教学法 • 实践操作训练 • 案例教学法
教学环境与媒体选择	**学生已有的学习基础**	**教师应具备的能力**	**考核评价说明**
• 提供上网环境的多媒体机房 • 投影仪 • PPT课件 • 相关C语言程序案例	• 能使用图书馆查询相关资料 • 能在互联网上查询相关资料 • 较好的专业英语水平	• 综合运用各种教学法实施教学的组织和控制能力 • 案例分析能力	• 课堂提问 • 课堂讨论 • 教师评价

表3　"C语言程序设计综合实训"学习情境2设计简表

学习情境2	接受项目任务	授课学时(建议)	4
教学目标			
通过学习和实践,使学生具备应用C语言对电子电路进行编程开发项目的分析能力。 具体教学目标为:描述软件开发人员的基本要求和工作职责;描述软件设计开发的基本流程;理解项目选题的基本要求;理解工作任务书的指标要求;理解软件开发的保密需要。			

学习内容	实践内容(项目)	教学载体	教学组织形式与方法建议
• 软件设计人员工作岗位的特点 • 软件设计的保密需要 • 软件设计开发的基本流程	• 软件设计开发的相关技术资料的准备 • 工作任务书的签订	工作任务书	• 任务驱动教学法 • 教师讲述 • 演示教学法 • 实践操作训练 • 案例教学法
教学环境与媒体选择	**学生已有的学习基础**	**教师应具备的能力**	**考核评价说明**
• 多媒体机房 • 投影仪 • PPT课件 • 相关C语言程序案例	• 熟练使用C语言编译系统 • 较好的专业英语水平	• 综合运用各种教学法实施教学的组织和控制能力 • 案例分析能力	• 课堂提问 • 工作任务书 • 教师评价

表4　"C语言程序设计综合实训"学习情境3设计简表

学习情境3	确定设计方案	授课学时(建议)	4
教学目标			
通过学习和实践,使学生能针对选定的项目独立确定设计方案。 具体教学目标为:描述软件设计方案的书写规范;理解软件开发项目评价的方式;具备规范编写软件开发项目的设计方案的能力。			

续表

学习内容	实践内容(项目)	教学载体	教学组织形式与方法建议
• 软件设计方案的规范 • 软件设计方案的技术指标的检验 • 软件设计方案的技术指标的优化	• 设计软件的基本框架 • 明确软件的算法描述 • 按照规范编写设计方案	项目设计方案	• 任务驱动教学法 • 教师讲述 • 演示教学法 • 实践操作训练 • 案例教学法
教学环境与媒体选择	**学生已有的学习基础**	**教师应具备的能力**	**考核评价说明**
• 多媒体机房 • 投影仪 • PPT 课件 • 相关 C 语言程序案例	• 较好的文字表达能力 • 较好的专业英语水平	• 综合运用各种教学法实施教学的组织和控制能力 • 案例分析能力	• 课堂提问 • 设计方案 • 教师评价

表 5 "C 语言程序设计综合实训"学习情境 4 设计简表

学习情境 4	项目制作与调试	授课学时(建议)	12

教学目标

通过学习和实践,使学生能在 KEIL C51 集成开发环境下针对选定的项目编写 C 语言程序并进行编译、连接和运行,达到项目的指标要求。

具体教学目标为:具备独立实现软件设计项目的指标设计的能力;具有独立分析问题和解决问题的能力;具备团队协作的工作能力。

学习内容	实践内容(项目)	教学载体	教学组织形式与方法建议
• 软件设计项目的设计方案的实现 • 软件设计项目的技术指标的检验 • 软件设计项目的技术指标的优化	• 软件设计项目的代码编写 • 针对软件设计项目的技术指标的测试 • 软件设计项目的代码优化	软件设计项目的代码文件	• 项目驱动教学法 • 教师讲述 • 演示教学法 • 实践操作训练 • 案例教学法
教学环境与媒体选择	**学生已有的学习基础**	**教师应具备的能力**	**考核评价说明**
• 多媒体机房 • 投影仪 • PPT 课件 • 相关 C 语言程序案例	• 对计算机硬件结构的了解 • 对 MCS-51 系列单片机的了解 • 较好的专业英语水平	• 综合运用各种教学法实施教学的组织和控制能力 • 案例分析能力	• 课堂提问 • 代码测试 • 教师评价

表 6 "C 语言程序设计综合实训"学习情境 5 设计简表

学习情境 5	技术总结与答辩	授课学时(建议)	6

教学目标

通过学习和实践,使学生能按照规范编写软件设计项目的技术报告并参加技术答辩。

具体教学目标为:描述软件设计项目的技术归纳和总结的特点;描述软件设计项目的技术报告的规范;具备参加技术答辩和进行演讲的能力。

续表

学习内容	实践内容(项目)	教学载体	教学组织形式与方法建议
• 软件设计项目的技术资料整理的方式 • 软件设计项目的技术资料归档的规范 • 软件设计项目的技术答辩的规范	• 整理软件设计项目的技术资料 • 按照规范对软件设计项目的技术资料进行归档 • 按照规范编写软件设计项目的技术总结 • 软件设计项目的技术答辩	软件设计项目的技术总结	• 任务驱动教学法 • 教师讲述 • 演示教学法 • 实践操作训练 • 案例教学法
教学环境与媒体选择	学生已有的学习基础	教师应具备的能力	考核评价说明
• 多媒体机房 • 投影仪 • PPT 课件 • 相关 C 语言程序案例	• 较好的文字表达能力 • 较好的口头表达能力 • 较好的专业英语水平	• 综合运用各种教学法实施教学的组织和控制能力 • 案例分析能力	• 技术答辩 • 技术总结 • 教师评价

六、教学实施建议

按照基于工作过程的教学改革理念，选择具有综合性的 C 语言程序设计开发项目作为载体。通过项目导向的教学形式，在接近真实的软件开发环境中，以学生实践编程为主要教学途径，开展实训教学。实训教学完全在计算机室进行。如条件允许，建议通过与企业合作，将企业的简单项目纳入教学，使学校教学与工作项目融合，提高学生项目开发的能力。

七、学习评价建议

本课程根据学生在实训过程中的实际表现、学生提交的项目作品、文档编写以及答辩等环节作出整体性的评价。

本课程的学习评价建议见表 7。

表 7　“C 语言程序设计综合实训”课程的成绩评价建议

考核、评价项目			考评人	考核内容	权重
实训评价	实训的平时考核	对实训期间的出勤情况、实训态度、安全意识、职业道德素质评定成绩	教师	职业素质、实训态度、效率观念、协作精神	0.15
	各个实训模块考核	根据学生各个实训模块完成情况评定成绩	教师	知识掌握情况、基本操作技能、知识应用能力、知识获取能力	0.35
	系统功能实现效果	根据系统功能实现的效果评定成绩	教师	系统整体效果、包括的模块数量及每个模块具体的功能实现	0.35
	实训文档编制	根据实训设计文档和实训报告评定成绩	教师	表达能力、文档写作能力、文档的规范性	0.15

八、实训项目选题建议(任选其一,实训学生也可自选题目)

项目一　彩灯控制系统C语言程序设计

要求：设计一个节日彩灯控制系统,可以实现至少3种不同的特技显示效果。同时,培养学生的团队合作精神,提高学生提出问题、分析问题、解决问题的能力。

项目二　十字路口交通灯控制系统C语言程序设计

要求：设计一个十字路口交通灯控制系统,可以实现十字路口的正常通行。要求将通行时间和等待时间用数码管显示出来。同时,培养学生的团队合作精神,提高学生提出问题、分析问题、解决问题的能力。

项目三　电子钟的设计与制作C语言程序设计

要求：使用数码管或液晶显示器显示数字时钟,实现如下功能,

1. 显示格式为：小时 分钟；
2. 可以在12小时制和24小时制之间切换；
3. 计时误差最大为1秒；
4. 可以设定时间。

九、教学实验实训环境基本要求

实施"C语言程序设计综合实训"课程教学,校内实验实训硬件环境应具备表8所列条件。

表8　教学实验实训环境基本要求

名　称	基本配置要求	功能说明
计算机实验实训室	按一个标准班40人配置,最低配置要求：教师机一台,配置PⅢ 800MHz,内存1GB,硬盘500GB,10M/100M网卡；PC终端40台,配置PⅡ 400MHz,内存512MB,硬盘80GB,10M/100M网；操作系统采用Windows XP专业版；小助教教学系统一套	为"C语言程序设计综合实训"课程的理论教学和实验实训提供教学保障条件

十、课程教学资源开发与利用

1. 为满足课程教学质量要求,应有丰富的教学资源。教学资源包括：课程教材(自编或选用),多媒体PPT课件,上机编程要求,VC++ 6.0开发环境,课程网站,C语言程序设计实际案例,学习指南,C语言代码编写规则等。

2. 充分利用电子期刊、数字图书馆、电子书籍和互联网等资源,丰富教学内容。

十一、其他说明

1. 本课程是与加拿大圣力嘉学院电子工程系联合办学("2+1"模式)的中加双方互认学分课程,对应加方的PRG255课程。

2. 根据实际教学需要,本标准可作适当调整。

“通信网络综合布线与测试”课程标准

适用专业：电子信息工程技术专业

课程类别：专业学习领域课程

修课方式：必修课

教学时数：90 学时

总学分数：4 学分

编制人：李伟群

审定人：李斯伟

一、制定课程标准的依据

本标准是依据《中华人民共和国职业教育法》、《关于加强高职高专教育人才培养工作的意见》(教高[2002]2 号)、《关于全面提高高等职业教育教学质量的若干意见》(教高[2006]16 号)等文件精神，以及依据电子信息工程技术专业的人才培养目标和培养规格的要求而制定，用于指导“通信网络综合布线与测试”的课程编制。

二、课程定位与作用

“通信网络综合布线与测试”是高职电子信息工程技术专业针对布线工程设计、施工、测试、监理等工作岗位的职业能力进行培养的一门重要的专业技术学习领域课程。本课程构建于“数字电路设计与实践”、“数字通信系统功能分析”、“数据通信网络组建与配置”等课程的基础上，通过完成源于职业岗位典型工作任务的学习任务，使学生具有通信网络综合布线工程设计、施工、测试、监理等专业能力的同时，获得工作过程知识，促进学生关键能力和职业素质的提高，从而发展学生的综合职业能力。本课程对学生职业能力培养和职业素质养成起明显的促进作用。

三、课程目标

通过本课程的学习，学生具有通信网络综合布线安装与测试能力。具体目标如下：

1. 专业能力

- 能够根据用户要求撰写的合格的需求文档。
- 对通信网络综合布线系统进行独立、总体规划的能力。
- 具有设备材料预算、工程费用计算的能力。
- 独立设计简单通信网络布线系统各子系统的能力。
- 网络线缆选型的能力。
- 通信互联设备选型的能力。
- 设计和制作网络拓扑结构图的能力。
- 能看懂建筑设计平面图和立体图、弱电系统图。

- 能根据图纸进行布线施工指导、安装。
- 制作合格的RJ-45水晶头、网线、RJ-45信息插座，并进行安装和网线连通性测试。
- 电动、手动安装工具的使用能力。
- 能按照安装规范要求进行网线敷设。
- 具有网络连通性测试能力。
- 采用网络现场认证测试仪进行材料进场验收。
- 施工安装后的现场认证验收测试。
- 能进行光纤测试及编写测试报告。
- 能完成工程招标和投标的文档编写。
- 能够完成工程验收程序及竣工文档的编写。

2. 方法能力

- 具有制订工作计划的能力。
- 具有查找资料的能力，能利用与筛查文献资料。
- 具有初步分析问题、解决问题的能力。
- 具有评估工作结果的能力。
- 具有综合运用所学知识的能力。

3. 社会能力

- 具有人际交往能力。
- 具有语言文字表达能力。
- 具有计划组织能力和团队协作能力。
- 遵守职业道德。

四、课程教学内容与学时安排建议

“通信网络综合布线与测试”学习领域课程设计了由小到大、由简到繁的四个学习情境，教学内容涵盖职业岗位工作任务所需要的知识、技能。

课程教学内容与学时安排建议如表1所示。

表1　课程教学内容与学时安排建议

序号	学习情境名称	学时	任务单元划分	教学形式
1	课程入门	2	① 课程在专业中的地位 ② 实际工作岗位与课程教学内容的关系 ③ 本课程学习方法指南 ④ 课程学习评价要求	教师讲授 现场教学法 引导文教学法
2	数据系统布线与测试	8	任务0　项目描述 任务1　需求分析 任务2　绘制网络拓扑结构图图纸 任务3　选材：通信传输介质选用 任务4　网线制作及测试 任务5　信息模块制作、信息插座制作及安装 任务6　系统集成安装及连通性测试 任务7　项目验收	学中做 做中学 任务驱动教学法

续表

序号	学习情境名称	学时	任务单元划分	教学形式
3	语音系统布线与测试	8	任务0　项目描述 任务1　需求分析 任务2　系统设计 任务3　产品选型：线缆、语音信息模块 任务4　安装施工：线缆敷设及配线架安装、端接 任务5　语音连通性测试 任务6　项目验收	学中做 做中学 任务驱动教学法
4	楼宇综合布线系统安装与测试	48	任务0　项目描述 任务1　需求分析 任务2　总体设计规划 任务3　综合布线各子系统设计 任务4　绘制工程设计图纸 任务5　产品选型及预算 任务6　安装施工、管理 任务7　系统测试 任务8　工程验收	学中做 做中学 任务驱动教学法
5	建筑群综合布线系统安装与测试	24	任务0　工程描述 任务1　需求分析 任务2　分析招标文件，项目总体设计 任务3　综合布线各子系统设计 任务4　绘制工程设计图纸 任务5　产品选型、报价 任务6　编写投标文件 任务7　工程施工、工程管理 任务8　系统测试 任务9　工程监理 任务10　工程验收	学中做 做中学 任务驱动教学法

五、学习情境及教学设计指导性框架

创设学习情境的目的是为了帮助学生更有效地学习知识和技能，实现专业能力、方法能力和社会能力等职业能力的培养。学习情境是与学生所学习的内容相适应的包含任务的工作活动。描述学习情境的要素包括：教学目标、学习内容与实践(训练)项目、教学载体、教学组织形式与方法建议、教学环境与媒体选择、学生已有的学习基础、教师应具备的能力和考核评价说明。学习情境的详细描述见表2～表6。

表2　“通信网络综合布线与测试”学习情境1设计简表

学习情境1	课程入门	授课学时(建议)	2
教学目标			
通过(施工)现场教学和教师的讲解，让学生明确课程在专业学习中的地位，重视课程学习，并对这门课程的学习感兴趣。同时，激励和鼓舞学生主动学习，并尽可能剔除某些学生对综合布线的偏差性认识，最终使学生端正学习态度、明确学习路线、把握课程学习方法并达到课程目标。			

续表

学习内容与实践(训练)项目	教学载体	教学组织形式与方法建议
• 课程在专业中的地位 • 实际工作岗位与课程教学内容的关系 • 本课程学习方法指南 • 课程学习评价要求 • 职业岗位介绍 • 布线工程案例讲解 • 实验室参观	• 施工现场 • 布线工程案例 • 职业岗位说明 • 个人职业生涯规划案例	教学组织形式： 班级讨论、小组工作、独立学习 宏观教学方法： 引导文教学法 微观教学方法： • 成功案例展示 • 教师讲授 • 现场参观

教学环境与媒体选择	学生已有的学习基础	教师应具备的能力	备注
• 施工现场 • 综合布线实训室 • 黑板、计算机、投影仪、PPT 课件 • 相关案例 • 视频录像	• 计算机网络基础 • 熟练使用计算机 • 文字和语言表达能力 • 数据通信基础知识	• 综合运用各种教学法实施教学的组织和控制能力 • 综合布线经验或经验知识 • 具有案例分析能力	学生课后提交“通信网络综合布线认识和学习规划”报告

表 3 “通信网络综合布线与测试”学习情境 2 设计简表

学习情境 2	数据系统布线与测试	授课学时(建议)	8

教学目标

通过学习和实践，学生能够了解和完成办公间的数据网络系统的布线与测试工作。

具体教学目标为：能认识综合布线设计安装规范，具有网络布线常用线缆选型能力，具有 RJ-45 信息插座、模块制作能力，能够进行简单的网络互联及连通性测试，对工程验收的基础知识有一定了解，能够采用正确的方法解决工程实施出现的问题。

学习内容	实践(训练)项目	教学载体	教学组织形式与方法建议
• 综合布线设计安装规范(GB 50311 标准) • 通信网络布线系统的重要应用：计算机网络系统 • 工作区子系统、水平子系统认识 • 网络布线常用线缆认识：分类及用途，双绞线基本性能和主要参数 • 网线制作连接知识 • RJ-45 信息插座、模块制作知识 • 网络连通性测试方法 • 工程验收的基本知识	• 参观、认识办公间综合布线系统组成 • 识别与选用网络布线线缆 • 制作网线 • 制作 RJ-45 信息插座 • 线路连接 • 测试网络连通性 • 解决出现的问题	• 线缆 • 交换机/路由器 • 水晶头、信息插座等	教学组织形式： 班级讨论、小组工作、独立学习 宏观教学方法： 项目导向教学法 微观教学方法： • 工具实物展示 • 录像播放 • 教师讲述 • 引导文教学法 • 任务驱动教学法 • 现场教学法 • 小组策划 • 合作学习 • 班级讨论

续表

教学环境与媒体选择	学生已有的学习基础	教师应具备的能力	考核评价说明
• 综合布线实训室 • 实训任务单 • 压线钳、测通仪、各种耗材 • 黑板、计算机、投影仪、PPT 课件 • 视频录像	• 已掌握计算机网络基础知识 • 熟练使用计算机 • 文字和语言表达能力 • 数据通信基础知识	• 综合运用各种教学法实施教学的组织和控制能力 • 熟悉数据网络组网 • 具有案例分析能力	• 自我评价 • 小组互评 • 教师评价

表 4 "通信网络综合布线与测试"学习情境 3 设计简表

学习情境 3	语音系统布线与测试	授课学时(建议)	8

教学目标

通过学习和实践,学生能够了解和完成办公间的语音网络的布线与测试工作。

具体教学目标为:具有语音模块制作、语音配线架打线、语音系统端接技能,了解语音系统和数据系统的基本布线方式,认识水平工作区功能,能够进行 AutoCAD 软件(或 Office Visio 软件)基本操作。

学 习 内 容	实践(训练)项目	教 学 载 体	教学组织形式与方法建议
• 综合布线设计安装规范(GB 50311 标准) • 语音系统电缆的选用知识 • AutoCAD 软件(或 Office Visio 软件)的基本命令 • 语音系统和数据系统的基本系统布线方式 • 110 语音配线架线序 • 语音模块种类 • 110 语音配线架端接 • 水平工作区、工作间电话线缆敷设方法 • 工程验收的基本知识	• 语音配线架打线 • 布线图纸设计与制作 • 语音系统端接 • 系统测试 • 对任务实施中的问题进行检测并解决问题	• 语音系统综合布线与测试 • 110 语音配线架 • 打线工具 • 程控交换机 • AutoCAD 软件(或 Office Visio 软件)	教学组织形式: 班级讨论、小组工作、独立学习 宏观教学方法: 项目导向教学法 微观教学方法: • 动画演示 • 实物展示 • 录像播放 • 教师讲述 • 引导文教学法 • 任务驱动教学法 • 演示法教学 • 实践操作训练 • 研究性学习 • 案例教学
教学环境与媒体选择	**学生已有的学习基础**	**教师应具备的能力**	**考核评价说明**
• 综合布线实训室 • 实训任务单 • 语音模块、电话机、语音配线架 • 黑板、计算机、投影仪、PPT 课件 • 视频录像	• 熟练使用计算机 • 一定的英文水平 • 语音通信知识	• 综合运用各种教学法实施教学的组织和控制能力 • 工具使用能力 • 案例分析能力	• 自我评价 • 小组互评 • 教师评价

表5　“通信网络综合布线与测试”学习情境4设计简表

学习情境4	楼宇综合布线安装与测试	授课学时(建议)	48

教学目标

通过学习和实践,使学生具有网络综合布线总体规划和施工能力,完成整个工作流程。

具体教学目标为:能够进行各子系统的设计,具有设备材料预算、工程费用计算的能力,能看懂建筑设计平面和立体图、弱电系统图,根据图纸进行布线施工指导、安装能力,电动、手动安装工具的使用能力,能采用网络现场认证测试仪进行材料进场验收,施工安装后的现场认证、验收测试,并且,能够根据用户需求写出合格的需求文档。

学习内容	实践(训练)项目	教学载体	教学组织形式与方法建议
• 综合布线与计算机网络、建筑工程、装潢工程的关系 • 用户需求分析的内容及方法、原则 • 需求文档的内容 • 工程施工安装规范 • 综合布线系统的总体设计内容、流程、注意问题 • 网络布线常用线缆分类及用途,了解双绞线基本性能和主要参数 • 测试基础知识 • 5E类和6类布线系统的测试标准 • 测试中常见问题的解决方法	• 做需求分析,书写需求文档 • 综合布线系统总体设计及图纸绘制 • 各子系统设计及图纸绘制 • 各子系统施工并做现场认证测试 • 系统施工后做验收测试 • 解决施工、测试中出现的各种问题	• 楼宇综合布线系统安装与测试 • 楼宇综合布线各子系统 • 施工工具	教学组织形式: 班级讨论、小组工作、独立学习 宏观教学方法: 项目导向教学法 微观教学方法: • 动画演示 • 实物展示 • 录像播放 • 教师讲述 • 引导文教学法 • 任务驱动教学法 • 演示法教学 • 实践操作训练 • 研究性学习 • 案例教学
教学环境与媒体选择	**学生已有的学习基础**	**教师应具备的能力**	**考核评价说明**
• 综合布线实训室 • 实训任务单、相关分析案例和录像 • 黑板、计算机、投影仪、PPT课件 • 线缆测试仪、施工工具	• 办公间数据、语音布线技术 • 通信网络基础知识 • 计算机操作能力	• 综合运用各种教学法实施教学的组织和控制能力 • 网络综合布线知识 • 案例分析能力	• 自我评价 • 小组互评 • 教师评价

表6　“通信网络综合布线与测试”学习情境5设计简表

学习情境5	建筑群综合布线系统安装与测试	授课学时(建议)	24

教学目标

通过学习和实践,学生能够完成建筑群的综合布线施工和测试工作。

具体教学目标为:具有工程投招标流程知识、工程监理知识,能够进行光纤熔接及测试工作,能够进行布线工程验收和竣工文档的编写。

续表

学习内容	实践(训练)项目	教学载体	教学组织形式与方法建议
• 综合布线系统的总体设计内容、流程、注意问题 • 建筑群施工规范 • 光纤测试步骤、测试报告的生成 • 建筑群子系统设计规则 • 工程招标和投标的文档编写要求以及操作程序 • 工程监理作用及各阶段监理要点 • 工程验收程序及竣工文档编写	• 综合布线系统总体设计 • 建筑群子系统设计 • 光缆熔接及连通性测试 • 根据要求编写投标文件 • 编写竣工文档	• 建筑群综合布线系统 • 光缆熔接机、测试仪 • 各种施工工具	教学组织形式： 班级讨论、小组工作、独立学习 宏观教学方法： 项目导向教学法 微观教学方法： • 录像播放 • 教师讲述 • 引导文教学法 • 任务驱动教学法 • 演示法教学 • 实践操作训练 • 研究性学习 • 案例教学
教学环境与媒体选择	**学生已有的学习基础**	**教师应具备的能力**	**考核评价说明**
• 综合布线实训室 • 实训任务单 • 黑板、计算机、投影仪、PPT 课件 • 光缆测试仪、施工工具 • 相关分析案例和录像	• 楼宇布线及测试技术 • 通信网络基础知识 • 计算机操作能力	• 综合运用各种教学法实施教学的组织和控制能力 • 光缆熔接、测试等操作能力 • 案例分析能力	• 自我评价 • 小组互评 • 教师评价

六、教学实施及评价建议

1. 教师应以通信网络布线为主线、以布线与测试任务为载体安排和组织教学活动，使学生在完成工作任务的活动中提高专业技能。建议采用教学做一体化教学。

2. 教师应加强对学生学习方法的指导，通过引导问题、提示描述等在方法上指导学生的学习，使学生成为真正的学习、工作主体，并将有关知识、技能与职业道德和情感态度有机融入到课程中。教师应营造民主和谐的教学氛围，激发学生参与教学活动，提高学生学习积极性，增强学生学习的信心与成就感。

3. 教师应转变观念，树立基于行动导向的教学观，注重实践能力和教学过程设计能力的提高。教师应积极创设并更新职业情境，跟进教学计划与组织实施方式，采用多种行动导向教学法，培养学生自主学习、自我总结与提高的能力。

七、教学团队基本要求

1. 团队规模：基于每届 3～4 个教学班的规模，专兼职教师 7 人左右(含专业实训指导教师)。其中，专职教师 5 人，兼职教师 2 人。要求职称和年龄结构合理，互补性强。

2. 教师专业背景与能力要求：教师应具有通信企业工作经历、专业背景和丰富的教学经验；具备通信网络综合布线经验，综合布线相关知识；具有各种布线工具的使用经验，能够正确、及时处理学生误操作产生的相关故障，并且应具备一定的教学方法与教学设计能力。

3. 课程负责人：具备丰富的教学经验，教学效果良好；熟悉高职高专学生教育规律，了解通信行业市场人才需求；具备通信行业背景与专业布线技术，实践经验丰富；在行业有一定影响，具有中级及以上职称。

4. “双师型”教师队伍建设：承担理论实践一体化课程和工学结合课程的专业教师应为“双师型”教师。“双师”比例应达到60%以上，要通过校企合作方式建设专兼结合的“双师型”教师队伍。

八、教学实验实训环境基本要求

实施“通信网络综合布线与测试”课程教学，校内外实验实训硬件环境应具备表7所列条件。

表7 教学实验实训环境基本要求

序号	名 称	基本配置要求	功能说明
1	校外实习环境	校企合作建立校外实习基地，要求企业具有提供学生进行综合布线的设计和施工、测试环境	校外实训基地为课程现场教学提供条件
2	综合布线实验室	操作台及工具箱12套，每套3～4人使用；施工墙4隔间，每隔间12人使用；安装AutoCAD和Office Visio软件的PC 50台；现场认证测试仪30个；布线工具箱30套；光纤熔接机2台	为课程提供布线系统安装技能训练，提供综合布线工程模拟实训现场环境

九、学习评价建议

改革传统的学生学习评价手段与方法，关注学生学习评价的多元性，注重形成性评价和终结性评价相结合以及量化评价和质性评价相结合的评价方式。既要重视结果的正确性，又要重视学生学习和完成工作任务的态度、做事规范程度、完成作业等过程评价。“通信网络综合布线与测试”课程学习评价建议见表8。

表8 “通信网络综合布线与测试”课程学习评价建议

评价类型	评价内容	评价标准	成绩权重
形成性评价(60%)	1. 学习态度、课堂表现	出勤情况、课堂提问、回答	0.1
	2. 实训任务单	完成质量	0.1
	3. 作业提交情况	提交次数和作业成绩	0.1
	4. 学生自评和互评	客观评价自己和别人	0.1
	5. 实验安全操作规范	有无事故发生	0.1
	6. 工作习惯	实验装置和工具整理	0.05
	7. 小组合作	小组协作意识	0.05
终结性评价(40%)	8. 实操考试	单独考核	0.1
	9. 期末考试	考核成绩	0.3

十、课程教学资源开发与利用

1. 教师应根据课程目标，针对学习情境中的每个任务编写实训任务单。

2. 为满足课程教学质量要求，应有丰富的教学资源。教学资源包括：课程教材(自编或选用)，多媒体 PPT 课件，项目案例，学习指南，工作任务书，教学模型，挂图，布线工程安装规范等。

3. 充分利用电子期刊、数字图书馆、电子书籍和互联网等资源，丰富教学内容。

十一、其他说明

本课程标准由电子信息工程技术专业教研室与广州唯康通信技术有限公司合作开发。

“数据通信网络组建与配置(Ⅰ)”课程标准

适用专业：电子信息工程技术专业
课程类别：专业学习领域
修课方式：必修课
教学时数：40 学时
总学分数：2 学分
编制人：何晓东
审定人：李斯伟

一、制定课程标准的依据

本标准是依据《中华人民共和国职业教育法》、《关于加强高职高专教育人才培养工作的意见》(教高[2002]2 号)、《关于全面提高高等职业教育教学质量的若干意见》(教高[2006]16 号)等文件精神，以及电子信息工程技术专业的人才培养目标和培养规格的要求而制定，用于指导“数据通信网络组建与配置”的课程编制。

二、课程定位与作用

“数据通信网络组建与配置(Ⅰ)”是高职电子信息工程技术专业针对数据通信网络设备维护工作岗位的职业能力进行培养的一门重要的专业技术学习领域课程。本课程构建于“电工电子电路分析”、“数字通信系统分析”、“通信电路分析与测试”等课程的基础上，通过完成源于职业岗位典型工作任务的学习任务，使学生具有对数据通信网络设备进行维护等专业能力的同时，获得工作过程知识，促进学生关键能力和职业素质的提高，从而发展学生的综合职业能力。本课程对学生职业能力培养和职业素质养成起明显的促进作用。

三、课程目标

通过“数据通信网络组建与配置(Ⅰ)”的学习，使学生具有数据通信网络组建与配置职业岗位所需要的专业能力、方法能力和社会能力。

1. 专业能力目标

- 能根据简单网络的需求，设计出符合要求的网络。
- 能对数据通信网络的原理进行描述。
- 能根据网络需求，完成网络设备简单配置。
- 能够制作合乎规范要求的网络连接线。
- 能正确使用各种网络测试设备测试数据通信网络。
- 掌握典型数据通信网络故障判断、处理与维护技术。
- 能运用网络原理知识解释各种网络设备的操作过程。
- 能描述数据通信网络设备在网络中的地位和作用。
- 能组建简单的点对点、星形和环状网络并正确完成配置。
- 能对网络设备进行设备的例行维护。
- 学会使用各种数据通信网路设备。
- 能阅读数据通信网络设备相关产品的技术手册。

2. 方法能力目标

- 具有制订工作计划的能力。
- 具有查找资料的能力，并能利用与筛查文献资料。
- 具有初步的解决问题能力。
- 具有独立学习数据通信新技术的初步能力。
- 具有评估工作结果的能力。
- 具有一定的分析与综合能力。

3. 社会能力目标

- 具有人际交往能力。
- 具有语言文字表达能力。
- 具有计划组织和团队协作能力。
- 遵守职业道德。

四、课程教学内容与学时安排建议

“数据通信网络组建与配置（Ⅰ）”课程的教学内容与学时安排建议详见表1。

表1 “数据通信网络组建与配置（Ⅰ）”课程的教学内容与学时安排建议

序号	学习情境名称	学时	学习(任务)单元划分	教学形式
1	课程导论(第一次课)	2	① 课程在专业中的地位 ② 实际工作岗位与课程教学内容的关系 ③ 本课程学习方法指南 ④ 课程学习评价要求	教师讲授 引导文教学法
2	家庭数据通信网组建	20	任务1 数据通信网络基本知识 任务2 局域网网络设备认知 任务3 设计家庭式小型局域网 任务4 网络中IP地址规划与配置	学中做 做中学 任务驱动教学法

续表

序号	学习情境名称	学时	学习(任务)单元划分	教学形式
3	家庭数据通信网组建	20	任务 5 家用交换机和家用调制解调器设置 任务 6 数据电缆的制作和测试 任务 7 家庭式小型有线局域网组建 任务 8 家庭式小型无线局域网组建 任务 9 网络连通性测试与故障排除	学中做 做中学 任务驱动教学法
4	小型办公室数据通信网组建与配置	18	任务 1 设计小型办公室数据通信网络 任务 2 网络中 IP 地址规划与配置 任务 3 小型商用交换机与路由器的配置 任务 4 数据电缆的制作和测试 任务 5 小型办公室通信网网络组建 任务 6 网络连通性测试与故障排除	引导文教学法 任务驱动教学法 做中学

五、学习情境及教学设计框架

创设学习情境的目的是为了帮助学生更有效地学习知识和技能,实现专业能力、方法能力和社会能力等职业能力的培养。学习情境是与学生所学习的内容相适应的包含任务的工作活动。描述学习情境的要素包括:教学目标、学习与实践内容、教学载体、教学组织形式与方法建议、教学环境与媒体选择、学生已有的学习基础、教师应具备的能力和考核评价说明。学习情境的详细描述见表 2、表 3。

表 2 "数据通信网络组建与配置(Ⅰ)"学习情境 1 设计简表

学习情境 1	家庭数据通信网组建	授课学时(建议)	20
教学目标			
通过学习和实践,学生能够了解和完成家庭通信网络的基本组建和维护任务;能正确识别各种网络设备;能根据网络需求正确地配置各种网络设备的参数;能够完成对家庭通信网络的测试和故障排除工作;能独立地组建一个无线或有线的小型家庭式数据通信网络。			

学习与实践内容	教学载体	教学组织形式与方法建议
学习内容: • 数据通信基础知识 • 数据通信网络设备 • 数据通信网络设计的一般原则 • 网络中 IP 地址规划与配置 • 数据网络方案编写及要求 实践内容: • 认识数据通信设备 • 网络电缆的制作和测试 • 数据通信网络设备的简单配置工作 • 有线和无线数据通信网络的组建方法 • 网络连通性测试与故障排除 • 编制数据网络组建方案	• 数据通信网络设备 • 网络电缆 • 家庭数据通信组建 • 数据网络组建方案编制	教学组织形式: 班级讨论、小组工作、独立学习 宏观教学方法: 项目导向教学法 微观教学方法: • 网络设备实物展示 • 录像播放 • 动画演示 • 教师讲述 • 引导文教学法 • 任务驱动教学法 • 现场教学 • 案例教学 • 研究性学习 • 班级讨论

续表

教学环境与媒体选择	学生已有的学习基础	教师应具备的能力	考核评价说明
• 多媒体专业教室 • 数据网络实验实训室 • 多种类型数据网络设备实物 • 任务工单、相关分析案例 • 黑板、计算机、投影仪、PPT课件 • 网络原理动画视频	• 熟练使用计算机 • 文字和语言表达能力 • 数据通信基础知识	• 综合运用各种教学法实施教学的组织和控制能力 • 熟悉和理解家庭式局域网维护内容 • 具有案例分析能力	• 自我评价 • 小组互评 • 教师评价

表3 "数据通信网络组建与配置(Ⅰ)"学习情境2设计简表

学习情境2	小型办公室数据通信网组建与配置	授课学时(建议)	18

教学目标

通过学习和实践,学生能够完成典型小型办公室数据通信网络的组建和维护任务;熟悉小型办公室局域网技术维护的测试项目,掌握基本测试方法;能够使用各种测试仪表完成技术维护工作;能够掌握小型办公室数据通信网络的设计、组建、配置、测试、故障排除和日常维护技能。

学习与实践内容	教学载体	教学组织形式与方法建议
学习内容: • 小型数据通信网络设计需求分析 • 网络中IP地址 实践项目: • 小型办公室数据通信网络设计 • 网络中IP地址规划与配置 • 小型商用交换机与路由器的配置 • 数据电缆的制作和测试 • packet tracert 5.2软件使用训练 • 使用packet tracert 5.2软件搭建小型办公室通信网网络 • 网络连通性测试与故障排除 • 编制数据网络组建方案	• 小型办公室数据通信网络 • 数据电缆 • packet tracert 5.2软件 • 数据网络组建方案编制	教学组织形式: 班级讨论、小组工作、独立学习 宏观教学方法: 项目导向教学法 微观教学方法: • 动画演示 • 实物展示 • 录像播放 • 教师指导 • 引导文教学法 • 任务驱动教学法 • 演示法教学 • 实践操作训练 • 小组合作学习 • 案例教学

教学环境与媒体选择	学生已有的学习基础	教师应具备的能力	考核评价说明
• 多媒体专业教室 • 数据网络实验实训室 • 各种路由器和交换机实物 • 任务工单、相关分析案例 • 黑板、计算机、投影仪、PPT课件 • 网络原理动画视频	• 熟练使用计算机 • 文字和语言表达能力 • 数据通信基础知识 • 家庭局域网组建的知识和能力	• 综合运用各种教学法实施教学的组织和控制能力 • 仪表操作能力 • 案例分析能力 • 网络设备的调试和配置能力	• 自我评价 • 小组互评 • 教师评价

六、教学实施建议

1. 教师应以家庭式局域网和小型办公室局域网为主线，以网络组建与配置任务为载体安排和组织教学活动，使学生在完成工作任务的活动中提高专业技能。

2. 按照工作过程导向的课程改革理念，建议采用源于真实而又高于真实的工程项目（任务），经教学论加工形成学习型工作任务，每一个工作任务都是一个完整的工作过程。在教学过程中，采用行动导向的教学方法，如项目导向、任务驱动等多种教学法实施教学，以学生为主体开展教学活动。

3. 教师应加强对学生学习方法的指导，通过引导问题、提示描述等在方法上指导学生的学习过程，并将有关知识、技能与职业道德和情感态度有机融入到课程中。

4. 建议教师采用如图片、视频、动画演示等多种素材辅助教学，同时采用 packet tracert 5.2 软件搭建数据通信网络系统，提高学生的学习兴趣和计算机技能。

七、教学团队基本要求

1. 团队规模：基于每届 3～4 个教学班的规模，专兼职教师 6 人左右（含专业实训指导教师）。其中，专职教师 4 人，兼职教师 2 人。要求职称和年龄结构合理，互补性强。

2. 教师专业背景与能力要求：教师应具有通信企业工作经历、专业背景和丰富的教学经验；具备数据通信网络组建经验；具备网络设备基础配置相关知识；具有各种网络测试仪器的使用经验；具备数据通信网络的相关知识，能够正确、及时处理学生误操作产生的相关故障；具备一定的教学方法与教学设计能力。

3. 课程负责人：具备丰富的教学经验，教学效果良好，且熟悉高职高专学生教育规律；了解通信行业市场人才需求，具备通信行业背景与通信专业技术，实践经验丰富；在行业有一定影响，具有中级及以上职称。

4. “双师型”教师队伍建设：承担理论实践一体化课程和工学结合课程的专业教师应为“双师型”教师。“双师”比例应达到 70％以上，要通过校企合作方式建设专兼结合的“双师型”教师队伍。

八、教学实验实训环境基本要求

实施“数据通信网络组建与配置（Ⅰ）”课程教学，校内外实验实训硬件环境应具备表 4 所列条件。

表 4　教学实验实训环境基本要求

名　　称	基本配置要求	功能说明
数据网络实验实训室	路由器 3 套，交换机 5 套，剥线钳 40 个，电缆测试仪 20 套，网络测试仪网线制作钳 40 个，PC 40 台，要求最少配置奔腾 1.6GHz，1G 内存，每台机器需要安装 Windows XP Pro 操作系统，并且必须安装有 packet tracert 5.2 软件	具备专业教室功能，为课程现场教学和模拟实验提供条件

九、学习评价建议

1. 改革传统的学生学习评价手段与方法,关注学生学习评价的多元性。注重形成性评价和终结性评价相结合以及量化评价和质性评价相结合的评价方式。既要重视结果的正确性,又要重视学生学习和完成工作任务的态度、做事规范程度、完成作业等过程评价。

2. 建议实操考核相对独立,评价方式由百分制考核改为等级制考核,学习评价方案突出整体性评价。

3. 课程学习情境教学评价建议由学生自评、小组评价和教师评价三部分组成,建议比例分别为20%、30%和50%。学生最终考核成绩由两个学习情境的平均成绩、实操考试和期末考试三部分成绩核算,建议比例分别为40%、30%和30%。若不参加实操考试或实操成绩不及格,则最终成绩评定为不及格。"数据通信网络组建与配置(Ⅰ)"课程学习评价建议见表5。

表5 "数据通信网络组建与配置(Ⅰ)"课程学习评价建议

评价情况内容及标准		学生自评	小组评价	老师评价
职业素质	出勤			
	学习认真,责任心强			
	积极参与完成项目各个步骤			
专业能力	专业理论知识的理解程度			
	设备了解程度			
	仪器使用情况			
	故障处理技能			
	仿真软件操作熟练程度			
	实验过程中处理问题的能力			
	方案编制能力			
方法能力	思想清晰,准备充分			
	信息收集整理能力			
	工作方法有效			
	组织实施能力			
社会能力	团队沟通			
	团队协作			
	互相帮助			

十、课程教学资源开发与利用

1. 教师应根据课程目标,针对学习情境中的每个任务编写工作任务书和教学设计方案。

2. 为满足课程教学质量要求，应有丰富的教学资源。教学资源包括：课程教材（自编或选用），多媒体 PPT 课件，视频录像，学习指南，工作任务书，packet tracert 5.2 软件，挂图，数据通信标准，设备技术手册，规范，网络测试仪器使用说明书等。

3. 充分利用电子期刊、数字图书馆、电子书籍和互联网等资源，丰富教学内容。

十一、其他说明

本课程标准由电子信息工程技术专业教研室与深圳讯方通信技术有限公司联合开发。

“数据通信网络组建与配置（Ⅱ）”课程标准

适用专业：电子信息工程技术专业
课程类别：专业学习领域
修课方式：必修课
教学时数：70 学时
总学分数：4 学分
编制人：何晓东
审定人：李斯伟

一、制定课程标准的依据

本标准是依据《中华人民共和国职业教育法》、《关于加强高职高专教育人才培养工作的意见》（教高[2002]2 号）、《关于全面提高高等职业教育教学质量的若干意见》（教高[2006]16 号）等文件精神，以及电子信息工程技术专业的人才培养目标和培养规格的要求而制定，用于指导“数据通信网络组建与配置”的课程编制。

二、课程定位与作用

“数据通信网络组建与配置（Ⅱ）”是高职电子信息工程技术专业针对数据通信网络设备维护工作岗位的职业能力进行培养的一门重要的专业技术学习领域课程。本课程构建于“电工电子电路分析”、“数字通信系统分析”、“通信电路分析与测试”等课程的基础上。通过完成源于职业岗位典型工作任务的学习任务，使学生具有对数据通信网络设备进行维护等专业能力的同时，获得工作过程知识，促进学生关键能力和职业素质的提高，从而发展学生的综合职业能力。本课程对学生职业能力培养和职业素质养成起明显的促进作用。

三、课程目标

通过“数据通信网络组建与配置（Ⅱ）”的学习，使学生具有数据通信网络组建与配置职业岗位所需要的专业能力、方法能力和社会能力。

1. 专业能力目标

- 能根据网络的需求，设计出符合要求的网络。
- 能对中型和大型网络进行设计。

- 能根据网络需求，完成网络设备交换和路由的配置。
- 能够制作合乎规范要求的网络连接线。
- 能正确使用各种网络测试设备对数据通信网络进行测试。
- 会典型数据通信网络故障判断、处理与维护技术。
- 能运用网络原理知识解释各种网络设备的操作过程。
- 能组建中型和大型的商用网络并正确完成配置。
- 能对网络设备进行设备的例行维护。
- 学会使用各种数据通信网络设备。
- 能阅读数据通信网络设备相关产品的技术手册。

2. 方法能力目标

- 具有制订工作计划的能力。
- 具有查找资料的能力，并能利用与筛查文献资料。
- 具有初步的解决问题能力。
- 具有独立学习数据通信新技术的初步能力。
- 具有评估工作结果的能力。
- 具有一定的分析与综合能力。

3. 社会能力目标

- 具有人际交往能力。
- 具有语言文字表达能力。
- 具有计划组织和团队协作能力。
- 遵守职业道德。

四、课程教学内容与学时安排建议

“数据通信网络组建与配置(Ⅱ)”课程的教学内容与学时安排建议详见表1。

表1 “数据通信网络组建与配置(Ⅱ)”课程的教学内容与学时安排建议

序号	学习情境名称	学时	学习(任务)单元划分	教学形式
1	课程引导(第一次课)	2	① 课程在专业中的地位 ② 实际工作岗位与课程教学内容的关系 ③ 本课程学习方法指南 ④ 课程学习评价要求	教师讲授 引导文教学法
2	校园数据通信网组建与配置	30	任务1 校园数据通信网的设计 任务2 网络综合布线系统设计 任务3 校园通信网IP地址规划与配置 任务4 交换机VLAN配置 任务5 交换机VTP配置 任务6 DHCP服务器与NAT配置 任务7 路由器静态路由协议配置 任务8 路由器动态路由协议配置 任务9 VLAN间的路由配置 任务10 接入WAN的路由器配置 任务11 网络连通性测试与故障排除	学中做 做中学

续表

序号	学习情境名称	学时	学习(任务)单元划分	教学形式
3	企业数据通信网组建与配置	38	任务1　企业数据通信网络的设计 任务2　网络综合布线系统设计 任务3　网络中IP地址规划与配置 任务4　交换机STP配置 任务5　路由器的PPP和帧中继配置 任务6　网络安全和访问控制列表配置 任务7　网络地址转换NAT配置 任务8　动态主机分配协议配置 任务9　企业无线网络的设计和配置部署 任务10　网络连通性测试与故障排除	做中学 引导文教学法

五、学习情境及教学设计框架

创设学习情境的目的是为了帮助学生更有效地学习知识和技能,实现专业能力、方法能力和社会能力等职业能力的培养。学习情境是与学生所学习的内容相适应的包含任务的工作活动。描述学习情境的要素包括:教学目标、学习与实践内容、教学载体、教学组织形式与方法建议、教学环境与媒体选择、学生已有的学习基础、教师应具备的能力和考核评价说明。学习情境的详细描述见表2、表3。

表2　"数据通信网络组建与配置(Ⅱ)"学习情境1设计简表

学习情境1	校园数据通信网组建与配置	授课学时(建议)	30
教学目标			
通过学习和实践,学生能够完成典型校园数据通信网络的基本组建和配置任务。 具体教学目标为:能正确识别各种网络设备;能根据网络需求正确地配置各种网络设备的参数,并且能够完成对校园数据通信网络的测试和故障排除工作。			

学习与实践内容	教学载体	教学组织形式与方法建议
• 校园数据通信网的设计 • 网络综合布线系统设计 • 数据网络组建方案编制 • 校园通信网IP地址规划与配置 • 交换机VLAN配置 • 交换机VTP配置 • DHCP服务器与NAT配置 • 路由器静态路由协议配置 • 路由器动态路由协议配置 • VLAN间的路由配置 • 接入WAN的路由器配置 • 网络连通性测试与故障排除	• 校园数据通信网络组建与配置 • 局域网交换机 • 路由器	教学组织形式: 班级讨论、小组工作、独立学习 宏观教学方法: 项目导向教学法 微观教学方法: • 动画演示 • 实物展示 • 教师指导 • 引导文教学法 • 任务驱动教学法 • 演示法教学 • 实践操作训练 • 研究性学习 • 案例教学

续表

教学环境与媒体选择	学生已有的学习基础	教师应具备的能力	考核评价说明
• 多媒体专业教室 • 数据网络实验实训室 • 多种类型数据网络设备实物 • 任务工单、相关分析案例 • 黑板、计算机、投影仪、PPT课件 • 网络原理动画视频	• 熟练使用计算机 • 文字和语言表达能力 • 数据通信基础知识 • 家庭和小型办公室数据通信网络的组建知识和能力	• 综合运用各种教学法实施教学的组织和控制能力 • 熟悉和理解典型校园数据通信网维护内容 • 具有案例分析能力	• 自我评价 • 小组互评 • 教师评价

表3 “数据通信网络组建与配置(Ⅱ)”学习情境2设计简表

学习情境2	企业数据通信网组建与配置	授课学时(建议)	38

教学目标

通过学习和实践,学生能够完成典型企业数据通信网络的组建、配置和维护任务。

具体教学目标为:熟悉企业数据通信网络的技术维护工作,掌握企业数据网络的检测和维护方法;能够使用各种测试仪表完成技术维护工作;能够完成典型企业数据通信网络的安全配置工作;能够掌握企业数据通信网络的设计、组建、配置、测试、故障排除和日常维护技能。

学习与实践内容	教学载体	教学组织形式与方法建议
• 企业数据通信网络的设计 • 网络综合布线系统设计 • 编制数据网络组建方案 • 网络中IP地址规划与配置 • 交换机STP配置 • 路由器的PPP和帧中继配置 • 网络安全和访问控制列表配置 • 网络地址转换NAT配置 • 动态主机分配协议配置 • 企业无线网络的设计和配置部署 • 网络连通性测试与故障排除	• 企业数据通信网组建与配置 • 局域网交换机 • 路由器	教学组织形式: 班级讨论、小组工作、独立学习 宏观教学方法: 项目导向教学法 微观教学方法: • 动画演示 • 实物展示 • 教师指导 • 引导文教学法 • 任务驱动教学法 • 演示法教学 • 实践操作训练 • 研究性学习 • 案例教学

教学环境与媒体选择	学生已有的学习基础	教师应具备的能力	考核评价说明
• 数据网络实验实训室 • 数据网络设备实物 • 任务工单、相关分析案例 • 黑板、计算机、投影仪、PPT课件 • 网络原理动画视频	• 熟练使用计算机 • 文字和语言表达能力 • 数据通信基础知识 • 校园数据通信网络组建的知识和能力	• 综合运用各种教学法实施教学的组织和控制能力 • 仪表操作能力 • 数据网络案例分析能力 • 网络设备调试和配置能力	• 自我评价 • 小组互评 • 教师评价

六、教学实施建议

1. 教师应以校园数据通信网络和企业数据通信网络的组建为主线，以维护任务为载体安排和组织教学活动，使学生在完成工作任务的活动中提高专业技能。

2. 按照工作过程导向的课程改革理念，建议采用源于真实而又高于真实的工程项目(任务)，经教学论加工形成学习型工作任务，每一个工作任务都是一个完整的工作过程。在教学过程中，采用行动导向的教学方法，如项目导向、任务驱动等多种教学法实施教学，以学生为主体开展教学活动。

3. 教师应加强对学生学法的指导，通过引导问题、提示描述等在方法上指导学生的学习过程，并将有关知识、技能与职业道德和情感态度有机融入到课程中。

4. 建议教师采用如图片、视频、动画演示等多种素材辅助教学，同时采用 packet tracert 5.2 软件搭建数据通信网络系统，提高学生的学习兴趣和计算机技能。

七、教学团队基本要求

1. 团队规模：基于每届 3～4 个教学班的规模，专兼职教师 6 人左右(含专业实训指导教师)。其中，专职教师 4 人，兼职教师 2 人。要求职称和年龄结构合理，互补性强。

2. 教师专业背景与能力要求：教师应具有通信企业工作经历、专业背景和丰富的教学经验；具备数据通信网络组建经验；具备网络设备基础配置相关知识；具有各种网络测试仪器的使用经验；具备中型和大型数据通信网络的相关知识，能够正确、及时处理学生误操作产生的相关故障；具备一定的教学方法与教学设计能力。

3. 课程负责人：具备丰富的教学经验，教学效果良好，且熟悉高职高专学生教育规律；了解通信行业市场人才需求，具备通信行业背景与通信专业技术，实践经验丰富；在行业有一定影响，具有中级及以上职称。

4. “双师型”教师队伍建设：承担理论实践一体化课程和工学结合课程的专业教师应为“双师型”教师。“双师”比例应达到 70%以上，要通过校企合作方式建设专兼结合的“双师型”教师队伍。

八、教学实验实训环境基本要求

实施“数据通信网络组建与配置(Ⅱ)”课程教学，校内外实验实训硬件环境应具备表 4 所示条件。

表 4　教学实验实训环境基本要求

名　　称	基本配置要求	功能说明
数据网络实验实训室	路由器 3 套，交换机 5 套，剥线钳 40 个，电缆测试仪 20 套，网络测试仪网线制作钳 40 个，PC 40 台，要求最少配置奔腾 1.6GHz，1G 内存，每台机器需要安装 Windows XP Pro 操作系统，并且必须安装有 packet tracert 5.2 软件	具备专业教室功能，为课程现场教学和模拟实验提供条件

九、学习评价建议

1. 改革传统的学生学习评价手段与方法，关注学生学习评价的多元性。注重形成性评价和终结性评价相结合以及量化评价和质性评价相结合的评价方式。既要重视结果的正确性，又要重视学生学习和完成工作任务的态度、做事规范程度、完成作业等过程评价。

2. 建议实操考核相对独立，评价方式由百分制考核改为等级制考核，学习评价方案突出整体性评价。

3. 课程学习情境教学评价建议由学生自评、小组评价和教师评价三部分组成，建议比例分别为20%、30%和50%。学生最终考核成绩由两个学习情境的平均成绩、实操考试和期末考试三部分成绩核算，建议比例分别为40%、30%和30%。若不参加实操考试或实操成绩不及格，则最终成绩评定为不及格。“数据通信网络组建与配置(Ⅱ)”课程学习评价建议见表5。

表5 “数据通信网络组建与配置(Ⅱ)”课程学习评价建议

评价情况内容及标准		学生自评	小组评价	老师评价
职业素质	出勤			
	学习认真，责任心强			
	积极参与完成项目各个步骤			
专业能力	专业理论知识的理解程度			
	设备了解程度			
	仪器使用情况			
	故障处理技能			
	仿真软件操作熟练程度			
	实验过程中处理问题的能力			
	方案编制能力			
方法能力	思路清晰；准备充分			
	信息收集整理能力			
	工作方法有效			
	组织实施能力			
社会能力	团队沟通			
	团队协作			
	互相帮助			

十、课程教学资源开发与利用

1. 教师应根据课程目标，针对学习情境中的每个任务编写工作任务书和教学设计方案。

2. 为满足课程教学质量要求，应有丰富的教学资源。教学资源包括：课程教材(自编或选用)，多媒体 PPT 课件，视频录像，学习指南，工作任务书，packet tracert 5.2 软件，挂图，数据通信标准，设备技术手册，规范，网络测试仪器使用说明书等。

3. 充分利用电子期刊、数字图书馆、电子书籍和互联网等资源，丰富教学内容。

十一、其他说明

本课程标准由电子信息工程技术专业教研室与深圳讯方通信技术有限公司联合开发。

“交换设备运行维护”课程标准

适用专业：电子信息工程技术专业
课程类别：专业学习领域
修课方式：必修课
教学时数：110 学时
总学分数：6 学分
编制人：陈海涛
审定人：李斯伟

一、制定课程标准的依据

本标准是依据《中华人民共和国职业教育法》、《关于加强高职高专教育人才培养工作的意见》(教高[2002]2 号)、《关于全面提高高等职业教育教学质量的若干意见》(教高[2006]16 号)等文件精神，以及电子信息工程技术专业的人才培养目标和培养规格的要求而制定，用于指导“交换设备运行维护”的课程编制。

二、课程定位与作用

“交换设备运行维护”是电子信息工程技术专业的一门专业学习领域课程，是学生学习现代通信技术的重要的专业课程。本课程构建于“电工电子电路分析”、“数字通信系统功能分析”、“数据通信网络组建与配置”等课程的基础上，通过完成源于职业岗位典型工作任务的学习任务，以培养学生职业能力为目标，是培养通信服务人才不可缺少的重要途径。通过学习本课程，学生应达到全国信息化通信工程师职业资格证书的基本要求。本课程对学生职业能力培养和职业素质养成起明显的促进作用。

三、课程目标

本课程的总体目标是使学生系统掌握程控交换设备相关的知识和设备的调试、操作与维护技能，了解通信工程的服务规范与业务流程，为今后从事交换设备的安装、调试和运行维护等工作打下基础。

通过本课程学习，学生应达到的具体目标如下：

1. 专业能力目标

- 理解程控交换的交换理论知识。
- 能阐述交换机各模块、单板的功能及信号流程。
- 能运用程控交换理论知识解释交换机设备的操作过程。
- 能熟悉程控交换机设备的工作环境(包括交换机设备、工作站、网管等的连接以及组网情况)。
- 能按照设备手册规范对程控交换机的操作、维护及数据配置。
- 学会处理简单的电话业务。
- 学会交换机设备简单告警的查看，熟悉故障上报流程。
- 能对设备的简单故障分析和处理。
- 会使用万用表、示波器、线缆测试仪、2M 线路测试仪等仪器。
- 能阅读程控交换机设备的说明书。
- 能按照通信工程规范对交换机进行初步的安装和简单的软硬件调试。
- 能完成基本系统数据和用户数据配置。
- 能完成中国一号信令数字中继数据设置。
- 能完成 No.7 信令数字中继数据设置。
- 熟悉一号信令信号分析。
- 能在完成任务过程中自我学习和持续发展。

2. 方法能力目标

- 具有制订工作计划的能力。
- 具有查找资料的能力，并能利用与筛查文献资料。
- 具有初步的解决问题能力。
- 具有独立学习通信新技术的初步能力。
- 具有评估工作结果的能力。
- 具有一定的分析与综合能力。
- 具有良好的学习习惯以及工作任务的执行力。

3. 社会能力目标

- 具有人际交往能力。
- 具有与同龄人相处的能力。
- 具有语言文字表达能力。
- 具有计划组织能力和团队协作能力。
- 遵守职业道德。

四、课程教学内容与学时安排建议

“光传输线路与设备维护”课程的教学内容与学时安排建议详见表 1。

表1　“光传输线路与设备维护”课程的教学内容与学时安排建议

序号	学习情境名称	学时	学习(任务)单元划分	教学形式
1	认识课程(第一次课)	2	① 课程在专业中的地位 ② 实际工作岗位与课程教学内容的关系 ③ 本课程学习方法指南 ④ 课程学习评价要求	教师讲授 引导文教学法
2	交换机硬件维护	24	单元1　交换机基本结构及测试实践 单元2　程控交换机主要性能指标认知实践 单元3　交换机硬件配置实践 单元4　交换机系统维护实践 单元5　交换机组网实践	学中做 做中学
3	交换机软件与数据配置维护	28	单元1　交换系统呼叫处理流程认知实践 单元2　信令系统认知及测试实践 单元3　交换机数据配置实践	学中做 做中学
4	交换机业务配置维护	20	单元1　基本新业务配置实践 单元2　centrex业务配置实践 单元3　PBX小交换机连选配置实践	学中做 做中学
5	交换机故障分析与处理维护	28	单元1　日常维护类故障处理实践 单元2　数据类故障处理实践 单元3　信令配合类故障处理实践 单元4　硬件类故障处理实践	学中做 做中学
6	NGN与软交换初步认知实践	8	单元1　NGN网络架构认知实践 单元2　媒体网关和软交换协议认知实践 单元3　NGN系统应用与业务认知实践	学中做

五、学习情境及教学设计指导性框架

创设学习情境的目的是为了帮助学生更有效地学习知识和技能，实现专业能力、方法能力和社会能力等职业能力的培养。学习情境是与学生所学习的内容相适应的包含任务的工作活动。描述学习情境的要素包括：教学目标、学习与实践内容、教学载体、教学组织形式与方法建议、教学环境与媒体选择、学生已有的基础、教师应具备的能力和考核评价说明。学习情境的详细描述见表2～表6。

表2　“交换设备运行维护”学习情境1设计简表

学习情境1	交换机硬件维护	授课学时(建议)	24
教学目标			
通过学习和实践，学生能够了解和完成交换设备的基本维护任务。 具体教学目标为：能了解我国电话通信网的基本组成及应用；理解程控交换机在电话通信网中的作用；能认识程控交换系统的基本结构(指硬件结构)；会解释各个组成部分的作用和工作过程；会用性能指标评估程控交换机的处理和交换能力；掌握各种组网方式在不同场合的应用。			

续表

学习与实践内容	教学载体	教学组织形式与方法建议
• 程控交换机与电话交换网 • 电话通信网的基本结构程控交换机组成及功能 • 时分交换网络模块工作原理分析 • C&C08 交换机系统总体结构认识 • 话务量计算 • 程控交换机主要性能指标分析 • 交换机接口与性能特点 • 管理通信模块的硬件配置及操作 • 交换模块的硬件配置及操作 • HW 和 NOD 的资源分配 • 交换机整机状态查询与监控 • 交换机例行维护项目 • 交换机组网方式认识	• C&C08 交换机 • 交换机组网案例	教学组织形式： 班级讨论、小组工作、独立学习 宏观教学方法： 任务驱动教学法 微观教学方法： • 动画演示 • 录像播放 • 教师讲述 • 引导文教学法 • 现场教学 • 案例教学 • 研究性学习 • 角色扮演

教学环境与媒体选择	学生已有的学习基础	教师应具备的能力	考核评价说明
• 多媒体专业教室 • 通信设备维护实训室 • C&C08 交换机 • 黑板、计算机、投影仪、PPT 课件 • 相关分析案例和视频录像	• 熟练使用计算机 • 文字和语言表达能力 • 数据通信基础知识	• 综合运用各种教学法实施教学的组织和控制能力 • 熟悉和理解程控交换原理及设备维护知识 • 具有案例分析能力	• 自我评价 • 小组互评 • 教师评价

表 3 “交换设备运行维护”学习情境 2 设计简表

学习情境 2	交换机软件与数据配置维护	授课学时(建议)	28

教学目标

通过学习和实践，学生能够对交换机进行数据配置。

具体教学目标为：能解释呼叫处理的基本流程；能对呼叫处理程序的去话过程进行分析；能描述一次电话呼叫接续过程中的基本信令流程；对中国一号信令和 No.7 信令有较深刻的认识，能分析 No.7 信令的消息结构，能解释 No.7 信令消息的工作过程；能对呼叫处理程序的去话过程进行分析；能完成交换机本局系统配置和用户数据配置；能完成交换机计费数据的配置。

学习与实践内容	教学载体	教学组织形式与方法建议
• 呼叫处理的基本流程 • 信令认识 • 局间信令认识 • 中国一号信令分析 • No.7 信令分析 • 交换机软件结构 • 终端 OAM 软件 • 交换机呼叫处理(局内呼叫处理、出局呼叫处理、入局呼叫处理、汇接呼叫处理) • 交换机本局数据配置 • 中国一号令中继数据配置 • No.7 中继数据配置 • 计费数据	• C&C08 交换机 • 终端 OAM 软件	教学组织形式： 班级讨论、小组工作、独立学习 宏观教学方法： 任务驱动教学法 微观教学方法： • 动画演示 • 录像播放 • 教师讲述 • 引导文教学法 • 演示法教学 • 实践操作训练 • 研究性学习 • 案例教学

续表

教学环境与媒体选择	学生已有的学习基础	教师应具备的能力	考核评价说明
• 多媒体专业教室 • 通信设备维护实训室 • C&C08 交换机 • 黑板、计算机、投影仪、PPT 课件 • 相关分析案例和视频录像	• 交换机基本理论 • 熟练使用计算机 • 一定的英文水平	• 综合运用各种教学法实施教学的组织和控制能力 • 交换机数据配置与分析能力 • 案例分析能力	• 自我评价 • 小组互评 • 教师评价

表 4 "交换设备运行维护"学习情境 3 设计简表

学习情境 3	交换机业务配置维护	授课学时(建议)	20

教学目标

通过学习和实践,学生具有配置交换机业务的能力。

具体教学目标为:学生能充分掌握交换机常见的新业务的使用方法;会完成新业务数据配置;会 centrex 功能、原理和配置;会 PBX 功能、原理和配置。

学习与实践内容	教 学 载 体	教学组织形式与方法建议
• 新业务功能 • 新业务使用方法 • 常见新业务数据配置 • centrex 业务 • centrex 数据配置 • centrex 使用方法 • PBX 小交换机连选原理 • PBX 小交换机数据配置 • PBX 小交换机使用方法	• C&C08 交换机 • 终端 OAM 软件	教学组织形式: 班级讨论、小组工作、独立学习 宏观教学方法: 任务驱动教学法 微观教学方法: • 动画演示 • 教师讲述 • 引导文教学法 • 演示法教学 • 实践操作训练 • 研究性学习 • 案例教学

教学环境与媒体选择	学生已有的学习基础	教师应具备的能力	考核评价说明
• 多媒体专业教室 • 通信设备维护实训室 • C&C08 交换机 • 黑板、计算机、投影仪、PPT 课件 • 相关分析案例和视频录像	• 交换机基本操作 • 交换机功能知识 • 交换机数据配置基本方法	• 综合运用各种教学法实施教学的组织和控制能力 • 新业务、centrex 和 PBX 原理及数据配置操作能力 • 案例分析能力	• 自我评价 • 小组互评 • 教师评价

表 5 "交换设备运行维护"学习情境 4 境设计简表

学习情境 4	交换机故障分析与处理维护	授课学时(建议)	28

教学目标

通过学习和实践,学生具有分析交换机故障和处理能力。

具体教学目标为:学生能够熟悉交换机故障种类;掌握交换机故障处理的流程;会故障处理的基本思路和方法;能够对常见类型故障进行定位;能够按照工作要求填写故障申报单与处理。

续表

学习与实践内容	教学载体	教学组织形式与方法建议
• 常见故障类型 • 故障处理基本思路和方法 • 日常维护类故障处理 • 数据类故障处理 • 信令配合类故障处理 • 硬件类故障处理 • 综合类故障处理故障申报与处理	• C&C08 交换机 • 终端 OAM 软件 • 典型交换机故障案例	教学组织形式： 班级讨论、小组工作、独立学习 宏观教学方法： 任务驱动教学法 微观教学方法： • 教师讲述 • 现场教学法 • 实践操作训练 • 角色扮演 • 研究性学习 • 启发式教学 • 思维导图

教学环境与媒体选择	学生已有的学习基础	教师应具备的能力	考核评价说明
• 多媒体专业教室 • 通信设备维护实训室 • C&C08 交换机 • 黑板、计算机、投影仪、PPT 课件 • 相关分析案例和视频录像	• 交换机基本操作能力 • 交换机功能知识 • 交换机数据配置基本方法	• 运用各种教学法实施教学的组织和控制能力 • 熟悉和掌握交换机故障处理 • 具有案例分析能力	• 自我评价 • 小组互评 • 教师评价

表 6　“交换设备运行维护”学习情境 5 设计简表

学习情境 5	NGN 与软交换初步认知实践	授课学时(建议)	8

教学目标

通过学习和实践，学生能够掌握 NGN 基本知识。

具体教学目标为：能对 NGN 与软交换有一个初步的认识；学生能理解软交换的基本概念；熟悉软交换网络的基本结构；会比较软交换与 PSTN；掌握媒体网关的类型、功能与特点；熟悉软交换协议及应用范围；熟悉 NGN 的典型应用；掌握 NGN 网提供的业务。

学习与实践内容	教学载体	教学组织形式与方法建议
• NGN 与传统 PSTN 比较 • NGN 网络架构 • 软交换技术概念 • 媒体网关和软交换协议 • 媒体网关功能 • NGN 典型应用 • NGN 业务系统	• 3G 设备 • 软交换组网案例	教学组织形式： 班级讨论、小组工作、独立学习 宏观教学方法： 任务驱动教学法 微观教学方法： • 教师讲述 • 现场教学法 • 引导文教学法 • 案例教学 • 研究性学习 • 启发式教学

续表

教学环境与媒体选择	学生已有的学习基础	教师应具备的能力	考核评价说明
• 多媒体专业教室 • 通信设备维护实训室 3G 设备 • C&C08 交换机 • 黑板、计算机、投影仪、PPT 课件 • 相关分析案例和视频录像	• 程控交换原理 • 通信网基础知识 • 数据通信基础知识	• 运用各种教学法实施教学的组织和控制能力 • 熟悉软交换和 NGN • 案例分析能力	• 自我评价 • 小组互评 • 教师评价

六、教学实施建议

1. 教师应以程控交换设备为主线，以维护任务为载体安排和组织教学活动，使学生在完成工作任务的活动中提高专业技能。

2. 按照基于工作过程导向的课程改革理念，建议选择多种形式的行动导向的教学方法。在接近真实的实训环境中，以学生为主体实施教学。在实际教学活动中，教师应先提出完成工作任务的要求、时间安排及内容等，然后分析工作任务内容。在教学过程中，应以学生为中心，安排学生学习多以强调合作与交流学习的小组形式进行。以小组形式进行学习时，教师应对分组安排及小组讨论(或操作)的要求作出明确的规定。在实际操作教学活动中，教师应先示范操作，然后再组织学生进行测试、操作等实践活动。

3. 教师应加强对学生学习方法的指导，并将有关知识、技能与职业道德和情感态度有机融入到课程中。建议教师采用如图片、视频、动画演示等多种素材辅助教学，提高学生的学习兴趣，增强教学效果。

七、教学团队基本要求

1. 团队规模：基于每届 3～4 个教学班的规模，专兼职教师 6 人左右(含专业实训指导教师)。其中，专职教师 4 人，兼职教师 2 人。要求职称和年龄结构合理，互补性强。

2. 教师专业背景与能力要求：教师应具有通信企业工作经历、专业背景和丰富的教学经验；具备程控交换原理知识；具备程控交换设备的数据配置及维护经验，能够正确、及时处理学生误操作产生的相关故障；具备一定的教学方法与教学设计能力。

3. 课程负责人：具备丰富的教学经验，教学效果良好，且熟悉高职高专学生教育规律；了解通信行业市场人才需求，具备通信行业背景与通信专业技术，实践经验丰富；在行业有一定影响，具有中级及以上职称。

4. “双师型”教师队伍建设：承担理论实践一体化课程和工学结合课程的专业教师应为“双师型”教师。“双师”比例应达到 70%以上，要通过校企合作方式建设专兼结合的“双师型”教师队伍。

八、教学实验实训环境基本要求

实施“交换设备运行维护”课程教学，校内外实验实训硬件环境应具备表 7 所列条件。

表 7　教学实验实训环境基本要求

序号	名　　称	基本配置要求	功 能 说 明
1	校外实习环境	校企合作建立校外实习基地，要求企业具有维护或代理维护运营商的交换设备	校外实训基地为课程现场教学提供条件
2	通信设备运行维护实训室	最小配置：程控交换主机 1 台，中国一号信令中继 60 路，No. 7 信令中继 60 路，用户 60 门；以及配备终端 40～60 台 PC 终端，PC 操作系统选择 Windows 2000，电话机 60 个	为“交换设备运行维护”课程中交换设备硬件结构、软件操作及设备配置维护实训提供条件

九、学习评价建议

1. 教学评价主要是指学生学业评价，关注评价的多元性。注重过程评价和结果评价相结合的评价方式。既要重视结果的正确性，又要重视学生学习和完成工作任务的态度、做事规范程度、完成作业等过程评价。

2. 实操考核相对独立，评价方式由百分制考核改为等级制考核，课程考核方案突出整体性评价。

3. 课程学习情境教学评价建议由学生自评、小组评价和教师评价三部分组成，比例分别为 20%、30%和 50%。学生最终考核成绩由 5 个学习情境的平均成绩、实操考试和期末考试三部分成绩核算，比例分别为 50%、20%和 30%。若不参加实操考试或实操成绩不及格，则最终成绩评定为不及格。“交换设备运行维护”课程学习评价建议见表 8。

表 8　“交换设备运行维护”课程学习评价建议

	评价项	考核评价内容	考核评价标准	评价人	成绩权重
过程考核(50%)（各学习情境成绩平均）	各学习情境成绩	1. 学习态度	出勤率	教师	0.1
		2. 作业情况	作业成绩		0.05
		3. 课堂提问	回答问题		0.05
		4. 守纪情况	遵守纪律情况		0.05
		5. 合作意识	合作、协调能力与意识		0.05
		6. 任务资料收集情况	收集资料的方法能力		0.05
		7. 安全操作规范	无事故发生且严格按安全规范操作		0.05
		8. 任务完成情况	任务完成结果		0.05
		9. 任务报告完成情况	报告编写情况		0.05
		10. 学生自评	客观评价自己	学生	0.2
		11. 小组互评	在小组完成任务过程中的作用及分配工作完成情况	小组成员	0.3
操作考核(20%)	实践操作考试	1. 基础操作	完成基本设备硬件和数据配置	教师	0.6
		2. 中等难度操作	完成有关业务配置		0.3
		3. 较难操作	完成分析排除预设故障		0.1
期末考试(30%)	理论考试	闭卷考试	卷面评价	教师	

十、课程教学资源开发与利用

1. 教师应根据课程目标，针对学习情境中的每个任务编写任务工单和教学设计方案。

2. 为满足课程教学质量要求，应有丰富的教学资源。教学资源包括：课程教材（自编或选用），多媒体PPT课件，视频录像，学习指南，任务工单，教学模型，挂图，通信行业标准，设备维护手册和设备技术手册，规范，安全规章制度，程控交换设备，电话机等。

3. 充分利用电子期刊、数字图书馆、电子书籍和互联网等资源，丰富教学内容。

十一、其他说明

本课程标准由电子信息工程技术专业教研室与深圳讯方通信技术有限公司合作开发。

“光传输线路与设备维护”课程标准

适用专业：电子信息工程技术专业

课程类别：专业技术学习领域

修课方式：必修课

教学时数：110学时

总学分数：6学分

编制人：李斯伟

审定人：张建超

一、制定课程标准的依据

本标准是依据《中华人民共和国职业教育法》、《关于加强高职高专教育人才培养工作的意见》（教高[2002]2号）、《关于全面提高高等职业教育教学质量的若干意见》（教高[2006]16号）等文件精神，以及电子信息工程技术专业的人才培养目标和培养规格的要求而制定，用于指导“光传输线路与设备维护”的课程编制。

二、课程定位与作用

“光传输线路与设备维护”是高职电子信息工程技术专业针对光传输线路维护和光传输设备维护工作岗位的职业能力进行培养的一门重要的专业技术学习领域课程。本课程构建于“电工电子电路分析”、“数字通信系统功能分析”、“数据通信网络组建与配置”等课程的基础上，通过完成源于职业岗位典型工作任务的学习任务，使学生具有对光传输线路和光传输设备进行维护等专业能力的同时，获得工作过程知识，促进学生关键能力和职业素质的提高,从而发展学生的综合职业能力。本课程对学生职业能力培养和职业素质养成起明显的促进作用。

三、课程目标

通过"光传输线路与设备维护"的学习,使学生具有光传输线路与设备维护职业岗位所需要的专业能力、方法能力和社会能力。

1. 专业能力目标

- 根据光缆线路的日常维护周期,制订光缆线路维护作业计划。
- 能对路面、管道线路和架空光缆等线路进行维护。
- 能进行护线宣传活动策划与组织。
- 能够识别线路维护中的隐患,并采取正确方法处理线路维护中遇到的问题。
- 能正确使用光功率计、光时域反射仪(OTDR)和误码仪等常用测试仪器仪表对光纤性能测试,能正确规范使用光熔接机对光纤进行熔接,完成光缆线路的技术维护工作。
- 会典型光缆线路故障判断、处理与抢修维护。
- 能运用 SDH 原理知识解释光传输设备的操作过程。
- 能描述光传输设备在网络中的地位和作用。
- 能按照设备手册规范对光传输设备软硬件进行操作。
- 能对光传输设备进行点对点、链形和环形的组网数据配置。
- 能对光传输设备进行设备的例行维护。
- 能对光传输设备网管系统设备进行初步的例行维护。
- 学会光传输设备告警查看,对设备的简单故障进行分析和处理。
- 能阅读光传输设备相关产品的技术手册。

2. 方法能力目标

- 具有制订工作计划的能力。
- 具有查找资料的能力,并能利用与筛查文献资料。
- 具有初步的解决问题能力。
- 具有独立学习光纤通信新技术的初步能力。
- 具有评估工作结果的能力。
- 具有一定的分析与综合能力。

3. 社会能力目标

- 具有人际交往能力。
- 具有语言文字表达能力。
- 具有计划组织和团队协作能力。
- 遵守职业道德。

四、课程教学内容与学时安排建议

"光传输线路与设备维护"课程的教学内容与学时安排建议详见表 1。

表 1　“光传输线路与设备维护”课程的教学内容与学时安排建议

序号	学习情境名称	学时	学习(任务)单元划分	教学形式
1	认识课程(第一次课)	2	① 课程在专业中的地位 ② 实际工作岗位与课程教学内容的关系 ③ 本课程学习方法指南 ④ 课程学习评价要求	教师讲授 引导文教学法
2	光缆线路基本维护	20	单元 1　路面维护主要工作实践 单元 2　管道光缆线路维护工作实践 单元 3　架空光缆线路维护工作实践 单元 4　护线宣传活动策划和组织实践 单元 5　“三盯”工作实践	学中做 做中学
3	光缆线路技术维护	12	单元 1　光纤长度测量实践 单元 2　光纤故障定位查找实践 单元 3　光纤衰减系数测量实践	学中做 做中学
4	光缆线路故障处理维护	14	单元 1　光纤断点熔接实践 单元 2　接头盒封装及固定实践 单元 3　光缆故障抢修演练实践	学中做 做中学
5	光传输设备基础维护	12	单元 1　2M 塞绳制作与使用实践 单元 2　电路的开放与调度实践 单元 3　设备光电接口参数测试分析实践 单元 4　机房告警识别处理实践	学中做 做中学
6	光传输设备配置维护	28	单元 1　SDH 光传输设备点到点组网配置 单元 2　SDH 光传输设备链形组网配置 单元 3　SDH 光传输设备环形组网配置 单元 4　SDH 光传输设备以太网口 ET1 配置 单元 5　SDH 光传输网络管理配置	学中做 做中学
7	光传输设备故障处理维护	22	单元 1　业务中断类型故障处理 单元 2　误码问题故障处理 单元 3　ECC 问题故障处理 单元 4　公务问题故障处理 单元 5　故障应急处理	学中做 做中学

五、学习情境及教学设计框架

创设学习情境的目的是为了帮助学生更有效地学习知识和技能，实现专业能力、方法能力和社会能力等职业能力的培养。学习情境是与学生所学习的内容相适应的包含任务的工作活动。描述学习情境的要素包括：教学目标、学习与实践内容、教学载体、教学组织形式与方法建议、教学环境与媒体选择、学生已有的学习基础、教师应具备的能力和考核评价说明。学习情境的详细描述见表 2～表 7。

表 2 “光传输线路与设备维护”学习情境 1 设计简表

学习情境 1	光缆线路基本维护	授课学时(建议)	20

教学目标

通过学习和实践,学生能够初识和完成典型光缆线路的基本维护任务。

具体教学目标为:能正确识别光缆类型,熟悉光缆线路的基本类型;根据光纤光缆线路的日常维护周期,制订维护作业计划;掌握路面、管道线路和架空光缆等线路的基本维护方法,正确填写维护日志,完成基本的维护工作;能够识别线路维护中的隐患,并采取正确方法处理线路维护中遇到的问题。

学习与实践内容	教学载体	教学组织形式与方法建议
• 光纤结构与导光原理 • 光纤通信系统基础知识 • 光缆类型及其应用场景 • 光缆线路维护指标与维护工作分类 • 光缆线路维护的主要项目和周期,编制光缆线路基本维护作业计划 • 路面维护主要工作实践 • 管道线路的主要维护工作实践 • 架空光缆线路和水线的基本维护实践 • 护线宣传活动策划和组织实践 • 光缆线路隐患识别与防范 • “三盯”工作实践 • 安全防护和政策法规 • 光缆线路维护日志填写	• 光纤 • 光缆 • 光缆线路	教学组织形式: 班级讨论、小组工作、独立学习 宏观教学方法: 任务驱动教学法 微观教学方法: • 动画演示 • 光纤光缆实物展示 • 录像播放 • 教师讲述 • 引导文教学法 • 现场教学法 • 案例教学 • 合作学习 • 班级讨论 • 角色扮演

教学环境与媒体选择	学生已有的学习基础	教师应具备的能力	考核评价说明
• 多媒体专业教室 • 多种类型的光缆实物 • 光缆线路环境、工作任务单 • 黑板、计算机、投影仪、PPT 课件 • 导光原理动画视频 • 相关分析案例和视频录像	• 光反射理论 • 熟练使用计算机 • 文字和语言表达能力 • 数据通信基础知识	• 综合运用各种教学法实施教学的组织和控制能力 • 熟悉和理解光缆线路维护内容 • 具有案例分析能力	• 自我评价 • 小组互评 • 教师评价

表 3 “光传输线路与设备维护”学习情境 2 设计简表

学习情境 2	光缆线路技术维护	授课学时(建议)	12

教学目标

通过学习和实践,学生能够完成典型光缆线路的技术维护任务。

具体教学目标为:熟悉光缆线路技术维护的测试项目、维护指标及其周期,掌握基本测试方法;能够使用光时域反射仪(OTDR)、光源、光功率计等测试仪表完成技术维护工作,测试给定光纤的长度、损耗;正确填写线路技术维护指标,并对指标数据进行基本分析。

续表

学习与实践内容	教学载体	教学组织形式与方法建议
• 光纤分类和种类 • 光纤常用特性指标与光纤标准体系 • 单模和多模光纤的特性及应用 • 光缆线路技术维护工作的主要测试项目、指标和周期 • 光源、光功率计的使用和操作 • 光时域反射仪(OTDR)原理 • OTDR的操作使用训练 • 测试给定光纤的长度 • 损耗测试 • 技术维护指标的填写和分析 • 测试仪表使用安全注意事项	• 单模和多模光纤 • 光缆线路 • 光时域反射仪(OTDR) • 技术维护规范	教学组织形式： 班级讨论、小组工作、独立学习 宏观教学方法： 任务驱动教学法 微观教学方法： • 动画演示 • 实物展示 • 录像播放 • 教师讲述 • 引导文教学法 • 演示法教学 • 实践操作训练 • 小组合作学习 • 案例教学

教学环境与媒体选择	学生已有的学习基础	教师应具备的能力	考核评价说明
• 多媒体专业教室 • 单模和多模光纤实物、工作任务单 • 光功率计、光源、OTDR仪表 • 黑板、计算机、投影仪、PPT课件 • 相关案例、仪表操作视频录像	• 光传输基本理论 • 光缆线路维护知识 • 熟练使用计算机 • 一定的英文水平	• 综合运用各种教学法实施教学的组织和控制能力 • 仪表操作能力 • 案例分析能力	• 自我评价 • 小组互评 • 教师评价

表4　“光传输线路与设备维护”学习情境3设计简表

学习情境3	光缆线路故障处理维护	授课学时(建议)	14

教学目标

通过学习和实践，学生能够完成典型光缆线路故障判断、处理与抢修维护任务。

具体教学目标为：按照光缆线路故障的分类，制订光缆线路故障处理与抢修作业计划，熟悉并掌握故障处理基本方法；了解造成光缆线路故障的主要因素和预防措施，记忆故障处理的原则；能够使用正确方法判断光缆线路故障的位置；能使用光纤熔接机、接头盒等完成光缆断点的修复。

学习与实践内容	教学载体	教学组织形式与方法建议
• 光缆线路故障的分类及故障处理方法 • 造成光缆线路故障的原因分析 • 故障处理原则 • 光缆线路故障点的判断 • 光缆线路故障点的修复方法 • 光纤熔接机操作和使用 • 光纤接续的OTDR监测方法 • 接头盒的封装及固定 • 接头盒固定应注意的事项 • 光缆的成端操作 • 光缆故障判断和处理时应该注意的事项	• 光缆线路 • 光纤熔接机 • 光缆线路 • 接头盒	教学组织形式： 班级讨论、小组工作、独立学习 宏观教学方法： 任务驱动教学法 微观教学方法： • 动画演示 • 实物展示 • 录像播放 • 教师讲述 • 引导文教学法 • 演示法教学 • 实践操作训练 • 小组合作学习 • 案例教学

续表

教学环境与媒体选择	学生已有的学习基础	教师应具备的能力	考核评价说明
• 光纤光缆实物、工作任务单 • 光功率计、光源、OTDR、光纤熔接机 • 黑板、计算机、投影仪、PPT课件 • 仪器仪表操作模拟动画 • 相关分析案例和录像	• OTDR、光源、光功率计的使用 • 光通信系统基础知识 • 光缆线路维护的基本知识和初步经验	• 综合运用各种教学法实施教学的组织和控制能力 • 光纤光缆仪表操作能力 • 案例分析能力	• 自我评价 • 小组互评 • 教师评价

表5 "光传输线路与设备维护"学习情境4设计简表

学习情境4	光传输设备基础维护	授课学时(建议)	12
教学目标			
通过学习和实践,学生能够了解和完成光传输设备的基本维护任务。 具体教学目标为:学生能够识别光端机房各类型设备,能描述它们的功能;熟悉并掌握主要设备的基本维护方法、日常维护任务及周期;能按指令要求完成电路开放和调度,完成2M误码指标测试;正确填写工作记录表格,完成基础性维护工作。			

学习与实践内容	教学载体	教学组织形式与方法建议
• PDH基本原理学习领会 • 光端机房设备认知与光端机房设备维护须知 • 线缆布放和标识实践 • 2M塞绳制作及使用测试 • 自环线制作与环回操作 • 2M电路主要性能指标认知 • 2M电路误码测试 • 电路资料识读 • 电路开放与调度操作实践及演练 • 光传输设备日常维护项目认知 • 机房告警识别与处理流程 • 光纤连接器的清理及尾纤的更换 • 设备维护原始记录和工作记录表格填写 • 机房维护安全知识认知	• 光传输设备 • 电路误码测试仪 • 电路资料 • 光纤连接器	教学组织形式: 班级讨论、小组工作、独立学习 宏观教学方法: 任务驱动教学法 微观教学方法: • 设备实物认识 • 教师讲述 • 现场教学法 • 实践操作训练 • 引导文教学法 • 角色扮演 • 小组策划;合作学习 • 班级讨论 • 启发式教学

教学环境与媒体选择	学生已有的学习基础	教师应具备的能力	考核评价说明
• 光传输机房环境 • 白板、PC机、投影仪、PPT课件 • 测试仪表和工具 • 相关案例、设备端口资料、工作任务单	• 光纤通信系统基本知识 • 交、直流电路知识 • 具有焊接技能	• 运用各种教学法实施教学的组织和控制能力 • 熟悉和理解光端机房维护经验 • 具有案例分析能力	• 自我评价 • 小组互评 • 教师评价

表 6 “光传输线路与设备维护”学习情境 5 设计简表

学习情境 5	光传输设备配置维护	授课学时(建议)	28

教学目标

通过学习和实践，学生能对 SDH 光传输设备进行基本的配置和维护。

具体教学目标为：能解释 SDH 基本原理，能描述设备组网的应用和各种接口的功能；根据工作任务单要求，制订作业计划，选择正确的配置方法，按照配置步骤，完成 SDH 设备在不同组网情形下的配置；掌握 SDH 设备基本维护方法，正确填写设备维护日志，完成设备维护工作。

学习与实践内容	教 学 载 体	教学组织形式与方法建议
• SDH、DWDM 基本原理学习领会 • 接入网各种接口认知 • 光传输设备技术手册识读 • 155M/622M 的光传输设备结构和单板功能、信号流向 • 光传输设备网管软件的基本操作 • 155M/622M 设备基本配置(点对点、链形、环形组网) • 2.5G 光传输设备结构和单板功能、信号流向 • 2.5G 光传输设备基本配置(链形、环形组网) • 光传输设备例行维护 • 网管系统设备例行维护 • 光传输设备维护注意事项	• 光传输设备 • 光传输网管软件	教学组织形式： 班级讨论、小组工作、独立学习 宏观教学方法： 任务驱动教学法 微观教学方法： • 设备实物认识 • 软件使用实际操作 • 教师讲述 • 现场教学法 • 录像(VCD)播放 • 引导文教学法 • 案例教学 • 合作学习 • 班级讨论 • 启发式教学

教学环境与媒体选择	学生已有的学习基础	教师应具备的能力	考核评价说明
• 光传输设备机房环境 • 白板、计算机、投影仪、PPT 课件 • 光传输设备和网管系统设备 • 相关案例、设备技术手册、工作任务单	• 光纤通信系统基本知识 • 熟练使用计算机 • 数据通信基础知识	• 运用各种教学法实施教学的组织和控制能力 • 具有光传输组网配置技能 • 案例分析能力	• 自我评价 • 小组互评 • 教师评价

表 7 “光传输线路与设备维护”学习情境 6 设计简表

学习情境 6	光传输设备故障处理维护	授课学时(建议)	22

教学目标

通过学习和实践，学生能对光传输设备故障进行分析，完成一般的故障处理任务。

具体教学目标为：学生能掌握光传输设备的一般故障识别，正确运用故障分析策略对故障进行定位及判断，通过采用必要的工具、方法对故障进行分析和测试；掌握一般故障的基本处理方法，完成一般故障的排除工作。

学习与实践内容	教学载体	教学组织形式与方法建议
• 设备告警系统面板指示灯及其含义认知 • 熟悉 SDH 设备告警信号流程 • 利用网管系统对设备性能测试 • 网管系统故障管理功能常用操作 • 光传输一般故障的识别、定位判断原则和定位基本方法认知 • 光传输一般故障处理过程、基本方法认知 • 光传输一般故障分类和典型案例分析 • 光传输一般故障处理 • 光传输综合故障处理 • 故障处理应急预案演练	• 光传输设备 • 光传输设备典型故障案例	教学组织形式： 班级讨论、小组工作、独立学习 宏观教学方法： 任务驱动教学法 微观教学方法： • 实践操作 • 实物展示 • 教师讲述 • 现场教学法 • 研究性学习 • 班级讨论 • 角色扮演 • 案例分析 • 思维导图

教学环境与媒体选择	学生已有的学习基础	教师应具备的能力	考核评价说明
• 光端机房环境 • 黑板、计算机、投影仪、PPT 课件、张贴板、自制教具 • 光传输设备和网管系统 • 测试工具、仪表和备件 • 相关案例、设备手册、工作任务单	• 光纤通信系统基本知识 • SDH 设备结构和配置知识 • 光传输基本维护知识 • 熟练使用计算机 • 数据通信基础知识 • 工具、仪表使用操作知识	• 运用各种教学法实施教学的组织和控制能力 • 具有光传输故障分析能力 • 案例分析能力 • 仪器仪表操作使用能力 • SDH 设备及网管系统设备操作技能	• 自我评价 • 小组互评 • 教师评价

六、教学实施建议

1. 教师应以光传输线路和光传输设备为主线，以维护任务为载体安排和组织教学活动，使学生在完成工作任务的活动中提高专业技能。

2. 教师在教学过程中，应注重学生在校学习与实际工作的一致性，采取任务驱动、课堂与实习地点一体化等教学模式。根据课程内容和学生特点，灵活运用案例分析、分组讨论、角色扮演、启发引导等教学方法，加强对学生学习方法的指导，通过引导问题、提示描述等在方法上指导学生的学习过程，引导学生积极思考、勇于实践，提高教学和学习效果。

3. 在实际教学活动中，教师应先提出完成工作任务的要求、时间安排及内容等，然后分析工作任务内容。在教学过程中，应以学生为中心，安排学生学习多以强调合作与交流学习的小组形式进行。以小组形式进行学习时，教师应对分组安排及小组讨论（或操作）的要求作出明确的规定。在实际操作教学活动中，教师应先示范操作，然后再组织学生进行测试、操作等实践活动，并将有关知识、技能与职业道德和情感态度有机融入到课程中。教师应营造民主和谐的教学氛围，激发学生参与教学活动，提高学生学习积极性，增强学生学习的信心与成就感。

4. 建议教师采用如图片、视频、动画演示等多种素材辅助教学，提高学生的学习兴趣，增强教学效果。

七、教学团队基本要求

1. 团队规模：基于每届3～4个教学班的规模，专兼职教师6人左右(含专业实训指导教师)。其中，专职教师4人，兼职教师2人。要求职称和年龄结构合理，互补性强。

2. 教师专业背景与能力要求：教师应具有通信企业工作经历、专业背景和丰富的教学经验；具备光传输线路与设备维护经验；具备光纤通信相关知识；具有各种光纤测试仪器的使用经验；具备光传输线路与设备维护的相关知识，能够正确、及时处理学生误操作产生的相关故障；具备一定的教学方法与教学设计能力。

3. 课程负责人：具备丰富的教学经验，教学效果良好，且熟悉高职高专学生教育规律；了解通信行业市场人才需求，具备通信行业背景与通信专业技术，实践经验丰富；在行业有一定影响，具有中级及以上职称。

4. “双师型”教师队伍建设：承担理论实践一体化课程和工学结合课程的专业教师应为“双师型”教师。“双师”比例应达到70%以上，要通过校企合作方式建设专兼结合的“双师型”教师队伍。

八、教学实验实训环境基本要求

实施“光传输线路与设备维护”课程教学，校内外实验实训硬件环境应具备表8所列条件。

表8　教学实验实训环境基本要求

序号	名　称	基本配置要求	功能说明
1	光线路维护校外实习环境	校企合作建立校外实习基地，要求企业具有维护或代理维护运营商的光缆线路环境。若不具备，也可通过学校周围的光缆环境实施教学	校外实训基地为课程现场教学提供条件
2	光纤通信实验室	尾纤、接头盒、光功率计、光时域反射仪(OTDR)、光纤熔接机，数量可根据自身条件而定	具备专业教室功能，为课程现场教学和光纤测试实验提供条件
3	光传输设备运行维护实训室	最小配置：2台以上的155Mbit/s或622Mbit/s的光传输设备和1台2.5Gbit/s的光传输设备，设备选型不限；以及配备终端30～40台PC终端，PC操作系统选择Windows 2000	为“光传输线路与设备维护”课程中光传输设备硬件结构、软件操作及设备配置维护实训提供条件

九、学习评价建议

1. 改革传统的学生学习评价手段与方法，关注学生学习评价的多元性。注重形成性评价和终结性评价相结合以及量化评价和质性评价相结合的评价方式。既要重视结果的正确性，又要重视学生学习和完成工作任务的态度、做事规范程度、完成作业等过程评价，学习评价方案突出整体性评价。

2. 建议实操考核相对独立，评价方式由百分制考核改为等级制考核。课程学习情境教学评价建议由学生自评、小组评价和教师评价三部分组成，建议比例分别为20%、30%和

50%。学生最终考核成绩由6个学习情境的平均成绩、实操考试和期末考试三部分成绩核算,建议比例分别为50%、20%和30%。若不参加实操考试或实操成绩不及格,则最终成绩评定为不及格。“光传输线路与设备维护”课程学习评价见表9。

表9 “光传输线路与设备维护”课程学习评价

评价内容与标准		学生自评	小组评价	教师评价
职业精神	不迟到、不缺课、不早退			
	学习认真,责任心强			
	积极参与完成项目各个步骤			
专业能力	专业理论知识的理解程度			
	系统结构与性能理解程度			
	维护规范熟悉程度			
	故障处理技能			
	安全用电知识了解程度			
	相关系统操作熟练程度			
	数据配置理解程度			
	实验过程中处理问题的能力			
方法能力	思想清晰,准备充分			
	信息的收集整理能力			
	工作方法有效			
	组织实施能力			
社会能力	团队沟通与协作			
	互相帮助			

十、课程教学资源开发与利用

1. 教师应根据课程目标,针对学习情境中的每个任务编写任务工单和教学设计方案。

2. 为满足课程教学质量要求,应有丰富的教学资源。教学资源包括:课程教材(自编或选用),多媒体PPT课件,视频录像,学习指南,工作任务书,教学模型,挂图,标准,线路维护手册和设备技术手册,规范,安全规章制度,光传输设备,尾纤,光纤测量仪器仪表等。

3. 充分利用电子期刊、数字图书馆、电子书籍和互联网等资源,丰富教学内容。

十一、其他说明

1. 本课程标准由电子信息工程技术专业教研室与深圳讯方通信技术有限公司、广东盈通网络投资有限公司合作开发。

2. 课程的部分实训教学内容由兼职教师承担教学任务。

“移动无线网络设备维护”课程标准

适用专业：电子信息工程技术专业
课程类别：专业学习领域
修课方式：必修课
教学时数：110学时
总学分数：6学分
编制人：侯春雨
审定人：李斯伟

一、制定课程标准的依据

本标准是依据《中华人民共和国职业教育法》、《关于加强高职高专教育人才培养工作的意见》(教高[2002]2号)、《关于全面提高高等职业教育教学质量的若干意见》(教高[2006]16号)等文件精神，以及电子信息工程技术专业的人才培养目标和培养规格的要求而制定，用于指导“移动无线网络设备维护”的课程改革与建设。

二、课程定位与作用

“移动无线网络设备维护”是高职电子信息工程技术专业针对第三代移动通信的WCDMA无线网络设备维护工作岗位的职业能力进行培养的一门重要的专业学习领域课程。本课程构建于“数字通信系统分析”、“数据通信网络组建与配置”、“交换设备运行维护”、“光传输线路与设备维护”等课程的基础上，通过职业分析，参照国家通信行业资格标准，设计上源于职业岗位典型工作任务的学习任务，使学生具有对第三代移动通信的WCDMA无线网络设备进行维护等专业能力的同时，获得工作过程知识，促进学生关键能力和职业素质的提高，从而发展学生的综合职业能力。本课程对学生职业能力培养和职业素质养成起明显的促进作用。

三、课程目标

通过“移动无限网络设备维护”的学习，使学生具有WCDMA无线网络设备维护职业岗位所需要的专业能力、方法能力和社会能力。

1. 专业能力目标

- 根据基站设备的日常维护周期，制订基站设备日常维护作业计划。
- 能正确识别基站天馈系统，能识别不同应用场景下的天线选型。
- 能对基站与基站控制器(RNC)设备硬件进行日常的基本维护。
- 能正确识别基站与RNC传输线路维护中的隐患，并采取正确方法处理线路维护中遇到的问题。
- 能熟练使用基站配置软件，并能根据预先获取的协商数据正确完成基站设备的数据配置。
- 能够正确使用基站本地维护软件，并能完成典型基站设备硬件的故障判断与处理。

- 能学会一般的基站传输故障判断与处理。
- 能学会典型基站小区的一般故障判断与处理维护。
- 能正确识别RNC设备各种硬件单板,并能正确描述其功能。
- 能根据设备手册的要求完成对RNC设备硬件的基本日常维护。
- 能对RNC设备传输线路进行例行维护。
- 能够正确使用基站本地维护软件,并完成RNC设备的数据配置。
- 熟悉WCMA网络规划原则与流程,能够根据具体网络规划需求进行网络容量、网络站型与站址的规划。
- 能够根据网络规划的结果,参照技术手册完成所需基站与RNC设备硬件数据的规划。

2. 方法能力目标
- 具有制订工作计划的能力。
- 具有查找资料的能力,能利用与筛查文献资料。
- 具有初步的解决问题能力。
- 具有独立学习移动通信新技术的初步能力。
- 具有评估工作结果的方法能力。
- 具有一定的分析与综合能力。

3. 社会能力目标
- 具有人际交往能力。
- 具有语言文字表达能力。
- 具有计划组织能力和团队协作能力。
- 遵守职业道德。

四、课程教学内容与学时安排建议

"移动无线网络设备维护"课程的教学内容与学时安排建议详见表1。

表1 "移动无线网络设备维护"课程的教学内容与学时安排建议

序号	学习情境名称	学时	学习(任务)单元划分	教学形式
1	课程导论(第一次课)	2	① 课程在专业中的地位 ② 实际工作岗位与课程教学内容的关系 ③ 本课程学习方法指导 ④ 课程学习评价要求	教师讲授 引导文教学法
2	基站设备维护	18	任务1 基站设备与配套设施认知 任务2 基站天馈系统认知 任务3 基站设备硬件维护 任务4 基站传输线路维护	学中做 做中学
3	基站设备配置维护	16	任务1 基站硬件数据配置 任务2 基站传输数据配置 任务3 基站小区数据配置	学中做 做中学
4	基站设备故障处理维护	10	任务1 维护工具软件LMT使用学习 任务2 基站硬件故障处理 任务3 基站传输故障处理 任务4 基站小区故障处理	学中做 做中学

续表

序号	学习情境名称	学时	学习(任务)单元划分	教学形式
5	RNC全局数据与设备数据配置	18	任务1 RNC设备硬件认知 任务2 RNC设备硬件维护 任务3 RNC传输线路认知与维护 任务4 RNC全局数据与设备数据配置	学中做 做中学
6	RNC接口数据与无线数据配置	28	任务1 RNC Iu-CS接口数据配置 任务2 RNC Iu-PS接口数据配置 任务3 RNC Iub接口及无线数据配置	做中学
7	WCDMA无线小区规划数据配置	18	任务1 无线网络容量规划 任务2 无线网络站型与站点规划 任务3 无线设备数据配置	做中学 任务驱动教学法

五、学习情境及教学设计框架

创设学习情境的目的是为了帮助学生更有效地学习知识和技能,实现专业能力、方法能力和社会能力等职业能力的培养。学习情境是与学生所学习的内容相适应的包含任务的工作活动。描述学习情境的要素包括:教学目标、学习与实践内容、教学载体、教学组织形式与方法建议、教学环境与媒体选择、学生已有的学习基础、教师应具备的能力和考核评价说明。学习情境的详细描述见表2～表7。

表2 "移动无线网络设备维护"学习情境1设计简表

学习情境1	基站设备基本维护	授课学时(建议)	18
教学目标			
通过学习和实践,学生能够初识和完成WCDMA典型基站设备的基本维护任务。 具体教学目标为:掌握移动通信基础知识,理解GSM移动通信原理,了解WCDMA基站的功能与基本类型,能正确识别基站机架机框的结构,熟悉基站各种单板类型与功能,了解天线工作原理与选型原则,掌握基站的基本维护方法、日常维护任务及周期;了解WCDMA无线接入网络传输组网方式,掌握E1、双绞线等传输线路的基本维护方法,完成基本的维护工作。能够识别WCDMA基站基本维护中的隐患,并采取正确方法处理基站维护中遇到的问题。			

学习与实践内容	教学载体	教学组织形式与方法建议
• 移动通信基础知识 • GSM与GPRS通信原理 • 3G概述与CDMA基本原理 • 基站类型与应用场景 • WCDMA基站设备技术手册识读 • WCDMA基站设备结构和单板功能 • 电源柜与传输架等基站配套设备认知实践 • 基站天馈系统认知实践 • 天线工作原理与选型原则 • BBU硬件维护 • RRU硬件维护 • 基站传输线路维护工作实践 • 基站设备基本维护注意事项	• WCDMA基站设备 • 天线实物	教学组织形式: 班级讨论、小组工作、独立学习 宏观教学方法: 任务驱动教学法 微观教学方法: • 动画演示 • 基站实物讲解 • 录像播放 • 教师讲述 • 引导文教学法 • 现场教学法 • 案例教学 • 小组策划 • 合作学习 • 班级讨论

续表

教学环境与媒体选择	学生已有的学习基础	教师应具备的能力	考核评价说明
• 具体基站设备实物 • WCDMA设备组网环境、工作任务单 • 黑板、计算机、投影仪、PPT课件 • 相关分析案例和视频录像	• 熟练使用计算机 • 文字和语言表达能力 • 数据通信基础知识 • 传输技术基础知识	• 综合运用各种教学法实施教学的组织和控制能力 • 熟悉和理解基站基本维护内容 • 具有案例分析能力	• 自我评价 • 小组互评 • 教师评价

表3 "移动无线网络设备维护"学习情境2设计简表

学习情境2	基站设备配置维护	授课学时(建议)	16

教学目标

通过学习和实践,学生能对WCDMA基站设备进行基本的配置和维护。

具体教学目标为:能解释CDMA的基本原理,能描述WCDMA无线网络结构和各种接口的功能;根据工作任务单要求,制订作业计划,选择正确的配置方法,按照配置步骤,完成WCDMA基站硬件数据、传输数据与小区数据的配置,并使用生成的配置文件进行基站配置数据的加载。

学习与实践内容	教学载体	教学组织形式与方法建议
• WCDMA无线网络结构与接口协议 • ATM技术原理 • 移动通信组网技术初识 • BBU+RRU的组网方式(链形与环形) • WCDMA基站配置软件CME使用 • WCDMA基站初始配置指南文件识读 • WCDMA基站硬件数据配置 • WCDMA基站传输数据配置 • WCDMA基站小区数据配置 • WCDMA基站配置数据加载	• WCDMA基站设备 • 基站配置软件CME	教学组织形式: 班级讨论、小组工作、独立学习 宏观教学方法: 任务驱动教学法 微观教学方法: • 软件使用实际操作 • 教师讲述 • 现场教学法 • 录像播放 • 引导文教学法 • 案例教学 • 小组策划;合作学习 • 班级讨论 • 启发式教学

教学环境与媒体选择	学生已有的学习基础	教师应具备的能力	考核评价说明
• WCDMA无线接入网机房环境 • 白板、计算机、投影仪、PPT课件 • WCDMA设备和计算机 • 相关案例、设备技术手册、工作任务单	• 移动通信基本知识 • WCDMA无线网基础知识 • 数据通信基础知识 • 熟练使用计算机	• 运用各种教学法实施教学的组织和控制能力 • 具有WCDMA基站配置技能 • 案例分析能力	• 自我评价 • 小组互评 • 教师评价

表 4　“移动无线网络设备维护”学习情境 3 设计简表

学习情境 3	基站设备故障处理维护	授课学时(建议)	10

教学目标

通过学习和实践,学生能对 WCDMA 基站设备故障进行分析和常见的故障处理。

具体教学目标为:学生能掌握基站设备的常见故障识别,正确运用故障分析策略对故障进行定位及判断,通过采用必要的工具、方法对故障进行分析和测试;掌握常见故障的基本处理方法,完成常见故障的排除工作。

学习与实践内容	教学载体	教学组织形式与方法建议
• 设备告警系统面板指示灯及其含义认知 • 熟悉本地维护工具 LMT 使用 • 了解基站设备告警管理相关概念 • 熟悉基站告警处理相关操作 • 基站设备常见故障的识别、定位判断原则和定位基本方法认知 • 基站设备常见故障处理过程、基本方法认知 • 基站设备常见故障分类和典型案例分析 • 基站设备常见故障处理 • 故障处理应急预案演练 • 故障处理记录填写 • WCDMA 无线接口关键技术	• WCDMA 基站设备 • 本地维护工具 LMT	教学组织形式: 班级讨论、小组工作、独立学习 宏观教学方法: 任务驱动教学法 微观教学方法: • 实践操作 • 实物展示 • 教师讲述 • 现场教学法 • 小组策划 • 合作学习 • 班级讨论 • 案例分析 • 思维导图

教学环境与媒体选择	学生已有的学习基础	教师应具备的能力	考核评价说明
• WCDMA 无线网络机房环境 • 黑板、计算机、投影仪、PPT 课件、张贴板、自制教具 • WCDMA 设备和电脑 • 测试工具 • 相关案例、设备手册、工作任务单	• WCDMA 系统基本知识 • 基站设备结构和配置知识 • 基站基本维护知识 • 熟练使用计算机 • 数据通信基础知识 • 工具、仪表使用操作知识	• 运用各种教学法实施教学的组织和控制能力 • 具有基站故障分析能力 • 案例分析能力 • 仪器仪表操作使用能力 • 基站设备维护软件操作技能	• 自我评价 • 小组互评 • 教师评价

表 5　“移动无线网络设备维护”学习情境 4 设计简表

学习情境 4	RNC 全局数据与设备数据配置	授课学时(建议)	18

教学目标

通过学习和实践,学生能够初识和完成 WCDMA 无线网络控制器(RNC)设备的基本维护任务。

具体教学目标为:学生能够掌握 RNC 设备硬件结构,识别各类型单板,能描述它们的功能;熟悉并掌握 RNC 设备的基本维护方法、日常维护任务及周期;能按要求完成 RNC 单板与模块更换,完成常用线缆检查与更换,正确填写维护日志,完成日常维护工作。

续表

学习与实践内容		教学载体	教学组织形式与方法建议
• RNC 设备认知 • RNC 设备维护须知 • RNC 例行维护项目 • RNC 设备的上电和下电 • 单板指示灯显示信息识别 • 常用单板更换与维护 • 常用线缆检查与更换 • RNC 传输线路检查与维护 • RNC 维护软件 LMT 使用 • RNC 全局数据与设备数据配置 • 全局数据准备与对接数据表填写 • 机房维护安全知识		• RNC 基站控制器设备 • 线缆 • RNC 维护软件 LMT	教学组织形式： 班级讨论、小组工作、独立学习 宏观教学方法： 任务驱动教学法 微观教学方法： • 设备实物认识 • 教师讲述 • 现场教学法 • 实践操作训练 • 引导文教学法 • 小组策划;合作学习 • 班级讨论 • 启发式教学
教学环境与媒体选择	学生已有的学习基础	教师应具备的能力	考核评价说明
• WCDMA 设备机房环境 • 白板、PC、投影仪、PPT 课件 • 测试仪表和工具 • 相关案例、设备数据资料、工作任务单	• WCMDA 系统基本知识 • 交、直流电路知识 • 熟练使用计算机 • 传输技术基础知识	• 运用各种教学法实施教学的组织和控制能力 • 熟悉和理解 RNC 设备维护经验 • 具有案例分析能力	• 自我评价 • 小组互评 • 教师评价

表 6 “移动无线网络设备维护”学习情境 5 设计简表

学习情境 5	RNC 接口与无线数据配置	授课学时(建议)	28

教学目标

通过学习和实践，学生能对 WCDMA RNC 设备进行基本的配置和维护。

具体教学目标为：能理解 WCDMA 无线网络结构和各种接口的功能，能描述各种接口协议栈结构；根据工作任务单要求，制订作业计划，选择正确的配置方法，按照配置步骤，完成 WCDMA RNC 设备 BSC6810 Iu-CS、Iu-PS、Iub 接口数据与无线数据的配置，并使用生成的配置文件进行 RNC 配置数据的加载。

学习与实践内容	教学载体	教学组织形式与方法建议
• WCDMA 无线网络结构与接口功能 • 基于 ATM 传输的各个接口协议栈结构 • 基于 IP 传输的各个接口协议栈结构 • WCDMA 业务流程学习 • HSPDA 原理知识入门学习 • WCDMA 无线接口与无线信道 • RNC 初始配置指南文件识读 • 接口初始配置对接数据表填写 • RNC Iu-CS 接口数据配置 • RNC Iu-PS 接口数据配置 • RNC Iub 接口及无线数据配置	• RNC 基站控制器设备 • RNC 维护软件 LMT • RNC 基站控制器设备配置手册	教学组织形式： 班级讨论、小组工作、独立学习 宏观教学方法： 任务驱动教学法 微观教学方法： • 软件使用实际操作 • 教师讲述 • 现场教学法 • 引导文教学法 • 案例教学 • 小组策划;合作学习 • 班级讨论 • 启发式教学

续表

教学环境与媒体选择	学生已有的学习基础	教师应具备的能力	考核评价说明
• WCDMA 无线接入网机房环境 • 白板、计算机、投影仪、PPT 课件 • BSC6810 设备和计算机 • 相关案例、设备技术手册、工作任务单	• 移动通信基本知识 • WCDMA 无线网基础知识 • 数据通信基础知识 • 熟练使用计算机	• 运用各种教学法实施教学的组织和控制能力 • 具有 WCDMA RNC 设备配置技能 • 案例分析能力	• 自我评价 • 小组互评 • 教师评价

表 7　"移动无线网络设备维护"学习情境 6 设计简表

学习情境 6	WCDMA 无线小区规划数据配置	授课学时(建议)	18

教学目标

通过学习和实践,学生能对 WCDMA 无线网络进行基本的规划与相应的设备数据配置。

具体教学目标为:能理解 WCDMA 无线网络规划原则,熟悉无线网络规划的基本流程,掌握 WCDMA 网络规划常用计算方式,并能够根据规划结果进行所需设备硬件配置的估算;能够根据工作任务单要求,制订作业计划,选择正确的规划方法,按照规划步骤,完成 WCDMA 无线网络的基本规划任务,并进行相应的设备硬件配置。

学习与实践内容	教 学 载 体	教学组织形式与方法建议
• WCDMA 无线网络规划原则 • WCDMA 无线网络规划流程 • 网络规划案例分析 • 无线网络容量规划实践 • 无线网络站型与站点规划实践 • 无线设备数据配置规划实践 • 未来移动通信技术发展与演进趋势	WCDMA 无线网络规划案例	教学组织形式: 班级讨论、小组工作、独立学习 宏观教学方法: 任务驱动教学法 微观教学方法: • 软件使用实际操作 • 教师讲述 • 现场教学法 • 引导文教学法 • 案例教学 • 小组策划;合作学习 • 班级讨论 • 启发式教学

教学环境与媒体选择	学生已有的学习基础	教师应具备的能力	考核评价说明
• WCDMA 无线接入网机房环境 • 白板、计算机、投影仪、PPT 课件 • BSC6810 设备和计算机 • 相关案例、设备技术手册、工作任务单	• 移动通信基本知识 • WCDMA 无线网基础知识 • 数据通信基础知识 • 熟练使用计算机	• 运用各种教学法实施教学的组织和控制能力 • 具有 WCDMA 无线网络规划的技能 • 案例分析能力	• 自我评价 • 小组互评 • 教师评价

六、教学实施建议

1. 根据行业企业发展需要和完成职业岗位实际工作任务所需要的知识、能力、素质要求，选取教学内容，并为学生可持续发展奠定良好的基础。

2. 遵循学生职业能力培养的基本规律，以 WCDMA 基站设备与 RNC 设备为依据整合、序化教学内容，以维护任务为载体安排和组织教学活动，教、学、做结合，理论与实践一体化，使学生在完成工作任务的活动中提高专业技能。

3. 根据课程内容和学生特点，灵活运用案例分析、分组讨论、角色扮演、启发引导等教学方法。在教学实施过程中，教师应先提出完成工作任务的要求、时间安排及内容等，然后分析工作任务内容。在教学过程中，应以学生为中心，学生学习多以强调合作与交流学习的小组形式进行。以小组形式进行学习时，教师应对分组安排及小组讨论(或操作)的要求作出明确的规定。在实际操作教学活动中，教师应先示范操作，然后再组织学生进行测试、操作等实践活动。

4. 教师应加强对学生学法的指导，通过引导问题、提示描述等在方法上指导学生的学习过程，并将有关知识、技能与职业道德和情感态度有机融入到课程中。教师应营造民主、和谐的教学氛围，激发学习者参与教学活动，提高学习者学习积极性，增强学生学习的信心与成就感。

5. 建议教师采用如图片、视频、FLASH 动画演示等多种素材辅助教学，提高学生的学习兴趣，增强教学效果。

七、教学团队基本要求

1. 团队规模：基于每届 3～4 个教学班的规模，专兼职教师 6 人左右(含专业实训指导教师)。其中，专职教师 4 人，兼职教师 2 人。要求职称和年龄结构合理，互补性强。

2. 教师专业背景与能力要求：教师应具有通信企业工作经历、专业背景和丰富的教学经验；具备 WCDMA 基站设备与 RNC 设备的维护经验；具备 WCDMA 移动通信相关知识；具备 WCDMA 无线网络设备维护的相关知识，能够正确、及时处理学生误操作产生的相关故障；具备一定的教学方法与教学设计能力。

3. 课程负责人：具备丰富的教学经验，教学效果良好，且熟悉高职高专学生教育规律；了解通信行业市场人才需求，具备通信行业背景与通信专业技术，实践经验丰富；在行业有一定影响，具有中级及以上职称。

4. “双师型”教师队伍建设：承担理论实践一体化课程和工学结合课程的专业教师应为“双师型”教师。“双师”比例应达到 70%以上，要通过校企合作方式建设专兼结合的“双师型”教师队伍。

八、教学实验实训环境基本要求

实施“移动无线网络设备维护”课程教学，校内外实验实训硬件环境应具备表 8 所列条件。

表8 教学实验实训硬件环境基本要求

名 称	基本配置要求	功能说明
WCMDA 无线网络设备运行维护实训室	最小配置：1台或以上的 WCDMA 基站设备和1台 WCDMA 无线网络控制器(RNC)设备，设备选型不限；配备终端 40 台 PC 终端，PC 操作系统选择 Windows 2000	为"移动无线网络设备维护"课程中无线设备硬件结构、软件操作及设备配置维护实训提供条件

九、学习评价建议

1. 改革传统的学生学习评价手段与方法，关注学生学习评价的多元性，注重形成性评价和终结性评价相结合以及量化评价和质性评价相结合的评价方式。既要重视结果的正确性，又要重视学生学习和完成工作任务的态度、做事规范程度、完成作业等过程评价。

2. 建议实操考核相对独立，评价方式由百分制考核改为等级制考核，学习评价方案突出整体性评价。

3. 课程学习情境教学评价建议由学生自评、小组评价和教师评价三部分组成，建议比例分别为20%、30%和50%。学生最终考核成绩由6个学习情境的平均成绩、实操考试和期末考试三部分成绩核算，建议比例分别为50%、20%和30%。若不参加实操考试或实操成绩不及格，则最终成绩评定为不及格。"移动无线网络设备配置维护"课程学习评价建议见表9。

表9 "移动无线网络设备配置维护"课程学习评价建议

学习评价内容与标准		学生自评	小组评价	教师评价
职业精神	不迟到、不缺课、不早退			
	学习认真，责任心强			
	积极参与完成项目各个步骤			
专业能力	专业理论知识理解程度			
	系统结构理解程度			
	设备性能了解程度			
	工程安装流程熟悉程度			
	维护规范熟悉程度			
	故障处理技能			
	安全用电操作情况			
	相关系统操作熟练程度			
	数据配置理解程度			
	实验过程中处理问题的能力			
方法能力	思想清晰，准备充分			
	信息的收集整理能力			
	工作方法有效			
	组织实施能力			

续表

学习评价内容与标准		学生自评	小组评价	教师评价
社会能力	团队沟通			
	团队协作			
	互相帮助			

十、课程教学资源开发与利用

1. 教师应根据课程目标,针对学习情境中的每个任务编写任务工单和教学设计方案。

2. 为满足课程教学质量要求,应有丰富的教学资源。教学资源包括:课程教材(自编或选用),多媒体 PPT 课件,视频录像,学习指南,工作任务书,教学模型,挂图,移动通信行业标准与规范,设备技术手册,设备配置手册,设备维护技术,手册基站维护规范,安全规章制度,WCMDA 无线网络设备等。

3. 充分利用电子期刊、数字图书馆、电子书籍和互联网等资源,丰富教学内容。

十一、其他说明

1. 本课程标准由电子信息工程技术专业教研室与深圳讯方通信技术有限公司、广州市通信建设有限公司合作开发。

2. 课程的部分实训教学内容可由兼职教师承担教学任务。

“通信工程服务”课程标准

适用专业:电子信息工程技术专业

课程类别:专业学习领域

修课方式:必修课

教学时数:30 学时

总学分数:1 学分

编制人:王贵

审定人:李斯伟

一、制定课程标准的依据

本标准是依据《国务院关于大力发展职业教育的决定》(国发[2005]35 号)、教育部《关于职院校试行工学结合、半工半读的意见》、《关于加强高职高专教育人才培养工作的意见》(教高[2002]2 号)和《关于全面提高高等职业教育教学质量的若干意见》(教高[2006]16 号)等文件精神,以及电子信息工程技术专业的人才培养目标和培养规格的要求而制定,用于指导“通信工程服务”的课程编制。

二、课程定位与作用

"通信工程服务"是高职电子信息工程技术专业针对通信工程服务与维护工作岗位的职业能力进行培养的一门重要的专业技术学习领域课程。本学习领域课程构建于"电工电路分析"、"数据网络组建与配置"、"光传输线路与设备维护"、"移动无线网络设备配置维护"等课程的基础上，通过完成源于职业岗位典型工作任务的学习任务，使学生具有通信设备硬件安装与维护等专业能力的同时，获得工作过程知识，熟悉通信设备安装服务规范与业务流程，并了解通信工程服务项目运作流程与规范，促进学生关键能力和综合素质的提高，从而发展学生的综合职业能力。

三、课程目标

通过"通信工程服务"的学习，使学生具有通信工程服务岗位所需要的专业能力、方法能力和社会能力。

1. 专业能力目标

- 掌握通信设备机柜、线缆、单板、电源及天馈系统的安装工艺，能够完成设备硬件安装与督导工作。
- 根据通信设备的日常维护周期，制订设备维护作业计划。
- 能够识别设备维护中的隐患，并采取正确方法处理设备维护中遇到的问题。
- 能正确使用驻波比测试仪等常用测试仪器仪表对天馈线缆等进行性能测试，完成通信设备的硬件安装与维护工作。
- 能按照相关设备技术手册规范对通信设备硬件进行安装与维护。
- 能对通信设备进行设备的例行维护。
- 能阅读通信设备相关产品的技术手册。

2. 方法能力目标

- 熟悉通信服务行业的通信设备安装服务、扩容割接服务及升级改造服务的规范与业务流程，具备可按照规范与流程要求独立完成工作的能力。
- 熟悉通信服务行业的通信工程安全生产知识，具备在工作中确保人身安全与设备安全的能力。
- 熟悉通信工程勘测业务流程，具备完成常规的工程勘测工作的能力。
- 了解通信建设工程项目流程与管理规范，具有制订工作计划与撰写项目进度报告的能力。

3. 社会能力目标

- 具有人际交往能力。
- 具有与客户进行良好沟通和相处的能力。
- 具有语言文字表达能力。
- 具有计划组织能力和团队协作能力。
- 遵守职业道德。

四、课程教学内容与学时安排建议

“通信工程服务”课程的教学内容与学时安排建议详见表1。

表1 “通信工程服务”课程的教学内容与学时安排建议

序号	学习情境名称	学时	学习(任务)单元划分	教学形式
1	项目工前准备	8	① 撰写《工程策划报告》 ② 项目信息、技术资料与文件准备的模拟演练 ③ 客户拜访模拟演练 ④ 工前协调会模拟演练	教师集中讲授
2	项目施工工作督导模拟	16	① 通信设备安装督导实践(包括机柜、线缆、单板、电源及天馈系统) ② 通信设备督导模拟演练 ③ 项目工程例会模拟演练	现场教学法 学中做 做中学
3	项目验收	6	① 硬件安装验收模拟演练 ② 撰写《工程总结报告》与准备硬件竣工文件演练	案例教学 问题引导教学法

五、学习情境及教学设计框架

创设学习情境的目的是为了帮助学生更有效地学习知识和技能,实现专业能力、方法能力和社会能力等职业能力的培养。学习情境是与学生所学习的内容相适应的包含任务的工作活动。描述学习情境的要素包括:教学目标、学习与实践内容、教学载体、教学组织形式与方法建议、教学环境与媒体选择、学生已有的学习基础、教师应具备的能力和考核评价说明。学习情境的详细描述见表2～表4。

表2 “通信工程服务”学习情境1设计简表

<table>
<tr><td>学习情境1</td><td>项目工前准备</td><td>授课学时(建议)</td><td>8</td></tr>
<tr><td colspan="4">教学目标</td></tr>
<tr><td colspan="4">通过学习和情景模拟,学生能够初识工前准备流程,了解工程准备要与哪些人打交道,准备的内容有哪些,熟悉通信建设工程项目流程与管理规范。</td></tr>
<tr><td colspan="2">学习与实践内容</td><td>教学载体</td><td>教学组织形式与方法建议</td></tr>
<tr><td colspan="2">• 通信建设工程项目流程与管理规范
• 通信项目工前准备流程
• 工前准备文档与设备清单
• 工程策划报告</td><td>• 通信工程项目实际案例
• 工程文档
• 通信建设工程项目管理规范</td><td>教学组织形式:
班级讨论、小组工作、独立学习
宏观教学方法:
角色扮演教学法
微观教学方法:
• 教师讲述
• 案例教学
• 小组策划
• 研究性学习</td></tr>
</table>

续表

教学环境与媒体选择	学生已有的学习基础	教师应具备的能力	考核评价说明
• 多媒体专业教室 • 通信设备实训中心 • 黑板、计算机、投影仪、PPT课件 • 相关工程案例 • 规范与流程手册、工作任务单	• 通信系统基本知识 • 通信设备基本维护知识 • 熟练使用计算机 • 熟练使用 Office 办公软件	• 运用各种教学法实施教学的组织和控制能力 • 熟悉通信工程实施的各项业务流程与规范 • 案例分析能力	• 自我评价 • 小组互评 • 教师评价

表3　"通信工程服务"学习情境2设计简表

学习情境2	项目施工工作督导模拟	授课学时(建议)	16

教学目标

通过学习和实践,学生能够完成通信设备机柜、线缆、单板、电源及天馈系统的安装;掌握通信设备硬件安装基本工艺与方法,能够胜任设备硬件安装与督导的工作;根据硬件安装项目的日常进度制订项目工作计划,填写项目进度报告;能够识别设备安装过程中的隐患,并采取正确方法处理项目施工过程遇到的各种技术与非技术问题;熟悉通信设备安装、扩容和割接服务规范与业务流程,掌握通信工程安全生产知识,确保施工过程中的人身与设备安全。

学习与实践内容	教学载体	教学组织形式与方法建议
• 通信设备安装服务规范与业务流程 • 通信工程扩容割接服务规范与业务流程 • 通信工程升级改造服务规范与业务流程 • 工程勘测业务流程 • 通信工程安全生产知识 • 通信设备机柜安装工艺与督导 • 通信设备线缆安装工艺与督导 • 通信设备单板安装工艺与督导 • 通信设备电源系统安装工艺与督导 • 通信设备天馈系统安装工艺与督导	• 通信设备安装文件 • 通信工程项目实际案例 • 工程文档	教学组织形式: 班级讨论、小组工作、独立学习 宏观教学方法: 角色扮演教学法 微观教学方法: • 实物展示 • 录像播放 • 教师讲述 • 演示法教学 • 实践操作训练 • 研究性学习 • 案例教学

教学环境与媒体选择	学生已有的学习基础	教师应具备的能力	考核评价说明
• 多媒体专业教室 • 通信设备实训中心 • 黑板、计算机、投影仪、PPT课件 • 相关工程案例 • 规范与流程手册、工作任务单	• 通信系统基本知识 • 通信设备基本维护知识 • 熟练使用计算机 • 熟练使用 Office 办公软件	• 运用各种教学法实施教学的组织和控制能力 • 熟悉通信工程实施的各项业务流程与规范 • 具有通信设备硬件安装经验 • 案例分析能力	• 自我评价 • 小组互评 • 教师评价

表 4 “通信工程服务”学习情境 3 设计简表

<table>
<tr><td>学习情境 3</td><td colspan="2">项目验收</td><td>授课学时(建议)</td><td>6</td></tr>
<tr><td colspan="5">教学目标</td></tr>
<tr><td colspan="5">通过学习和情景模拟,学生能够了解施工完成后的项目初验流程;了解初验准备的内容与作用;了解工程完工后所需提交的文档清单;掌握与客户沟通的技巧。</td></tr>
<tr><td colspan="2">学习与实践内容</td><td colspan="2">教学载体</td><td>教学组织形式与方法建议</td></tr>
<tr><td colspan="2">• 项目初验流程
• 初验准备的内容与作用
• 工程完工后所需提交的文档清单
• 工程总结报告</td><td colspan="2">工程文档清单</td><td>教学组织形式:
班级讨论、小组工作、独立学习
宏观教学方法:
角色扮演教学法
微观教学方法:
• 教师讲述
• 案例教学
• 研究性学习</td></tr>
<tr><td>教学环境与媒体选择</td><td>学生已有的学习基础</td><td colspan="2">教师应具备的能力</td><td>考核评价说明</td></tr>
<tr><td>• 多媒体专业教室
• 通信设备实训中心
• 黑板、计算机、投影仪、PPT 课件
• 相关工程案例
• 规范与流程手册、工作任务单</td><td>• 通信系统基本知识
• 通信设备基本维护知识
• 熟练使用计算机
• 熟练使用 Office 办公软件</td><td colspan="2">• 运用各种教学法实施教学的组织和控制能力
• 熟悉通信工程实施的各项业务流程与规范
• 案例分析能力</td><td>• 自我评价
• 小组互评
• 教师评价</td></tr>
</table>

六、教学实施建议

1. 教师应以通信工程服务项目流程为主线,以具体项目任务和设备安装任务为载体安排和组织教学活动,使学生在完成工作任务的活动中提高专业技能。

2. 针对本课程的特点,建议教师在实施教学过程中采用角色扮演教学法,在教学中给学生提供一个活动情景,要求参与活动的学生在其中分别担任一个相应的角色并出场表演,其余的学生则作为观众观看表演。表演结束后进行情况汇报,并让表演者、观看者和老师共同对整个活动情况进行讨论,让学生在一个逼真而没有风险的环境中去体验、练习各种专业技能。

3. 建议教师将有关知识、技能与职业道德和情感态度有机融入到课程中,营造民主和谐的教学氛围,激发学生参与教学活动,提高学生学习积极性,增强学生学习的信心与成就感。

4. 教师应积极创设职业情境,采用如图片、视频、动画演示等多种素材辅助教学,提升学生的学习兴趣,增强教学效果。

七、教学团队基本要求

1. 团队规模：基于每届3～4个教学班的规模，专兼职教师4人左右(含专业实训指导教师)。其中，专职教师2人，兼职教师2人。要求职称和年龄结构合理，互补性强。

2. 教师专业背景与能力要求：教师应具有通信企业工作经历、专业背景和丰富的教学经验；具有通信设备安装与调测经验，熟悉通信工程实施的各项业务流程与规范，能够正确、及时处理学生误操作产生的相关故障；具备一定的教学方法与教学设计能力。

3. 课程负责人：具备丰富的教学经验，教学效果良好，且熟悉高职高专学生教育规律；了解通信行业市场人才需求，具备通信行业背景与通信专业技术，实践经验丰富；在行业有一定影响，具有中级及以上职称。

4. "双师型"教师队伍建设：承担理论实践一体化课程和工学结合课程的专业教师应为"双师型"教师。"双师"比例应达到70%以上，要通过校企合作方式建设专兼结合的"双师型"教师队伍。

八、教学实验实训环境基本要求

实施"通信工程服务"课程教学，校内外实验实训硬件环境应具备的条件如表5所示。

表5　教学实验实训环境基本要求

序号	名　　称	基本配置要求	功能说明
1	硬件安装校外实习环境	校企合作建立校外实习基地，要求企业具有安装或代理维护运营商的通信设备环境。若不具备，也可通过学校内部实验室实施教学	校外实训基地为课程现场教学提供条件
2	通信设备实训室	相应的通信设备和仪器仪表	具备专业教室功能，为课程现场教学和硬件安装工艺讲解与实验提供条件

九、学习评价建议

1. 教学评价主要是指学生学业评价，关注评价的多元性。注重过程评价和结果评价相结合的评价方式。既要重视结果的正确性，又要重视学生学习和完成工作任务的态度、做事规范程度、完成作业等过程评价。

2. 实操考核相对独立，评价方式由百分制考核改为等级制考核，课程考核方案突出整体性评价。

3. 课程学习情境教学评价建议由学生自评、小组评价和教师评价三部分组成，比例分别为20%、30%和50%。学生最终考核成绩由3个学习情境的平均成绩、实操考试和期末考试三部分成绩核算，比例分别为50%、20%和30%。若不参加实操考试或实操成绩不及格，则最终成绩评定为不及格。"通信工程服务"课程学习评价建议见表6。

表6 “通信工程服务”课程学习评价建议

评价类型	评价内容	评价标准	成绩权重
过程评价	工作态度	出勤情况	0.5
	团队精神	合作与协调情况	
	安全意识	是否按安全操作规程工作	
	遵守工程服务工作流程与规范	规范的工作行为习惯与服务规范	
	学生自评与互评	客观地评价自己和他人	
结果评价	质量与效果	工程报告	0.5
	PPT 宣讲	PPT 制作、汇报和提问	

十、学习领域课程资源开发与利用

1. 教师应根据课程目标,针对学习情境中的每个任务编写学习工作页(单)和教学设计方案。

2. 为满足课程教学质量要求,应有丰富的教学资源。教学资源包括:课程教材(自编或选用),多媒体 PPT 课件,视频录像,学习指南,工作任务书,具体规范标准,设备技术手册,规范,安全规章制度,通信设备,驻波比测量仪等。

3. 充分利用电子期刊、数字图书馆、电子书籍和互联网等资源,丰富教学内容。

十一、其他说明

本课程标准由电子信息工程技术专业教研室与深圳讯方通信技术有限公司、广州通信建设有限公司合作开发。

“顶岗实习”课程标准

适用专业:电子信息工程技术专业
课程类别:专业技术学习领域
修课方式:必修课
教学时数:13 周(折算学时:390 学时)
总学分数:13 学分
编制人:徐佩安
审定人:张建超

一、制定课程标准的依据

本标准是依据《国务院关于大力发展职业教育的决定》(国发[2005]35 号)、教育部《关于职院校试行工学结合、半工半读的意见》、《关于加强高职高专教育人才培养工作的意见》

(教高[2002]2号)和《关于全面提高高等职业教育教学质量的若干意见》(教高[2006]16号)等文件精神,以及电子信息工程技术专业的人才培养目标和培养规格的要求而制定,用于指导"顶岗实习"的课程编制。

二、课程定位与作用

"顶岗学习"是高职电子信息工程技术专业课程体系中一门重要的完成岗位适应性训练的专业核心课程。本课程构建于"数据通信网络组建与配置"、"交换设备运行维护"、"移动无线网络设备维护"等专业技术学习领域课程形成专项能力的基础上,基于职业岗位工作分析,以岗位实际工作任务为载体,学生以"职业人"的身份从事企业岗位的实际工作,承担工作岗位规定的责任和义务,学习和积累相关的工作经验,初步胜任岗位工作。通过顶岗实习,可以促进工作与学习的一体化,不断提升学生的职业认识、职业技能和职业情感,并为学生顺利就业和职业发展提供机会。

三、课程目标

通过顶岗实习,使学生能够客观地认识社会,增强职业岗位适应性,帮助学生完成从学生到"职业人"的过渡。具体目标如下:

- 能全面了解企业组织结构,熟悉职业活动的工作情境。
- 能将专业知识的学习和技能的掌握应用到通信工程工作现场。
- 参与企业的生产实践,熟悉企业的岗位职责和工作流程等工作内容。
- 掌握所在岗位和具体部门的业务流程。
- 理解设备的操作规程和质量标准等工作规范。
- 提高分析解决问题能力和判断选择等综合能力。
- 根据工作要求,具有独立或协作完成工作任务的能力。
- 具备按照规范编写技术报告的能力。
- 了解企业文化,接受企业的文化价值。
- 了解岗位职业道德要求,树立良好的职业道德,形成严谨的工作作风。
- 初步树立良好的客户服务意识。
- 全面提高与人相处的能力、沟通能力、协调能力。
- 树立正确的世界观、人生观、价值观和就业观。

四、课程教学内容与学时安排建议

"顶岗实习"课程的教学内容与学时安排建议详见表1。

表1　"顶岗实习"课程的教学内容与学时安排建议

序号	学习情境名称	学　　时	教学单元划分	教学形式
1	实习前准备	2学时	① 顶岗实习动员 ② 顶岗实习手册 ③ 顶岗实习要求	教师集中讲授

续表

序号	学习情境名称	学　　时	教学单元划分	教学形式
2	实习工作实践	13周(折算390学时)	① 工作岗位组织与管理方式、安全规范、行业标准和法规 ② 企业对员工的要求 ③ 工具使用和设备使用规范 ④ 工作环境和条件 ⑤ 设备功能 ⑥ 服务意识和态度 ⑦ 生产现场顶岗实习工作实践任务	现场教学法 学中做 做中学
3	实习工作总结	1周(折算30学时)	① 资料收集与整理光纤断点熔接实践 ② 每周工作记录(周报) ③ 技术报告 ④ 顶岗实习工作小结 ⑤ 技术说明或答辩	案例教学 问题引导教学

五、学习情境及教学设计框架

创设学习情境的目的是为了帮助学生更有效地学习知识和技能。实现专业能力、方法能力和社会能力等职业能力的培养。学习情境是与学生所学习的内容相适应的包含任务的工作活动。描述学习情境的要素包括：教学目标、学习与实践内容、教学载体、教学组织形式与方法建议、教学环境与媒体选择、学生已有的学习基础、教师应具备的能力和考核评价说明。学习情境的详细描述见表2～表4。

表2　“顶岗实习”学习情境1设计简表

学习情境1	实习前准备	授课学时(建议)	2
教学目标			
1. 深刻理解和领会顶岗实习的意义。 2. 学习和领会顶岗实习学生指导手册的相关内容。 3. 明确顶岗实习的各种管理规定。 4. 通过网上搜集，初步了解顶岗实习企业的文化和主营业务等。			

学习与实践内容	教学载体	教学组织形式与方法建议
• 顶岗实习意义 • 顶岗实习要求 • 顶岗实习企业文化背景 • 顶岗实习企业背景 • 顶岗实习企业主营业务 • 顶岗实习岗位的工作环境、使用设备、工作性质等 • 员工规范 • 岗位资格 • 工作职责 • 顶岗实习应提交的作业 • 技术报告编写要求	• 顶岗实习学生指导手册 • 顶岗实习管理规定	• 教师讲述 • 引导文教学法 • 研究性学习 • 班级讨论 • 独立学习

续表

教学环境与媒体选择	学生已有的学习基础	教师应具备的能力	考核评价说明
• 多媒体教师 • 顶岗实习学生指导手册 • 顶岗实习管理规定 • 黑板、计算机、投影仪、PPT课件 • 技术报告编写格式样本 • 相关案例	• 熟练使用计算机 • 文字和语言表达能力 • 电基础知识 • 通信相关设备原理 • 通信设备维护基本技能	• 综合运用各种教学法实施教学的组织和控制能力 • 熟悉和理解顶岗实习课程内容 • 具有案例分析能力	• 自我评价 • 顶岗实习指导教师评价 • 校内专业评价

表3　"顶岗实习"学习情境2设计简表

学习情境2	实习工作实践	授课学时(建议)	13周(折算学时：390学时)
教学目标			
通信设备(基站设备、光传输设备、数据网设备等)维护技术员： 以所在岗位的通信主设备(基站设备、光传输设备、数据网设备)的运行维护为主要对象，学会按照通信设备维护手册要求，对设备进行巡检和测试，会制订通信设备维护计划(日维护、周维护、月维护和年维护)；能监测通信附属设备的运行状态；熟悉所管辖基站设备的地理位置，接到调度命令能及时赶赴现场进行排查处理一般的故障，能正确填写设备维护工作单。 网络监控技术员： 以所在岗位的通信主设备(基站设备、光传输设备、数据网设备)的软件为主要对象，会监控通信设备的运行，主要包括日常设备巡查；能定期查杀病毒；能定期备份系统数据；能定期测试系统；发现网络故障及时向上一级报告。 运维协调调度员： 以所在岗位的运维技术要求和现场实际情况，对网络监控室报告的设备和线路故障对运维人员进行调度协调，具有信息收集和处理、快速应变和调度协调的能力。 故障处理技术员： 以所在岗位的通信主设备(基站设备、光传输设备、数据网设备)的运行维护为主要对象，根据故障单处理故障，完成故障处理；填写故障处理报告；上报故障已解决信息；及时总结故障产生原因，对处理过程编写文档并存档。			

学习与实践内容	教学载体	教学组织形式与方法建议
• 设备技术手册识读 • 机房通信主设备系统组成、单板功能 • 光缆线路技术维护工作的主要测试项目、指标和周期 • 通信设备测试仪器的使用和操作 • 技术维护指标的填写和分析 • 测试仪表使用安全注意事项	• 通信设备 • 通信网络 • 故障单	• 现场教学法 • 任务驱动教学法 • 模拟演示 • 实践操作训练 • 案例教学 • 小组工作

教学环境与媒体选择	学生已有的学习基础	教师应具备的能力	考核评价说明
• 工作岗位现场 • 通信测试仪表 • 通信主设备 • 相关案例、运维规范	• 通信基本理论 • 熟练使用计算机 • 一定的英文水平 • 通信基础仪器仪表使用	• 综合运用各种教学法实施教学的组织和控制能力 • 仪表操作能力 • 实际设备维护经验能力	• 自我评价 • 顶岗实习指导教师评价 • 校内专业评价

表4 “顶岗实习”学习情境3设计简表

学习情境 3	实习工作总结	授课学时(建议)	1周(折算学时：30学时)
教学目标			
通过顶岗实习工作实践，学生应达到以下目标： 1. 基本能够胜任工作； 2. 具有技术资料收集和整理的能力； 3. 熟悉通信设备运维规范和设备安全操作规范； 4. 编写技术报告的能力。			
学习与实践内容		教学载体	教学组织形式与方法建议
• 技术资料收集和整理 • 技术总结 • 编写技术报告 • 顶岗实习工作说明或答辩 • 对顶岗实习内容进行工作总结 • 会填写周工作记录表 • 模拟从学生到职业人的角色转换		• 顶岗实习报告例文 • 顶岗实习工作总结报告	• 案例教学 • 学中做 • 做中学 • 与实习指导教师和专业教师互动 • 讨论
教学环境与媒体选择	学生已有的学习基础	教师应具备的能力	考核评价说明
• 校外实习基地工作现场 • 具有多媒体环境的专业教室 • 互联网 • 设备技术手册 • 相关参考文献	• 通信基本理论 • 熟练使用计算机 • 一定的英文水平 • 通信基础仪器仪表使用	• 综合运用各种教学法实施教学的组织和控制能力 • 仪表操作能力 • 实际设备维护经验能力	• 自我评价 • 顶岗实习指导教师评价 • 校内专业评价

六、教学实施建议

1. 教师应以职业岗位运行的通信主设备为主线，以维护任务为载体安排和组织工作实践，使学生在完成工作任务的活动中提高专业技能。

2. 建议企业指导教师以学生为中心，强调合作与交流完成工作任务。企业指导教师应在实际工作中，先示范操作，然后再组织学生进行工作实践。

3. 企业指导教师应加强对学生工作方法的指导，强调技术规范，将有关知识、技能与职业道德和情感态度有机融入到工作实践中。

4. 企业指导教师应按广州民航职业技术学院顶岗实习管理条例实施顶岗实习管理，企业指导教师作为学生的实习指导，专业教师直接参与学生的实习管理工作。

七、教学团队的基本要求

1. 团队规模：基于每届3～4个教学班的规模，专兼职教师50人左右(含企业实习指导教师)。

2. 顶岗实习课程负责人：熟悉通信网络(设备)运行维护工作；具备丰富的教学经验，教学效果良好，且熟悉高职高专学生教育规律；了解通信行业市场人才需求，具备通信行业背景与通信专业技术、实践经验丰富；在行业有一定影响，具有中级及以上职称。

3. 建议聘用校企合作的企业兼职教师承担顶岗实习指导和或具有丰富的通信工程实践经历的“双师”素质教师担任顶岗实习的教学管理与指导。

八、教学实验实训环境基本要求

为实施“顶岗实习”课程教学，校外实习基地应具备表5所列条件。

表5　教学实验实训环境基本要求

名　　称	基本配置要求	功能说明
校外实习基地	选择合适的通信设备运维企业，通过校企合作建立校外实习基地，要求企业具有维护或代理维护运营商的通信网络环境	校外实训基地为顶岗实习课程现场教学提供条件

九、考核评价建议

1. 建立考核评价指标体系

顶岗实习考核评价体系主要围绕学生专业技能岗位应用发展和学生职业素养养成情况来建构，将岗位任务、实习过程、实习成果、专业技能、职业素质等模块细化为观察点。考核评价侧重过程评价和综合评价，不仅考核专业理论、专业技能、工作完成质量，更注重工作态度、职业素养、敬业精神、心理素质等要素的考核，还要确定指标体系的权重和实习等次标准要素，使考核评价结果得以量化体现。

2. 顶岗实习考核评价体系

顶岗实习考核评价体系依靠校企双方的共同努力，针对考核评价指标和观察点，明确校企各自职责和操作分工。企业以生产标准考核学生，按员工的考核方式考核学生的工作业绩、出勤率、工作态度、合作态度、纪律制度遵守情况。学校则从育人角度，以发展的眼光审视学生，从德、智、体、能等多方面考查学生在顶岗实习过程中的现实表现。企业考核和学校考核相结合，给出综合评价。

3. 成绩考核评定建议

(1) 考核分两个部分：一是企业指导教师对学生的考核，占总成绩的60%；二是学校指导教师对学生的工作报告、工作记录等进行评价，占总成绩的40%。考核方式按等级制进行评价，分优秀、良好、合格和不合格四个等级，学生考核合格者获得学分。

(2) 学生的顶岗实习工作可以在不同单位或同一单位的不同部门或岗位进行，企业要对学生在每一部门或岗位的表现情况进行考核。

(3) 学校指导教师要对学生在各企业每一部门或岗位的表现情况进行考核。在每一岗位，学生要写出工作记录(实习日志)和实习技术报告，学校指导教师要对学生工作记录(实习日志)和实习技术报告及时批改、检查，给出评价等级。

十、课程教学资源开发与利用

1. 为满足顶岗实习课程教学质量要求，应有丰富的教学资源。教学资源包括：课程教材(自编或选用),顶岗实习学生指导手册、工作单(含故障单等),教学模型,安全操作标准,通信设备维护手册和设备技术手册,规范,安全规章制度,通信主设备,尾纤,通信设备测量仪器仪表等。

2. 充分利用电子期刊、数字图书馆、电子书籍和互联网等资源,丰富教学内容。

十一、其他说明

本课程标准由电子信息工程技术专业教研室与深圳讯方通信技术有限公司、广东省盈通网络投资有限公司、广州通信技术有限公司等企业合作开发。

中篇参考文献

[1] 教育部.职业院校技能型紧缺人才培养培训指导方案.2003
[2] 上海市中等职业教育课程教材改革办公室.上海市中等职业学校数控技术应用专业教学标准.上海：华东师范大学出版社,2006
[3] 赵志群.职业教育与培训学习新概念.北京：科学出版社,2003
[4] 中国CBE专家考察组.CBE的理论与实践.北京：职业技术教育中心研究所,1993
[5] 职业技术教育中心研究所.职业技术教育原理.北京：经济科学出版社,1997
[6] 刘建超等.模具设计与制造专业教学标准与课程标准.北京：高等教育出版社,2009
[7] 马树超等.中国高等职业教育历史的抉择.北京：高等教育出版社,2009.

下篇　案例篇

基于工作过程的课程开发方法是当前职业教育课程开发方法之一，也是教育部在高等职业教育质量工程和国家示范性高等职业院校建设项目中倡导的专业课程开发方法。本篇中介绍的专业课程开发案例很好地应用了“基于工作过程”的课程开发理念，以工作岗位需求为目标，以职业资格为依据，以工作任务为引领，紧紧围绕岗位工作任务选择和组织课程内容，体现工作任务与专业知识之间的联系，遵循认知规律和职业成长规律，设计课程学习情境，课程教学设计突出职业能力的培养。

基于工作过程的课程开发案例
——以“光传输线路与设备维护”国家精品课程建设为例

课程开发是一个复杂的系统工程，其内涵不仅包含课程学习内容的设计及其内容的序化，而且还涉及包含课程教学资源在内的整个内容体系。课程开发包括三大部分：一是开发什么，即课程开发所获得的成果；二是由谁开发，即课程开发的主体；三是如何开发，即开发的过程。基于工作过程的课程开发的重点是制定课程目标、序化课程内容、选择教学方法与应用以及建立考核评价标准。这里以“光传输线路与设备维护”国家精品课程建设为例，详细阐述基于工作过程的课程开发实践。

一、课程设置

（一）课程的性质与作用

“光传输线路与设备维护”是高职电子信息工程技术专业针对光传输线路维护和光传输设备维护工作岗位的职业能力进行培养的一门重要的专业技术学习领域课程。本课程构建于“电工电子电路分析”、“数字通信系统分析”、“数据通信网络组建与配置”等课程的基础上，通过完成源于职业岗位典型工作任务的学习，使学生具有对光传输线路和光传输设备进行维护等专业能力的同时，获得工作过程知识，促进学生关键能力和职业素质的提高，从而发展学生的综合职业能力。

光纤通信以其独特的优越性已成为当今信息传输的主要手段。目前，骨干网绝大多数信息在光纤中传送，光纤网络将延伸到我们身边（FTTO、FTTH），为我们个人通信提供足够的信息通道。光传输网与电信网的关系如图 3-1 所示。随着各行业、各部门光纤网络规模的发展与应用的普及，掌握光传输网络线路与设备的测试和维护技术，培养高素质的维护和管理人员已成为一项重要任务。本课程对学生职业能力培养和职业素质养成起到明显的

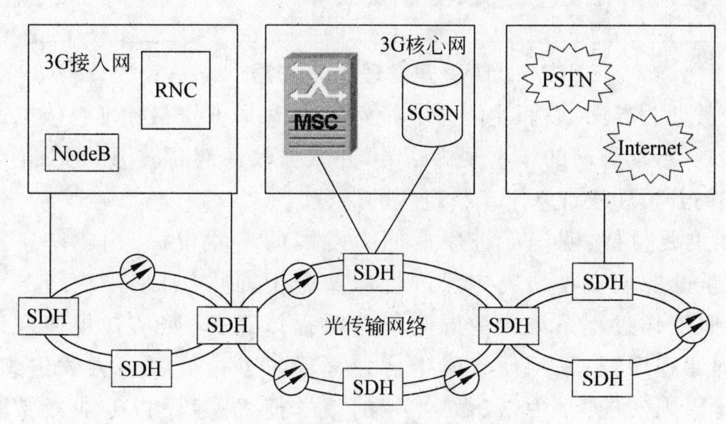

图 3-1　光传输网与电信网的关系

促进作用。

（二）本课程与前修、后续课程之间的逻辑关系

本课程开设在第五学期，“电工电路分析”、“数字通信系统分析”等前续课程的开设，为本课程所需的电路、安全用电操作、通信信号传输等方面的知识和专业基本技能打下了基础，后续课程有“移动无线网络设备配置维护”，对后续课程有着重要的支撑作用。第六学期安排顶岗实习，学生将在工作岗位完成实际工作任务。具体关系如表3-1所示。

表3-1　本课程与前修、后续课程之间的逻辑关系

序号	前修课程名称	为本课程支撑的主要能力
1	电工电路分析	电子元器件识别能力、电工电路分析与计算能力
2	电子电路分析与制作	典型电子电路分析能力、电路制作与调试能力
3	数字电路设计与实践	数字电路逻辑功能分析能力、设计与实践能力
4	通信电路分析与测试	典型通信发射和接收电路的分析与测试能力
5	数字通信系统分析	典型信号时频域基本分析能力、数字通信系统分析与应用能力
6	电子工艺装配技能	电路装配能力
序号	后续课程名称	为本课程支撑的主要能力
1	移动无线网络设备配置维护	移动通信系统传输网络维护能力
2	顶岗实习	移动通信系统传输网络维护能力

（三）课程设计理念与课程建设实践

1. 课程设计与开发的理念与依据

课程开发不仅包括学习内容的确定及其顺序的排列，而且涉及包括课程资源在内的整个体系。本课程开发过程包括两大部分：一是确定课程理念和课程开发模式后，选择、确定课程目标和内容；二是对课程进行组织实施、评价等。

课程开发理念与依据

本课程以就业为导向，以职业能力培养为重点，以职业资格标准为依据，按照基于工作过程的课程观、行动导向的教学观为指导，并依据教育部高教[16号文件]精神，与企业深度合作共同开发和设计基于工作过程的课程。

课程设计主要包括：明确促进职业能力发展的培养目标；构建基于工作过程的课程；应用科学的职业资格研究方法进行职业分析；通过典型工作任务分析确定课程的门类；按照工作过程系统化的原则构建课程体系；按照认知规律和职业成长的逻辑规律排列课程序列；采用便于学生自主学习的工作页（单）方式组织课程内容；按照行动导向原则实施“学中做、做中学”的教学模式；建设以专业教室和工作岗位实训相整合的教学环境。

以职业岗位为导向，以适应市场需求的人才培养目标作为课程开发与建设的推动力，准确地把握课程定位，同时把现代企业的工作活动作为课程教学改革的动因，及时将现代企业技术发展的新形势、新思路、新理念、新技术、新方法融入课程内容，并将职业资格证书内容与课程内容有机衔接，从而建立"工作要求"、"工作过程"、"职业资格"与"学习内容"之间的直接联系。

2. 专业课程体系构建与单元课程开发

对专业课程体系按照"课程开发决策—人才培养目标确定—课程体系开发—课程标准编制—课程内容组织—教学模式选择—实施环境开发—评价体系建立"八个过程阶段(简称"八阶段法")进行开发和设计，使专业课程体系开发过程构成一个有序的循环过程。

通过图 3-2 所示八个过程阶段设计形成的专业课程体系需要聘请行业企业专家、教育系统课程专家对整个课程体系结构的合理性进行审定。审定通过后，再对专业核心单元课程进行开发。

单元课程开发采用反向分析法，具体内容主要包括：①课程分析，即分析本课程在专业课程体系中的定位、对应的职业岗位典型工作任务分析、职业资格分析等；②课程标准编制；③课程整体教学方案设计，即进行课程需求分析、课程目标设计、学习情境设计、实践(训练)项目、授课进度计划、考核方案设计、教材编写或选用等；④单元教学方案设计，即教学目标设计、教学方法设计、教学媒体选择、教学活动过程设计、学生学习评价设计以及教学资源开发等；⑤课程质量评价。

单元课程的开发流程，如图 3-3 所示。

阶段一　课程分析

① 分析单元课程在课程体系中的定位

分析单元课程在课程体系中的定位，即与课程体系中前后课程的逻辑关系以及课程的性质和作用，明确课程目标与专业人才培养目标之间的关系。

② 职业岗位典型工作任务分析

在明确单元课程定位的基础上，就单元课程针对的职业岗位工作进行分析，主要包括：职业岗位工作程序(流程)、工作环境、工作过程和工作任务、从业人员的职业能力和素质要求等。借鉴德国 BAG(Berufliche Arbeitsauf Gaben)分析方法的思路，组织召开"实践专家研讨会"对职业岗位的职业活动进行分析、讨论，归纳形成课程对应的典型工作任务，描述典型工作任务的职业要求。

③ 职业资格分析

对课程相关职业资格标准进行分析，以此获得课程应达到的职业能力目标。职业资格是从事职业活动时，能够应用的并能通过学习获得的能力或潜力，包括知识(包含经验知识)、技能和技巧等，职业资格分析的目的是发现工作、职业要求与课程内容、课程教学目标之间的逻辑关系。

通过以上步骤的分析，得出单元课程分析表，如表 3-2 所示。

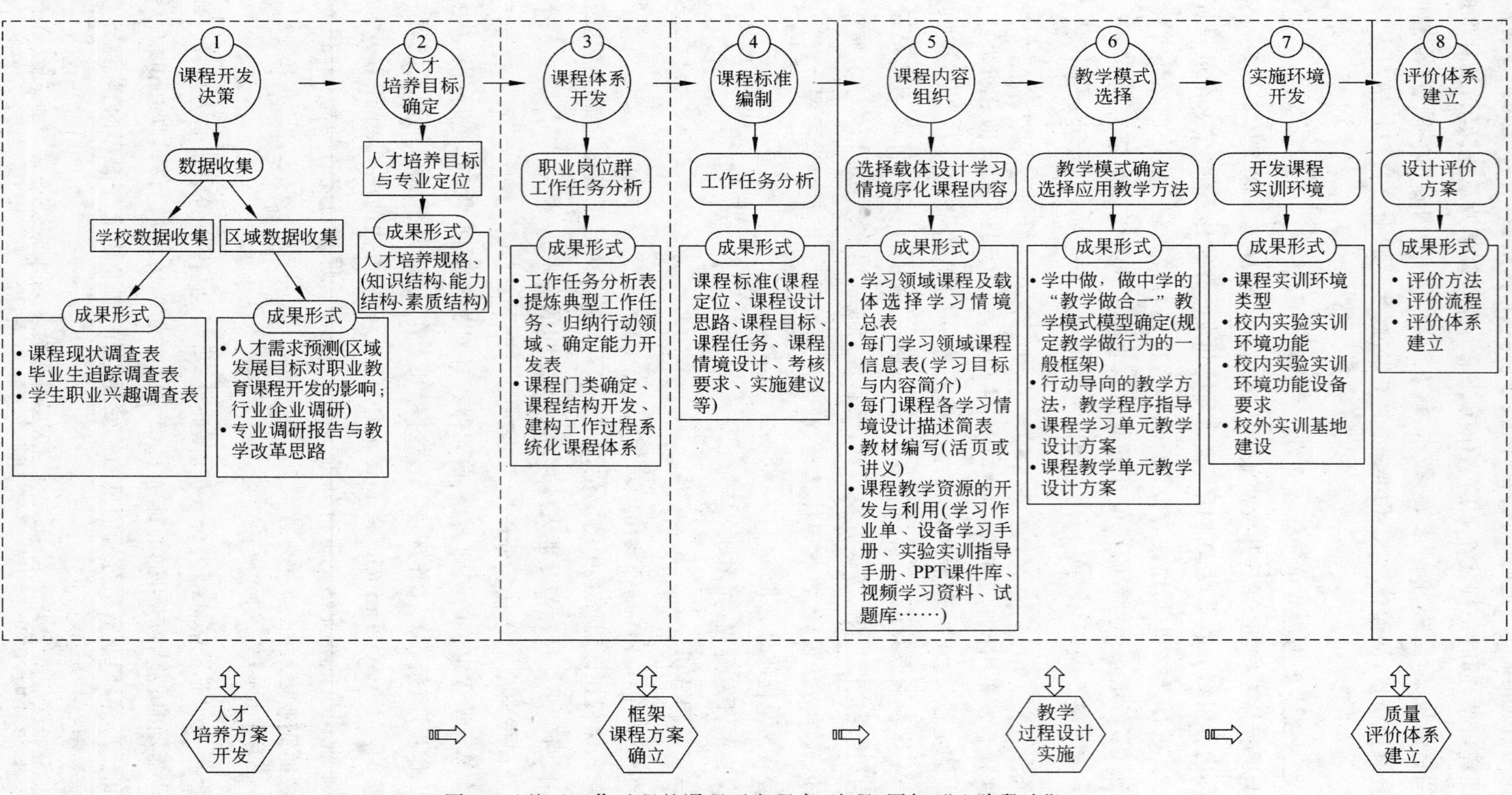

图 3-2　基于工作过程的课程开发程序(流程)图解(“八阶段法”)

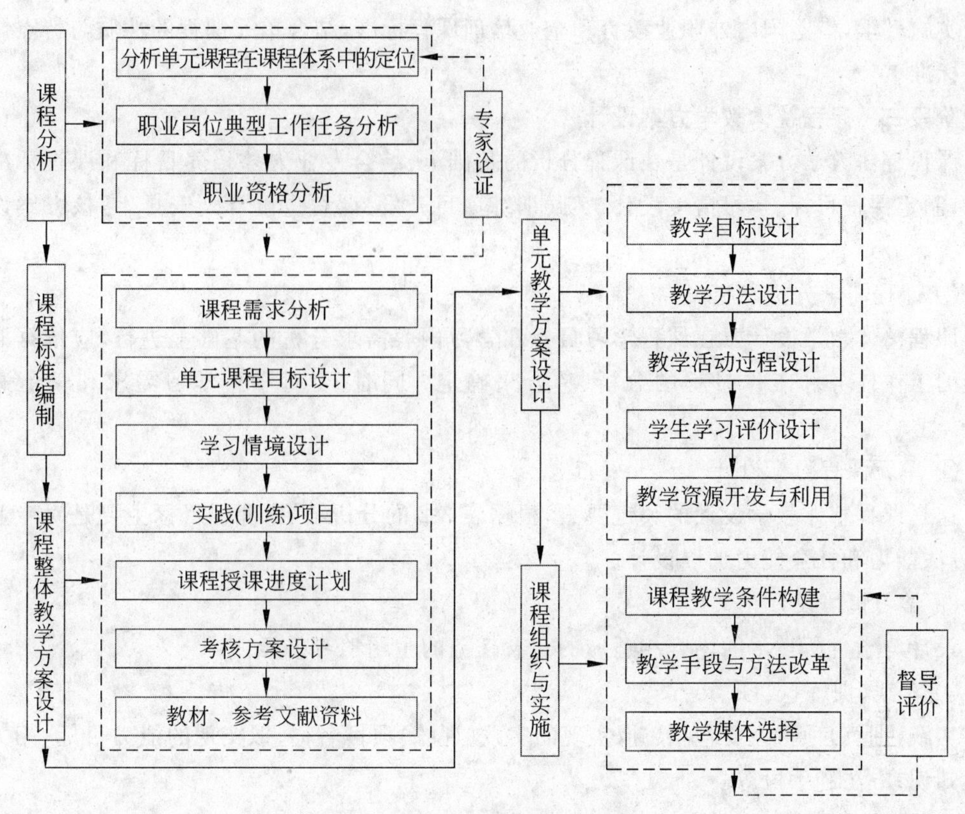

图 3-3 单元课程开发流程图解

表 3-2 单元课程分析表

序号	单元课程名称 课程分析项目	分析内容
1	课程定位	本课程在专业课程体系中的性质与作用，以及本课程与前修、后续课程之间的逻辑关系
2	单元课程对应的职业工作岗位与工作过程分析	
3	典型工作任务分析	任务 1：×××××××× 任务 2：×××××××× 任务 3：×××××××× ……
4	与课程相关的职业资格要求的知识、技能(能力)	
5	职业岗位的职业能力要求	主要包括：专业能力、方法能力、社会能力和职业道德四个方面

阶段二 课程标准编制

为加强专业课程教学活动的规范性，便于专业教师对工学结合核心课程教学目标的理解和实施教学，借鉴国内外职业教育和企业培训课程标准，结合单元课程的性质与特点制定课程标准。

阶段三　课程整体教学方案设计

课程整体教学方案设计是在课程分析的基础上，结合专业人才培养目标和课程标准的要求，制定课程目标、学习情境设计、实践训练项目开发、课程进度计划安排、考核方案设计等内容。

① 课程需求分析

课程整体教学设计要在课程学习目标和学习内容需求分析的基础上进行，应依据职业岗位的工作任务和工作过程的分析、整合来确定。同时，要对学生学习需求和学情进行分析。

② 单元课程目标设计

这是课程整体教学设计的关键要素，根据表3-2的分析结果，课程目标主要是对专业能力、方法能力和社会能力加以设计。

③ 学习情境设计

设计与学生所学习的内容相适应的包含任务的主题学习单元。

④ 实践(训练)项目

实践(训练)项目主要包括：拟实现的实践(训练)项目名称；拟实现的能力目标、相关支撑性知识；方法和手段等。

⑤ 课程授课进度计划

根据前述制定出课程进程表，以便实施教学过程。

⑥ 考核方案设计

课程考核应包括形成性考核和过程性考核，分别给予一定的成绩权重。

⑦ 教材、参考文献资料

应分清主教材、辅助教材和其他参考资料，按书写规范列出。

阶段四　单元教学方案设计

单元教学方案设计是在课程整体教学方案设计的基础上，细化每个单元的教学设计。结合课程目标的要求，制定单元教学目标、选择教学方法、选择教学媒体、教学活动规程设计、学生学习评价设计等内容。

单元课程以综合性的工作任务为载体设计学习内容。基于职业岗位的典型工作任务，结合职业能力要求，构成三个层次的课程结构：形成单元课程即学习领域——一级能力；构成学习领域课程的学习情境——二级能力；构成学习情境的学习单元及教学项目——三级能力。实施教学的教学项目是能力分解后形成的一个或几个“最小”单位的具有相对独立的工作过程的教学情境。

阶段五　课程组织与实施

单元课程建设主要包括课程教学条件与教学情境建设、课程教学资源建设、教材与作业文本建设等，是在专业人才培养目标、课程整体教学方案设计框架和课程标准的指导下进行，将单元课程的开发设计思路“物化”成可供课程实施时使用的资源，保障课程教学质量。

3. 课程开发实践

与通信企业专家、技术人员共同分析通信技术服务行业对应职业岗位的工作过程，针对电子信息工程技术专业面向的通信设备安装、调试、运行维护、运行维护调度和通信产品销售策划5个职业岗位构成的岗位群进行工作任务分析，解构学科体系，从职业情境中的典型工作任务归纳合并行动领域，再根据认知及职业成长规律递进重构，使之成为具有普适性的课程——学习领域，最后转换为"主题学习单元"的学习情境予以实施。

(1) 人才需求分析、行业企业调研、人才培养目标确定、专家论证

电子信息工程技术专业以社会、行业企业需求为根据，采用"分析—调研—反馈—再分析"的工作思路开展专业定位分析，从而确定专业面向，制定专业人才培养目标，确定专业人才培养规格。

近几年，电子信息工程技术专业教师调研了民航通信、中国移动广州分公司、中国电信广州分公司、华为技术有限公司、中兴通信有限公司、广州通信建设有限公司等21家通信技术服务行业企业，比较了29所高职院校开设的电子信息类(通信)专业，访谈了30多个通信企业在岗职工和4位通信企业人力资源负责人，对40多个学院毕业生进行问卷调查，对通信技术服务人才需求进行预测分析，以及安排专业教师了解中华英才网、通信人才招聘网等职位招聘信息，对本专业面向通信技术服务人才需求、专业定位、通信技术服务岗位群进行分析论证，从而确定通信设备安装、调试、维护等岗位的工作职责、工作任务、知识、职业能力和职业素质。我们在充分调研的基础上，撰写编制了人才培养方案，并组织来自行业企业和兄弟院校的专家进行了论证。

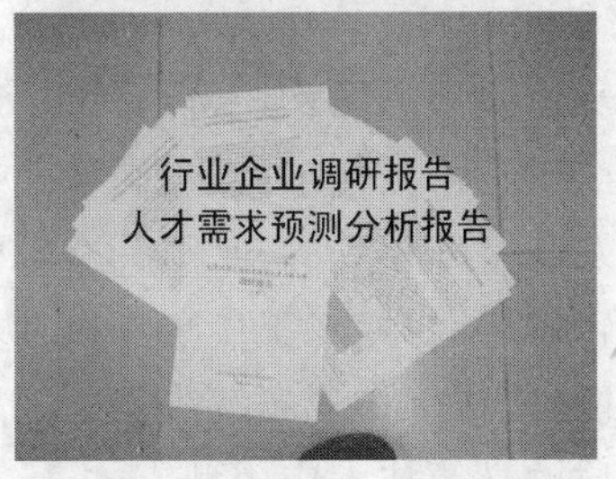

图3-4 部分企业及学校调研图片资料

① 岗位群

在市场调研和专业分析设置的基础上，以工程对象相同、技术领域相近，以及知识、能力、职业素养要求相近的通信技术服务一线的通信设备安装、调试、运行维护(代理维护)、运行维护(代理维护)调度及通信产品销售策划与管理岗位构成岗位集合，形成电子信息工程技术专业(通信服务)职业岗位群，如表3-3所示。

表 3-3　电子信息工程技术专业就业面向的职业岗位群

<table>
<tr><td rowspan="2">专业定位</td><td colspan="2">本专业主要面向区域经济的通信服务行业，从事通信网络设备的安装(督导)、调试、维护以及管理等方面的工作</td></tr>
<tr><td colspan="2"> </td></tr>
<tr><td rowspan="6">就业面向主要工作岗位(群)(“★”岗位为专业核心岗位)</td><td>★通信网络(设备)维护服务</td><td>能执行维护手册的例行维护项目，能熟练地操作和使用系统维护软件，能进行故障定位</td></tr>
<tr><td>★通信网络设备维护协调调度服务</td><td>能对设备维护进行协调和调度，准确填写维护调度单，与维护专业人员沟通协调，反馈维护工作情况专项工作跟进</td></tr>
<tr><td>通信工程安装(督导)服务</td><td>能合理安排工程安装人员，具有工程施工技术能力</td></tr>
<tr><td>通信工程调试服务</td><td>能进行设备的软件加载，能进行设备的调试</td></tr>
<tr><td>通信产品营销策划</td><td>能对客户应用与需求进行分析；能分析策划销售方案；具有项目流程管理能力；具有项目实施计划管理能力</td></tr>
<tr><td colspan="2"> </td></tr>
</table>

② 人才培养目标

本专业培养适应广东区域经济通信服务第一线需要的德、智、体、美全面发展，具有良好的职业道德，吃苦耐劳，诚信求实，爱岗敬业，团结合作，掌握电子信息工程技术专业必备的基础理论知识及与工作相关的知识，具有较强的通信服务意识与创新意识，具有一定的分析综合能力和逻辑思维能力，在工作现场以计算机为主要信息处理工具，能运用通信相关理论技术与实践技能，能在工作现场解决实际问题，从事通信网络设备的安装、调试和运行维护等岗位的高素质的高等技术应用型人才。

(2) 提炼典型工作任务，归并行动领域，转换学习领域

成立工作任务分析小组，在确定专业服务面向区域的行业企业，采用访谈、会议、记录(关键词形式)、制作草图、收集或组织有关工作资料等多种方法，与行业企业专家、技术人员共同分析通信服务行业对应职业岗位的工作任务，从职业岗位(群)职责—工作任务—工作程序分析入手，针对专业面向的通信设备安装(督导)、调试、运行维护、运行维护协调调度和通信产品销售策划 5 个职业岗位构成的岗位群进行典型工作任务分析，采用相关性原则和

同级性原则对典型工作任务归纳合并，明确了21个典型工作任务，对其中相近的工作任务集合进行归纳合并了17个职业行动领域，再根据认知及职业成长规律递进重构，经过教学论加工，使之成为具有普适性的课程——9门专业学习领域课程。具体内容如表3-4所示，图3-5展示了典型工作任务分析过程。

表3-4　电子信息工程技术专业典型工作任务提炼、行动领域归并、学习领域转换表

<table>
<tr><th colspan="2">典型工作任务</th><th rowspan="2">行动领域</th><th rowspan="2">专业学习领域(课程)</th></tr>
<tr><th>编　　号</th><th>典型工作任务名称</th></tr>
<tr><td>典型工作任务1</td><td>通信设备安装督导</td><td>通信设备安装督导</td><td rowspan="2">通信工程服务</td></tr>
<tr><td>典型工作任务2</td><td>数据通信网组建与配置</td><td>协调与客户关系</td></tr>
<tr><td>典型工作任务3</td><td>网络线缆布放与测试</td><td>数据通信网组建与配置</td><td>数据网络组建与配置</td></tr>
<tr><td>典型工作任务4</td><td>光传输线路维护</td><td>网络线缆布放与测试</td><td>通信网络布线与测试</td></tr>
<tr><td>典型工作任务5</td><td>光传输设备开局调测</td><td>光传输线路维护</td><td rowspan="4">光传输线路与设备维护</td></tr>
<tr><td>典型工作任务6</td><td>光传输设备维护</td><td>光传输设备开局调测</td></tr>
<tr><td>典型工作任务7</td><td>光传输设备网络监控</td><td>光传输设备维护</td></tr>
<tr><td>典型工作任务8</td><td>光传输设备故障处理</td><td>光传输设备网络监控</td></tr>
<tr><td>典型工作任务9</td><td>程控交换设备例行维护</td><td>程控交换设备例行维护</td><td>交换设备运行维护</td></tr>
<tr><td>典型工作任务10</td><td>程控交换设备故障处理</td><td>移动无线网络设备维护</td><td rowspan="2">移动无线网络设备配置与维护</td></tr>
<tr><td>典型工作任务11</td><td>基站设备开局调测</td><td>移动无线网络监控</td></tr>
<tr><td>典型工作任务12</td><td>基站设备维护</td><td>程控交换设备故障处理</td><td rowspan="4">顶岗实习</td></tr>
<tr><td>典型工作任务13</td><td>基站设备网络监控</td><td>光传输设备故障处理</td></tr>
<tr><td>典型工作任务14</td><td>基站设备故障处理</td><td>移动无线网络设备开局调测</td></tr>
<tr><td>典型工作任务15</td><td>基站控制器设备开局调测</td><td>移动无线网络设备故障处理</td></tr>
<tr><td>典型工作任务16</td><td>基站控制器设备维护</td><td>移动无线网络优化</td><td>移动无线网络优化</td></tr>
<tr><td>典型工作任务17</td><td>基站控制器设备网络监控</td><td>通信产品营销策划</td><td>通信产品营销策划</td></tr>
<tr><td>典型工作任务18</td><td>基站控制器设备故障处理</td><td></td><td></td></tr>
<tr><td>典型工作任务19</td><td>移动无线网络优化</td><td></td><td></td></tr>
<tr><td>典型工作任务20</td><td>通信产品营销策划</td><td></td><td></td></tr>
<tr><td>典型工作任务21</td><td>协调与客户关系</td><td></td><td></td></tr>
</table>

(3) 专业课程体系构建

依据分析提炼的职业行动领域(典型工作任务)，根据职业任职要求，参照通信行业职业资格标准及通信企业岗位职业资格标准，以及本专业培养目标的要求，形成课程方案。由于本专业培养目标指向的综合职业能力和复杂程度决定了在培养学生完成工作任务的过程中，往往需要相对系统的理论知识和熟练的专项技能与技术来支撑，它们之间有强烈的关联性。同时，还要基于本地域和学院、系的实际，将原则性和灵活性相结合，设计和开发可实施

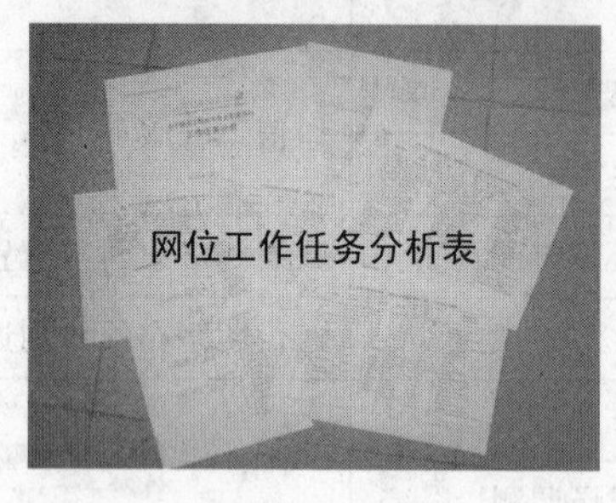

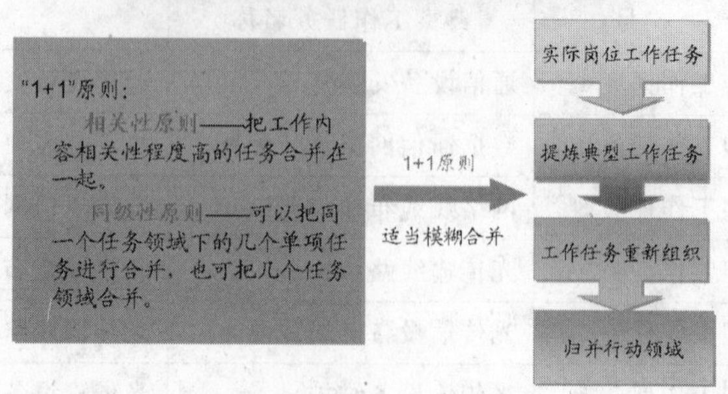

图 3-5 典型工作任务分析部分图片资料

的专业课程体系和课程，与原有教学改革成果有机衔接，使教学改革稳步推进，注重学生的可持续发展能力的培养、思维方式的转变和职业行为的养成，系统地设计了专业课程体系。本专业课程体系由职业领域公共课程、职业领域专业技术基础课程和技能训练、考证课程与职业拓展课程和专业技术学习领域四部分组成。专业课程体系体现完整工作过程的各个要素，将其融入课程学习情境设计中，按照从简单到复杂、从新手到专家的职业成长规律设计整个课程方案。

此外，专业课程体系中还加强了素质教育的内容，包括思想道德教育、科学文化素质教育、心理素质教育等内容，增设第二课堂活动（创新活动课）、社会调查与实践，组织学术讲座和报告等，增强学生的各种适应能力。素质教育的实施主要依托课余时间，同时还将其融入其他课程的教学进行培养。具体设计如图 3-6 所示。

(4) 学习领域课程设计思路

学习领域的设置应满足：

- 针对来源于或接近于职业岗位工作实践的典型工作任务。
- 具有工作构成的整体性，学生在完整、综合的行动中思考和学习，完成“咨询、计划、决策、实施、检查、评价”六阶段完整的行动导向的工作过程。
- 以学生为中心，关注学生的职业成长体验。
- 在培养专业能力的同时，促进学生关键能力的发展和综合素质的提高。
- 应满足本专业人才培养目标的要求。

学习领域课程设计根据上述原则，并参照职业资格标准，按照从低端简单的典型工作任务到高端复杂的典型工作任务的顺序，对行动领域进行教学论加工，设计本专业的学习领域课程方案。

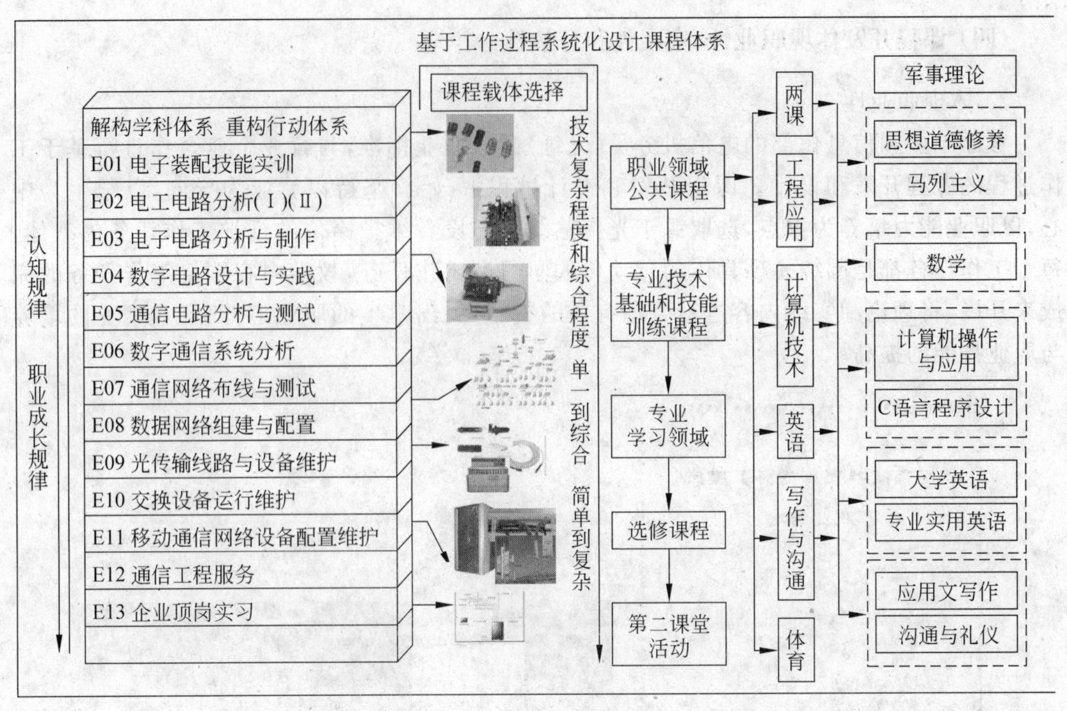

图 3-6　电子信息工程技术专业课程体系示意图

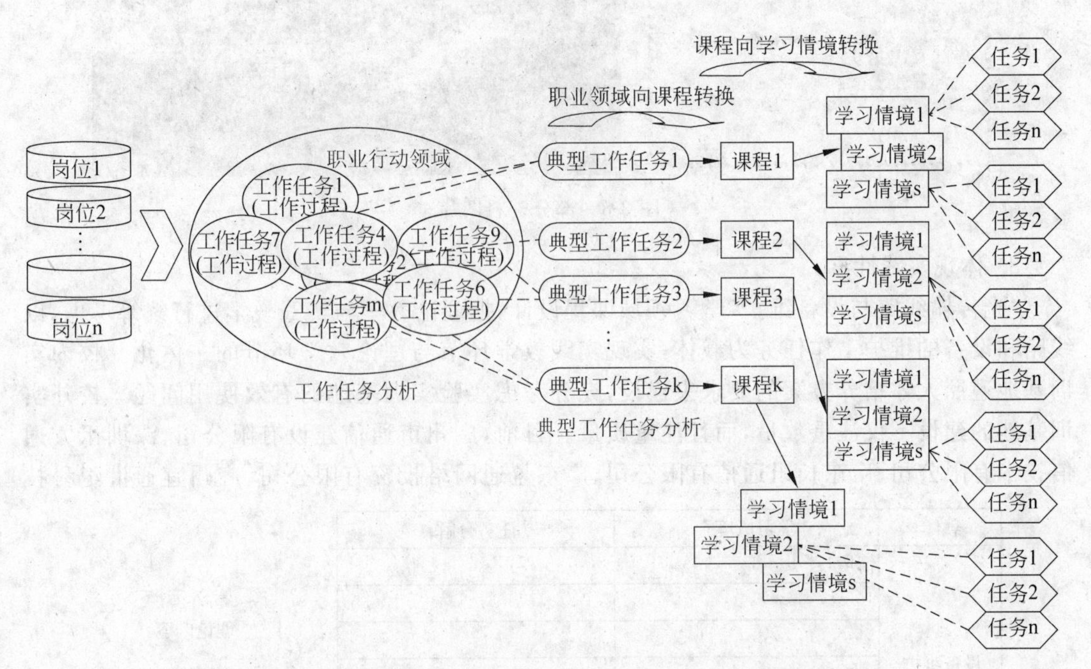

图 3-7　从通信服务的职场到电子信息工程技术专业的课程转换图解

（四）课程开发体现职业性、实践性和开放性

1. 体现职业性

参照工业和信息化部的电信机务员（光纤）国家职业标准，与行业企业合作进行基于工作过程的课程开发和设计。课程开发和设计过程中，始终坚持以就业为导向，以学生为中心，以职业能力培养为重点，选取源于光传输线路与设备维护岗位的维护工作任务为载体，每个工作任务都是围绕一项具体的行动化的学习型工作任务，教学内容围绕工作任务的完成来开展，将理论和实践内容进行合理有效的整合，突出学生的职业道德、职业素养的培养与职业技能的提高。

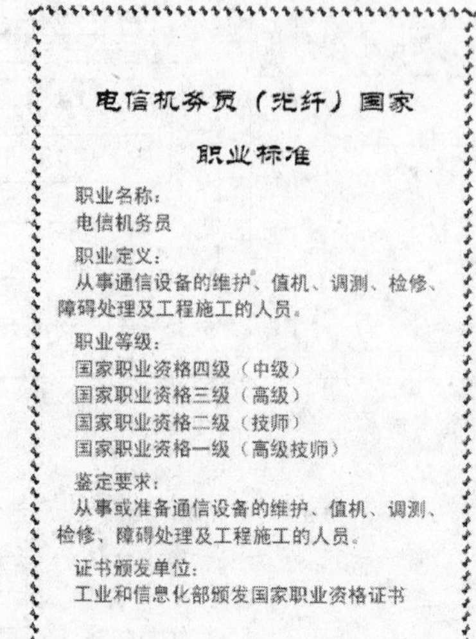

电信机务员（光纤）国家

职业标准

职业名称：
电信机务员
职业定义：
从事通信设备的维护、值机、调测、检修、障碍处理及工程施工的人员。
职业等级：
国家职业资格四级（中级）
国家职业资格三级（高级）
国家职业资格二级（技师）
国家职业资格一级（高级技师）
鉴定要求：
从事或准备通信设备的维护、值机、调测、检修、障碍处理及工程施工的人员。
证书颁发单位：
工业和信息化部颁发国家职业资格证书

图 3-8　部分资料图片

2. 体现实践性

"光传输线路与设备维护"学习领域课程设计，把理论教学与实践教学进行统筹考虑，以线路和设备的维护工作任务为载体，实现实践教学环节与理论教学环节的一体化。校内实训基地遵照人才培养方案的要求去建设，充分考虑实验实训基地的有效使用问题。校外实训基地的建设不仅注重数量，而且注重质量。目前，广州市通信建设有限公司、深圳讯方通信技术有限公司、广东长讯通信有限公司、广东盈通网络投资有限公司、广州宜通世纪科技

载体	学习情境	任务分解
设备维护任务	情境1：…………	…………
	…………	
	…………	
	…………	
	情境4：光传输设备配置维护	任务1：SDH光传输设备点到点组网配置
		…………
		任务n：…………

理论内容
+
实际操作

图 3-9　"光传输线路与设备维护"课程资料图片

有限公司、广州帧网通信技术有限公司等多家企业建立了良好的合作关系,这些公司每年都接纳有就业意向的实习学生。

3. 体现开放性

本课程的开发和设计有行业企业专家和技术人员的参与,专业教师与行业企业专家共同组成课程开发团队。一方面,我们安排专业教师渗透到行业企业中去;另一方面,我们也聘请了行业企业专家融入职业教育中来,处理好职场的封闭性与职业教育开放性的矛盾。

专业老师深入企业(1)

专业老师深入企业(2)

企业工程师给学生上课

与广东盈通讨论课程开发问题

专业教师与企业工程师讨论课程开发

企业工程师给学生讲安全生产知识

图 3-10 课程开发组的部分专业教师和企业工程师资料图片

二、教学内容设计

(一) 课程内容选取

1. 课程内容选取依据

本课程根据通信行业企业发展需要,以及完成光传输线路和设备维护职业岗位的实际工作任务所需要的知识、能力和职业素质要求选取课程的内容。为此,我们调研了民航通信、中国移动广州分公司、中国电信广州分公司、华为技术有限公司、中兴通信有限公司、广州通信建设有限公司等21家技术服务行业企业，与企业专家和工程技术人员共同进行工作任务分析，得到如表3-5和表3-6所示的光传输线路与设备维护职业岗位的知识、能力和素质要求。

表3-5　光传输线路与设备维护职业岗位的知识、能力和素质要求

选取依据

知识要求		
基础知识	1. 电工基础	（略）
	2. 光学的基本知识及光通信基础	（略）
专业知识	1. 光纤光缆的构造、种类、性能及光传播的一般知识	（1）了解单模光纤、光缆的构造
		（2）了解光缆的种类和规格型号
	2. 光缆敷设方式、技术规范	（1）了解架空、管道、直埋光缆的敷设方式，大体施工程序、施工内容
		（2）能针对不同敷设方式配合工程技术人员准备所需工具、材料
	3. 光缆障碍查找原则和方法	大体了解光缆发生断纤、纤芯受伤、光缆外护套受伤而对地绝缘性不好等一般障碍对光缆传输的影响
	4. 光缆的接续及维护基本知识	能熟练掌握各种光缆开剥工具的使用方法及各种不同类型光缆接头盒的安装方法
相关知识	常用仪器、仪表的名称、用途、使用及保管方法	（1）能较熟练地操作单模光纤自动熔接机、光纤接线子、活动连接器等光纤接续工具、仪表
		（2）熟知常用仪表的安全操作规程和一般保管注意事项
技能要求		
操作技能	1. 能正确使用保安工具、能登高上杆作业	（1）具备一般安全操作知识、了解安全操作规程，能做出相应安全措施
		（2）能够掌握上杆动作要领以及杆上作业各种操作技能
	2. 会看简单的光缆线路、指标图表	熟悉光缆施工图纸、文件中各种图例、数据，掌握其代表的具体含义
	3. 会识别光缆的端别、光纤序号	了解光缆施工设计文件或有关资料中对各种类型光缆端别规定的内容
	4. 会在架空光缆线路上布设吊线、紧吊线、吊线终结及其他特殊装置	了解我国负荷区的划分和吊线拉线选用原则及其之间的关系

续表

技能要求		
操作技能	5. 能在光缆线路上安装挂钩、缆线绑扎及光缆接头盒	能够识别挂钩、扎线的规格型号，根据接头盒选择安装方式、安装材料等
	6. 会使用光缆（架空、直埋、管道）安装工具	能够根据光缆敷设方式选择光缆安装（布放、固定）工具、材料
	7. 能安全拆除一段损坏的光缆并熟悉光缆的日常维护工作	熟练使用拆除更换光缆的器具
安全及其他	安全操作规程和规章制度	(1) 牢记“安全第一，预防为主”的安全生产八字方针，并在实际工作中坚持做到安全生产、安全操作
		(2) 严格遵守光缆线务员所应遵守的安全生产规章制度和安全操作规程

表 3-6 光传输设备维护职业岗位的知识、能力和素质要求

知识要求		
基础知识	1. 数字通信	了解数字通信原理、模型、特点
	2. 光电设备	
		了解光电转换
	3. 网络知识	掌握计算机工作原理，了解操作系统
		了解计算机网络基本概念，局域网与广域网的基本知识，工作原理，网络协议
专业知识	1. 光电设备	熟悉光通信组成方框图
		了解 SDH、DWDM 各机盘的电路构成及告警含义
	2. 附属设备	蓄电池的构造、型号规格、工作原理、安装标准、电池的初充电与正常充电
相关知识	仪表及监控	熟悉万用表、误码仪、光时域反射仪，光功率计的基本原理、性能及使用方法
技能要求		
操作维护技能	1. 设备安装	
		根据需要进行业务调度
	2. 设备维护	能根据维护计划，对电路进行维护测试

选取依据

续表

技能要求		
操作维护技能	3. 障碍处理	能进行PDH等接入设备的故障判断和排除
		能在别人的指导下完成SDH、DWDM等设备的故障排除
	4. 仪表工具使用	能熟练运用误码仪、光时域反射仪、光功率计、光源等光通信专业仪表
		能熟练使用地阻仪、万用表、兆欧表、蓄电池测试仪等辅助设备测试仪表

2. 课程载体的选择

在进行从典型工作任务——光传输线路与设备维护转化而来的课程开发时，首要的工作是合理选择源于企业、经过教学论加工改造的工作任务载体，以加强教学内容的针对性与适用性。为此，我们在选择本课程的载体时，综合考虑以下几个方面。

第一，选择来自企业技术服务一线的光传输线路与设备维护任务；

第二，再选择具有典型代表意义的不同的维护任务；

第三，对维护任务进行教学论加工处理；

第四，要达到具有代表光传输线路与设备维护能力的针对性培养的目的。对维护任务载体的教学处理，重点放在能集中反映工作过程所需要的知识点，去除重复的、过于繁琐的内容，以使内容"必需、够用"，使源于企业的载体更具有典型意义。

3. 内容选取案例

基于学习领域的职业教育课程内容的选择，强调的是行动知识，即对行动重要的应用性知识，是职业教育课程内容的首选。在选取过程中，我们正确处理了以下三个关系。

(1) 陈述性知识与工作过程知识的关系

工作过程知识是职业能力中最为重要也是最难获得的部分。将陈述性知识与工作过程知识这两类知识能够有机结合起来，是课程内容选择的重点。

案例：我们在进行学习情境内容设计时，把线路与设备维护的规范和安全生产等方面的工作过程知识引入教学内容，如图3-11所示。

(2) 必备知识与拓展知识的关系

在课程内容选择上，一方面，要针对学生未来某一职业岗位或岗位群，选择特定的知识和技能，不过分强调内容的完整性、系统性，着力选择学生在未来职业岗位所需要的知识结构和能力结构，突出针对性和适用性；另一方面，也要为学生长期的发展服务，为今后持续学习提供"接口"，适度增加拓展性的教学内容，为学生可持续发展奠定良好的基础。

案例：光纤通信的技术发展日新月异，为使学生能了解新技术、新工艺，让学生针对某一专题收集和查找资料(例如针对光纤光缆技术发展)，撰写心得体会；请企业技术人员来学校给学生进行专题讲座，如图3-12所示；在精品课网站上增设"行业动态"栏目，让学生了解更多的新技术。

(3) 理论知识和实践知识的关系

课程内容选择要正确处理好理论和实践的关系，使理论知识更好地为实践服务，实现理论与实践的有效整合，课程的内容多选自职业岗位工作过程中的实践内容。

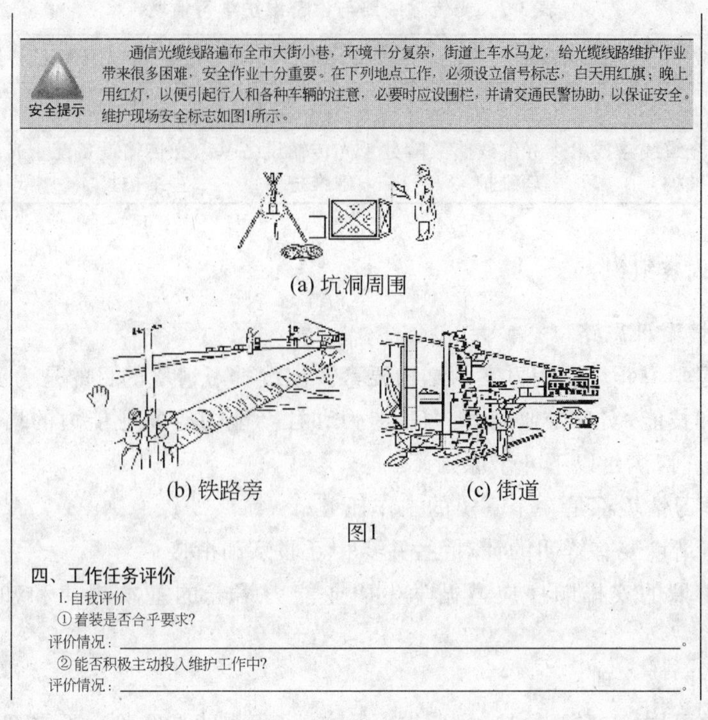

安全提示

通信光缆线路遍布全市大街小巷，环境十分复杂，街道上车水马龙，给光缆线路维护作业带来很多困难，安全作业十分重要。在下列地点工作，必须设立信号标志，白天用红旗；晚上用红灯，以便引起行人和各种车辆的注意，必要时应设围栏，并请交通民警协助，以保证安全。维护现场安全标志如图1所示。

(a) 坑洞周围

(b) 铁路旁　　(c) 街道

图1

四、工作任务评价

1.自我评价

①着装是否合乎要求?

评价情况：________________________________。

②能否积极主动投入维护工作中?

评价情况：________________________________。

图 3-11　案例图例

案例：对教学内容进行重组，以光传输线路与维护岗位的维护工作任务为载体，有机融入理论知识和实践操作。同时，在工作页中尽可能多地采用图片、照片以及清晰的操作流程，这样既体现了工作岗位的情境，又激发了学生的学习兴趣。

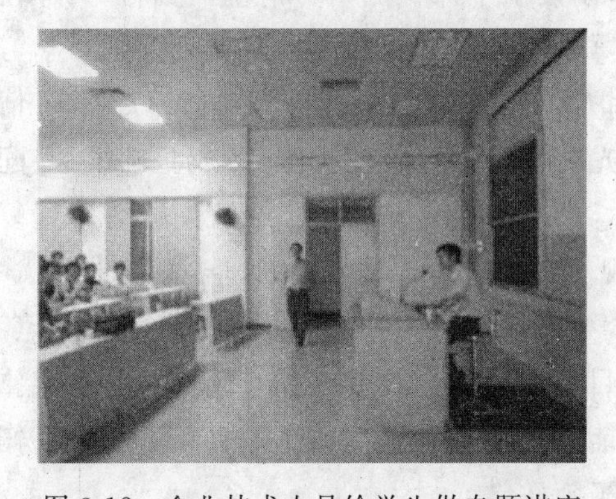

图 3-12　企业技术人员给学生做专题讲座

图 3-13　兼职教师给学生讲授实践技能内容

通过对光传输线路与设备维护职业岗位的工作任务分析，提炼典型工作任务，分析归纳行动领域，对行动领域(典型工作任务)再进行教学论加工以确定课程内容。与企业专家和工程技术人员一起讨论，最终选择了25个维护任务为载体，构建了光传输线路与设备维护课程的学习情境。由于光传输线路维护与光传输设备维护分属于两个不同的领域，故设计了两个子学习领域，每个子学习领域分别设计3个学习情境，共6个学习情境，如表3-7所示。

表 3-7 光传输线路与设备维护学习情境

子领域 1：光传输线路维护			子领域 2：光传输设备维护		
学习情境 1	学习情境 2	学习情境 3	学习情境 4	学习情境 5	学习情境 6
光缆线路基本维护	光缆线路技术维护	光缆线路故障处理维护	光传输设备基础维护	光传输设备配置维护	光传输设备故障处理维护

（二）课程内容组织

1. 学习情境设计思路

学习情境是学习领域课程方案的结构要素。创设学习情境的目的是为了帮助学生更有效地学习知识和技能，实现专业能力、方法能力和社会能力等职业能力的培养。为此，我们在创设学习情境时，满足以下 6 个原则。

(1) 每个学习情境都是一个真实的工作任务；

(2) 各学习情境要有鲜明的针对性，并要相互联系和衔接；

(3) 学习情境的安排顺序应遵循学生职业能力培养的基本规律和知识认知的内在规律；

(4) 学时分配要合理；

(5) 设置学习情境，重复的是过程、步骤和方法(积累的是经验)，不重复的是内容；

(6) 在每一个学习情境中的学习任务(知识、技能、态度)的难度水平要考虑到任务之间的关联性、任务难度要适当、工作过程要完整、要有利于组织教学等诸多问题。

基于典型工作任务分析，按照以上 6 个原则，结合光传输线路和设备维护服务行业的工作过程和程序，遵循职业成长规律和教育教学规律创设了本课程的学习情境，它们是具体任务化的学习和训练。本学习领域课程设计了两个子领域，子领域 1(光传输线路维护)学习情境设计，按光传输维护任务的类型，分成基本维护、技术维护和故障处理维护 3 个学习情境；子领域 2 (光传输设备维护)学习情境设计，按光传输维护任务的类型，分成基础维护、配置维护和故障处理维护 3 个学习情境。课程的学习情境之间呈现出维护任务由简单到复杂、由单一到综合的职业能力培养规律和认知规律，体现了专业能力的培养，如图 3-14 所示。

每个学习情境都有明确的以能力描述的学习目标、学时分配、教学方法建议、教学媒体选择、考核与学习评价方式、学生已有基础和教师能力要求等内容，按照 6 个普适性的工作步骤(咨询、计划、决策、实施、检查和评价)组织和实施教学。

“光传输线路与设备维护”课程学习情境方案设计如表 3-8 所示。

2. 教学内容的组织与安排

课程教学内容的序化，首先要解决的是内容的取舍问题。在对课程内容的组织过程中，我们对原有的光纤通信学科体系课程结构进行改革，对光传输线路与设备维护行动顺序的每一个工作环节来传授相关的课程内容。采用“倒推法”，围绕学习情境的任务，展开与工作任务相关联的系统结构、设备系统原理、线路与设备维护知识、仪表和工具的使用、安全生产知识等多个学习和工作要素，实现实践技能与理论知识的有效整合。

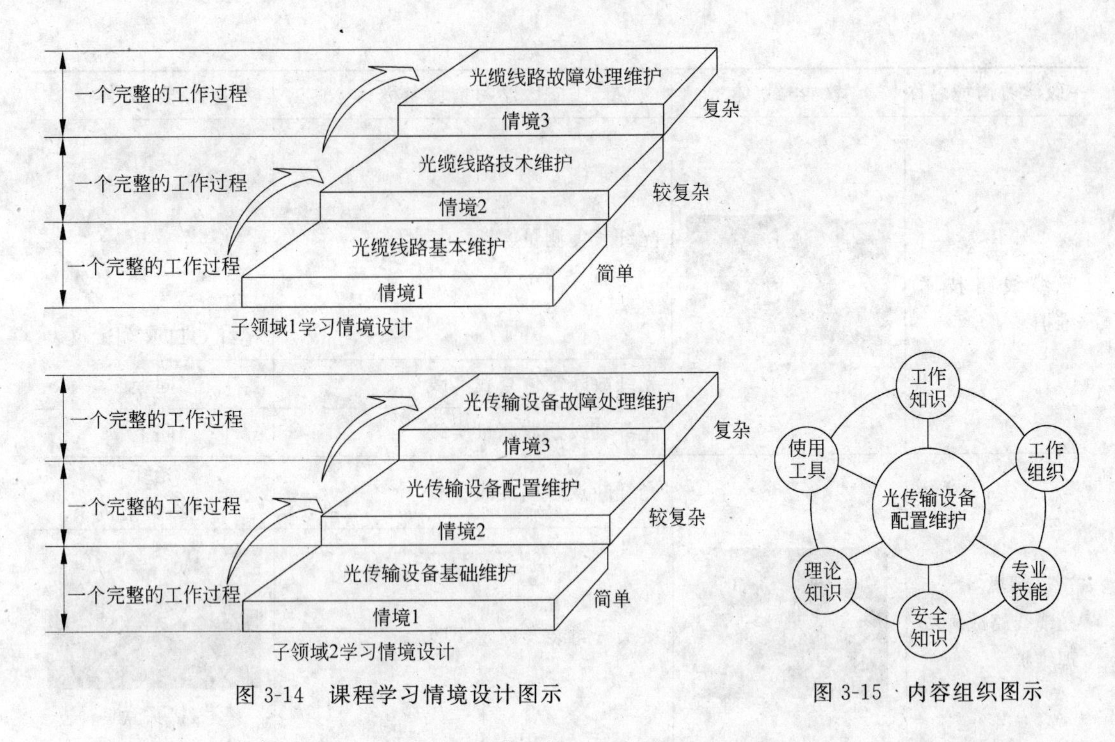

图 3-14　课程学习情境设计图示　　　图 3-15　内容组织图示

表 3-8　"光传输线路与设备维护"课程学习情境方案设计

一级学习情境名称	教学载体	二级学习情境名称	教学载体
情境 1 光缆线路基本维护		路面维护主要工作实践	路面维护(对象)
		管道光缆线路维护工作实践	管道光缆
		架空光缆线路维护工作实践	架空光缆
		护线宣传活动策划和组织实践	护线宣传活动
		"三盯"工作实践	"三盯"工作

续表

一级学习情境名称	教学载体	二级学习情境名称	教学载体
情境 2 光缆线路技术维护		光纤长度测量实践	尾纤 OTDR 测试仪表
		光纤故障定位查找实践	同上
		光纤衰减系数测量实践	同上
情境 3 光缆线路故障处理维护		光纤断点熔接实践	光纤 光纤熔接机
		接头盒封装及固定实践	接头盒
		光缆故障抢修演练实践	故障案例
情境 4 光传输设备基础维护		2M 塞绳的制作与使用实践	2M 塞绳
		电路的开放与调度实践	电路资料
		设备光电接口参数测试分析实践	SDH 设备
		机房告警识别处理实践	机房告警
情境 5 光传输设备配置维护		SDH 光传输设备点到点组网配置	Metro1000/3000设备
		SDH 光传输设备链形组网配置	
		SDH 光传输设备环形组网配置	
		SDH 光传输设备以太网口 ET1 配置	
		SDH 光传输网络管理配置	
情境 6 光传输设备故障处理维护		业务中断类型故障处理	SDH 设备 T2000 网管软件
		误码问题故障处理	
		ECC 问题故障处理	
		公务问题故障处理	
		故障应急处理	

为此，在进行内容组织时，我们根据具有重要职业功能的典型工作任务，确定理论与实践一体化的学习任务，按照工作过程组织学习过程，依据人的职业成长规律对课程内容序化处理，强调“学习的内容是工作，通过工作实现学习”，从而达到“学会工作”的目的。

表 3-9 “光传输线路与设备维护”学习领域内容组织安排

学习领域(118 学时)	学习情境名称	任务单元划分
子领域 1(52 学时)	情境 1 光缆线路基本维护(22 学时)	任务一 路面维护主要工作实践
		任务二 管道光缆线路维护工作实践
		任务三 架空光缆线路维护工作实践
		任务四 护线宣传活动策划和组织实践
		任务五 “三盯”工作实践
	情境 2 光缆线路技术维护(16 学时)	任务一 光纤长度测量实践
		任务二 光纤故障定位查找实践
		任务三 光纤衰减系数测量实践
	情境 3 光缆线路故障处理维护(14 学时)	任务一 光纤断点熔接实践
		任务二 接头盒封装及固定实践
		任务三 光缆故障抢修演练实践
子领域 2(66 学时)	情境 4 光传输设备基础维护(16 学时)	任务一 2M 塞绳制作与使用实践
		任务二 电路的开放与调度实践
		任务三 设备光电接口参数测试分析实践
		任务四 机房告警识别处理实践
	情境 5 光传输设备配置维护(30 学时)	任务一 SDH 光传输设备点到点组网配置
		任务二 SDH 光传输设备链形组网配置
		任务三 SDH 光传输设备环形组网配置
		任务四 SDH 光传输设备以太网口 ET1 配置
		任务五 SDH 光传输网络管理配置
	情境 6 光传输设备故障处理维护(20 学时)	任务一 业务中断类型故障处理
		任务二 误码问题故障处理
		任务三 ECC 问题故障处理
		任务四 公务问题故障处理
		任务五 故障应急处理

3. 教学做结合，理论实践合一

在具体操作实施过程中，“光传输线路与设备维护”学习领域课程按照“教学做合一”、“理论实践合一”、“学习过程与工作过程合一”、“教室与实训室合一”来组织、安排和实施。

(1) 教学做合一

多年来的教学改革我们发现：对于专业课程的教学，“教学做合一”是一种高效率的教学方式。课程教学在校内生产性实训室里，实施“教学做一体化”的教学模式，即将理论教学内容与设备的实训教学内容有机地揉合在一起，将原来课程的理论部分内容同与之相配套的实训项目整合成教学单元。

(2) 理论实践合一

彻底打破传统课程将理论与实践割裂的“两张皮”模式，将理论知识与实践知识进行有效的整合。例如，本课程情境 3 中光纤断点熔接实践任务，教师边讲解边操作，然后再引入理论知识，实现理论与实践的有效整合。

图 3-16 专业教师在指导学生使用仪器

图 3-17 兼职教师在给学生做示范

(3) 学习过程与工作过程合一

行动化的学习过程首先体现在行动的过程性，让学生经历实践学习的全过程，在实践行动中学习；其次，就是行动的整体性，无论学习任务的大小和复杂程度如何，每个学习任务都要学生完成从明确任务、制订计划、实施计划、检查、控制、评价这一完整的工作过程。

(4) 教室与实训室合一

校内实训室以工作任务分析为基础，按照空间结构与工作现场相吻合的原则设计实验实训室，教室与实训场所合一。在校内实训室里进行现场教学，讲练合一，完成典型工作任务的训练，通过在学校的学习，使学生具备综合职业能力，建立起学习与工作的直接联系，提高学习的有效性。

图 3-18 校内实训中心终端区教室

4. 教学内容组织案例

描述学习情境的内容要素包括：教学目标描述、学习内容、载体选择说明、教学组织形式与方法建议、教学环境与媒体选择、学生已有的基础、教师应具备的能力和考核评价说明。

5. 合理设计顶岗实习环节

会同深圳讯方通信技术有限公司、广州市通信建设有限公司等企业工程技术人员制订顶岗实习教学计划，认真抓好顶岗实习“三个阶段”的建设。

图 3-19 校内实训中心设备区

图 3-20 兼职老师李锋在给学生讲解设备

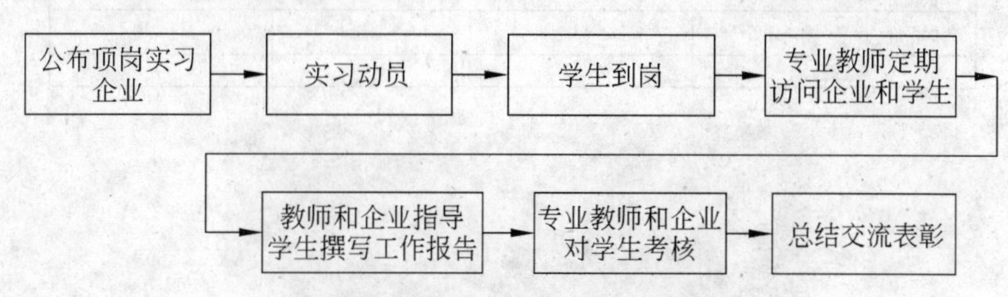

图 3-21 顶岗实习“三阶段”管理

阶段一 顶岗实习前

根据通信企业用人需求，确定供学生顶岗实习的通信企业，双方共同制订顶岗实习方案。向学生公布顶岗实习的通信企业、实习工作岗位特点和用人要求。提前1～2周对学生做好顶岗实习宣传动员，学生选择顶岗实习岗位。组织学生学习工学结合顶岗实习文件和相关规章制度，并对工作实习内容、职业岗位纪律、生活等进行具体安排与指导。

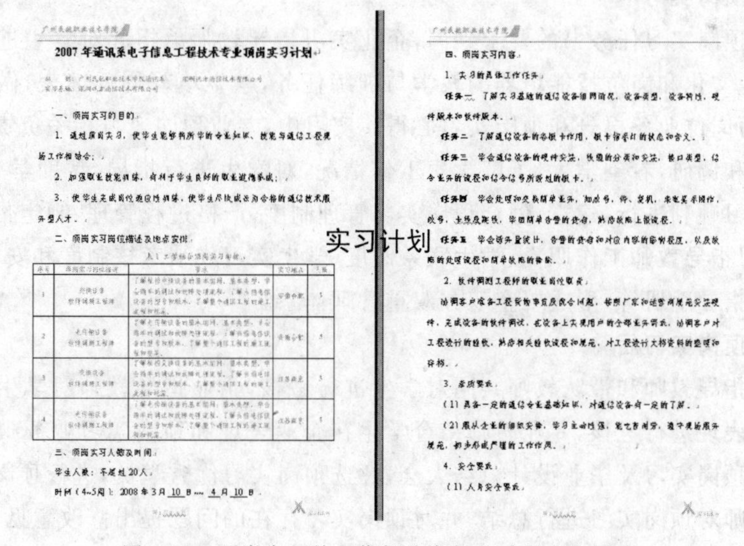

实习计划

2007年通讯系电子信息工程技术专业顶岗实习计划

一、顶岗实习的目的

1. 通过顶岗实习，使学生能够将所学的专业知识、技能与通信工程现场工作相结合；

2. 加强职业技能训练，有利于学生良好的职业道德养成；

3. 使学生完成岗位适应性训练，使学生尽快成长为合格的通信技术服务型人才。

二、顶岗实习岗位描述及地点安排

序号	顶岗实习岗位描述	要求	实习地点	天数
1	[illegible]	[illegible]	[illegible]	[illegible]
2	[illegible]	[illegible]	[illegible]	[illegible]
3	[illegible]	[illegible]	[illegible]	[illegible]
4	[illegible]	[illegible]	[illegible]	[illegible]

三、顶岗实习人数及时间

学生人数：不超过20人。

时间（4~5周）：2008年3月10日—4月10日。

四、顶岗实习内容

1. 实习的具体工作任务

任务一 了解实习基地的通信设备组网情况，设备类型，设备特性，硬件版本和软件版本。

任务二 了解通信设备的各板卡作用，板卡指示灯的状态和含义。

任务三 学会通信设备的硬件安装，线缆的分类和安装，接口类型，信令业务的流程和信令信号所经过的板卡。

任务四 学会处理和交换简单业务，如放号、停、复机，来电显示操作，改号，去除及跳线，学回简单告警的查询，熟悉故障上报流程。

任务五 学会话务量统计，告警的查询和对应内容的影响程度，以及故障的处理流程和简单故障的排除。

2. 软件调测工程师的职业岗位职责

协调客户准备工程货物事宜及配合问题，按照厂家和运营商规范安装硬件，完成设备的软件调试，在设备上实现用户的全部业务需求，协调客户对工程进行的验收，熟悉相关验收流程和规范，对工程进行文档资料的整理和存档。

3. 素质要求

（1）具备一定的通信专业基础知识，对通信设备有一定的了解。

（2）服从企业的组织安排，学习主动性强，能吃苦耐劳，遵守现场服务规范，初步形成严谨的工作作风。

4. 安全要求

（1）人身安全要求。

图 3-22 顶岗实习前工作部分资料和动员大会图片

顶岗实习任务书

专业名称	电子信息工程技术专业		实习单位	广州市通信建设有限公司	
课程名称	企业顶岗实习		学习内容	中国电信C网设备维护	
操作对象	C网设备	工作时间	三个月	学院责任教师	李新勤、曾秀华
工作任务及内容	1. 了解公司状况，在实习报告中简要介绍公司情况。 2. 了解企业文化，在实习报告中写出自己的感受。 3. 了解中国电信C网网络结构以及设备情况(包括设备型号)。 4. 中国电信C网的功能及网络提供的业务描述。 5. C网络设备维护的例行维护项目描述。 6. 典型故障的排除方法。 7. 实习阶段操作的设备及软件描述。				
安全事项	1. 人身安全要求：听从企业指导导师安排，遵守公司规章制度，不可独立外出。 2. 设备安全要求：听从企业指导导师安排，不可独立操作设备。 3. 遵守用户机房的规章制度，不允许在机房吸烟等。 4. 具体安全措施听从公司安排。				
提交文件	1. 顶岗实习工作记录 2. 顶岗实习工作总结 3. 顶岗实习鉴定表				
工作时段记录	要求：一周记录一次				
工作评价	教师评价			企业评价	
学生签名				时间	

图　3-22(续)

阶段二　顶岗实习中

学生根据顶岗实习任务书的要求到岗，企业实习指导教师承担起对学生进行职业道德素质教育、企业文化和岗位技能培养的教学与训练任务，学生填写周反馈表，做好顶岗实习阶段总结，撰写岗位业务报告和顶岗实习心得。实习中，专业顶岗实习相关负责人员到学生实习单位走访和调研，看望学生，了解学生工作情况，对学生进行指导，帮助学生解决困难。为确保顶岗实习顺利进行，建立、健全顶岗实习管理制度，严格过程管理，制定带队教师工作职责、企业实习指导教师工作职责、学生联系制度、学生实习成绩考核制度和安全教育制度、学生顶岗实习指导手册等，形成校企双方双重管理体系。

阶段三　顶岗实习后

企业实习指导教师和带队教师共同对学生进行考核，企业指导教师对学生顶岗实习工作能力及实习表现进行考核，专业教师结合学生在企业表现和顶岗实习业务报告对学生进行测评。召开顶岗实习及毕业设计总结大会，评选顶岗实习优秀学员，进行顶岗实习的汇报演讲。带队教师对顶岗实习进行总结，并对顶岗实习存在的问题提出修改意见，完善顶岗实习方案。

图 3-23　学生顶岗实习部分图片

图 3-24　顶岗实习总结大会部分图片

（三）课程教学内容的具体表现形式

1. 网站学习资源与教学内容的对应关系

表 3-10 课程学习资源与教学内容对应关系

序号	网站学习资源名称	对应的课程教学内容
1	课程相关信息	
	学生学习须知	学生学习本课程前需要知道的相关信息
	课程基本信息	课程的学习目标和学习内容
	实训室开放预约	
2	学习指南	提供课程学习指导
3	电子活页讲义(自编)	情境1至情境6的理论知识
4	PPT课件资源	情境1至情境6的内容
5	工作任务书	情境1至情境6的工作任务布置
6	学习工作页(单)	情境1至情境6中任务单元学习工作单
7	优化训练	情境1至情境6的练习题
8	技能鉴定	
	通信职业资格证书体系	为学生考证提供必要信息
	电信机务员国家职业资格标准	
	通信工程师职业资格模拟考试题样题	
9	维护规范和安全知识	情境1至情境6涉及的线路与设备维护规范和安全知识
10	光传输题库资源	情境1至情境6的综合练习题和测试题及答案
11	助学资料	
	名词术语	情境1至情境6涉及的名词术语
	图解SDH	情境5中的SDH原理
	光纤通信原理Flash动画库	情境1至情境3涉及的光纤通信原理内容
	光纤测量仪器仪表参考资料	情境1至情境6涉及的光纤使用测试工具
	光纤光缆体系标准	情境1至情境2涉及的光纤光缆体系标准
	光传输设备维护资料	情境4至情境6的光传输设备维护内容
12	光传输线路与设备视频学习资源	情境4至情境6的光传输设备维护学习内容
13	学生作业展示	给学生展示作业范例
14	行业动态	为学生提供最新的行业动态,关注行业发展
15	光网络新技术和产品设备	为学生提供光网络新技术内容和相关产品信息

2. 指定参考书目与网站资源

尽管引入学习领域课程设计理念开发了基于工作过程的课程,我们仍然给学生指定一本专业教师编写的课程讲义和供学生自主学习的参考教材,目的是让学生有一本可以看懂的教材。

为适应光纤通信技术发展趋势,以及我院学生具体情况,为学生提供以下参考教材、设备技术手册等辅助教材。

图 3-25 指定参考书封面

[1] 王加强等.光纤通信工程.北京：北京邮电大学出版社，2003

[2] 刘强，段景汉. 通信光缆线路工程与维护. 西安：西安电子科技大学出版社，2003

[3] 胡先志，刘泽恒.光纤光缆工程测试.北京：人民邮电出版社，2001

[4] 张引发等.光缆线路工程设计、施工与维护(第 2 版).北京：电子工业出版社，2007

[5] 中国通信企业协会.通信维护企业光缆线路规程范本(试行).北京：人民邮电出版社，2009

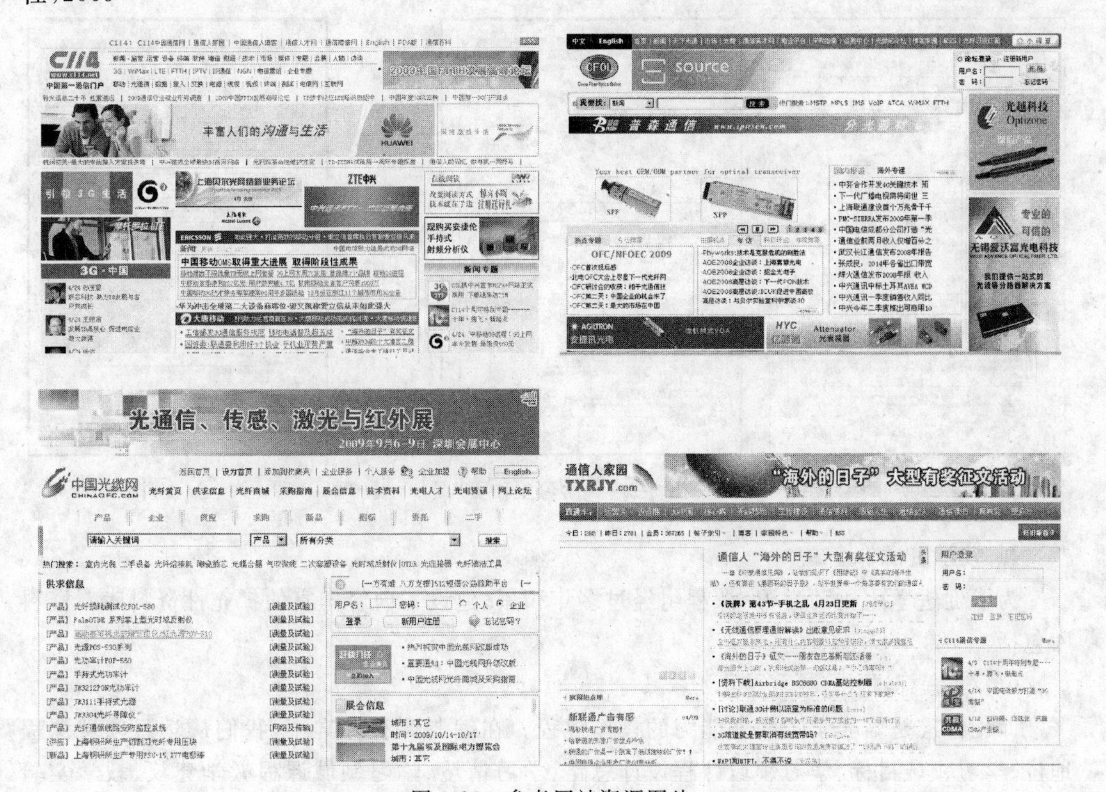

图 3-26 参考网站资源图片

3. “学习工作页”新课程教学用书编制

《光传输线路与设备维护学习领域学习工作页》是学生的主要学习材料，是我们按照工作岗位的职业成长规律编写的。“学习工作页”设计理论实践一体化的学习情境，引领学生完成一个职业的典型工作任务，经历完整的工作过程，促进学生职业能力的发展，从而使学生从初学者成长为技术能手。

“学习工作页”正文由学习目标、学习工作任务描述、学习准备、工作计划（工作准备）、工作实施过程、工作任务评价、迁移拓展等组成，还增设了“引导问题”、“技术提示”、“安全提示”等富有特色的小栏目。

广州民航职业技术学院
Guangzhou Civil Aviation College

光传输线路与设备维护
学习领域学习工作页

二〇〇八年九月

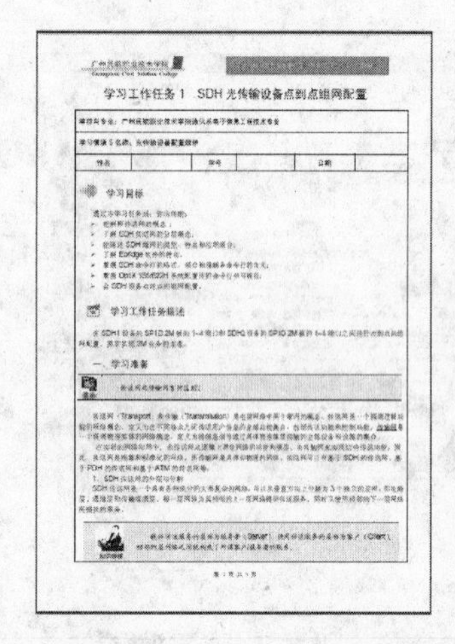
广州民航职业技术学院
Guangzhou Civil Aviation College

学习工作任务1　SDH光传输设备点到点组网配置

学习目标

学习工作任务描述

一、学习准备

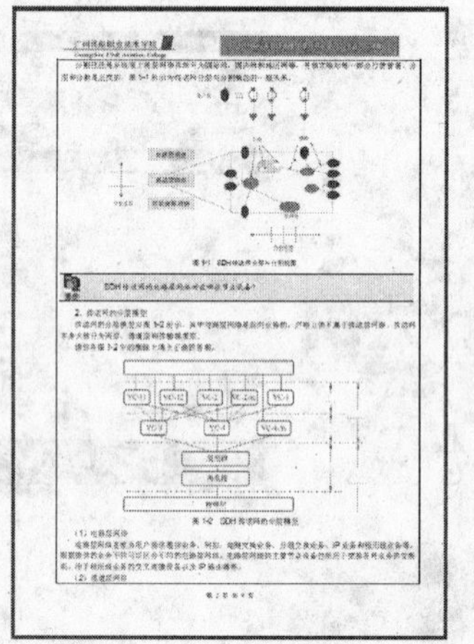
广州民航职业技术学院
Guangzhou Civil Aviation College

……

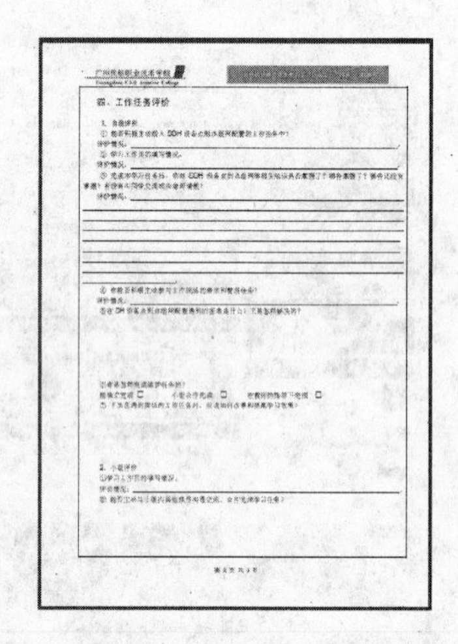
广州民航职业技术学院
Guangzhou Civil Aviation College

四、工作任务评价

图 3-27　“学习工作页”图片

4. 教学资源

为了促进学生主动学习，课程组经过多年积累，建设了内容丰富的扩充性资料库。资料库包括：

(1) 课程标准

课程标准是培养学生职业能力的操作规程。在编制课程标准中，我们从学习领域课程地位、学习领域目标、学习领域课程设计思路、学习情境、学习领域课程教学建议、教学实验实训条件、课程考核方法建议、学习领域课程资源开发与利用和其他说明等方面进行描述。

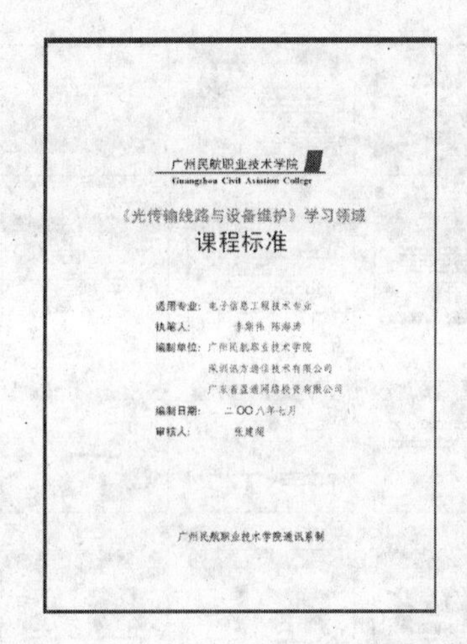
广州民航职业技术学院
Guangzhou Civil Aviation College
《光传输线路与设备维护》学习领域
课程标准

适用专业：电子信息工程技术专业
执笔人：李斯伟 陈海涛
编制单位：广州民航职业技术学院
深圳讯方通信技术有限公司
广东省盈通网络投资有限公司
编制日期：二OO八年七月
审核人：张建超

广州民航职业技术学院通讯系制

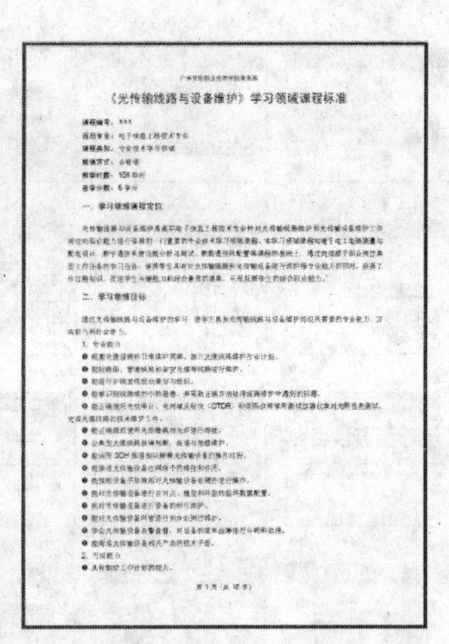
《光传输线路与设备维护》学习领域课程标准

图 3-28　课程标准图片

(2) 工作任务书

工作任务书是在每个学习情境学习之前，给学生下发的工作任务书，主要信息包括：教学目标、任务要求、工期要求、任务实施环境、任务完成应提交的作业、纪律要求和参考书目与网站等。

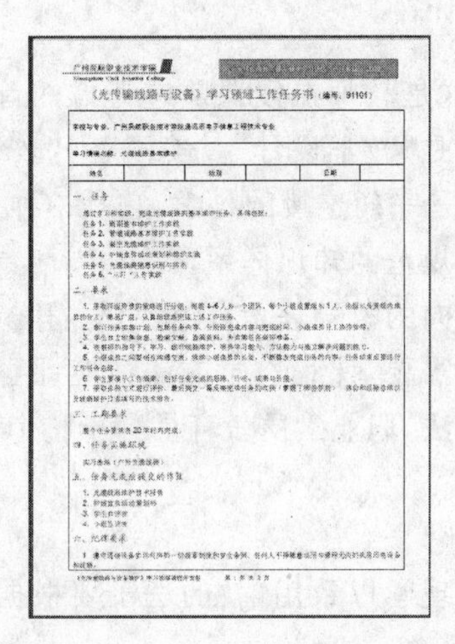
广州民航职业技术学院
Guangzhou Civil Aviation College
《光传输线路与设备》学习领域工作任务书（编号：91101）

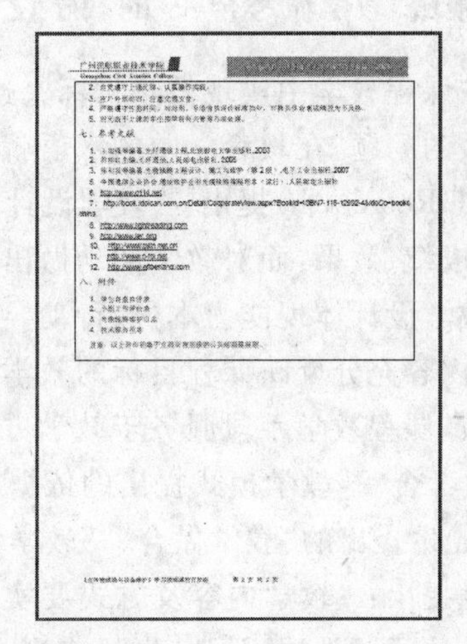
广州民航职业技术学院
Guangzhou Civil Aviation College

图 3-29　工作任务书图片

(3) 其他教学资源

① 网络课程资源。课程组建立了本课程精品课程教学网站，内建“教学资源”栏目，向学生推荐学习指南、设备学习小贴士、原理图解、精选案例、设备图片、设备学习视频录像、设备维护资料、仪器仪表资料、Flash 动画库等学习资源（详见课程“课程学习园地”栏目）。

② 课外作业单和网站习题。课程组多年来收集和编制了大量与教学内容配套的习题，部分习题附有答案，方便学生复习和检查学习效果使用。

③ 国家职业标准和技能鉴定（详见课程网站课程教学栏目）。

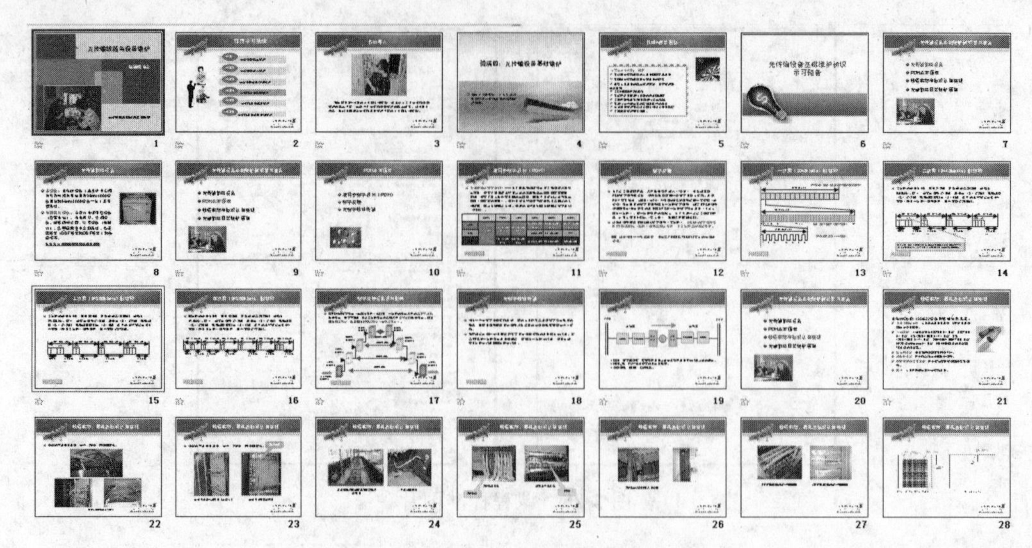

图 3-30　网站 PPT 资源部分资料图片

三、教学方法与手段

（一）学习领域“教学做考合一”的教学设计

教师如何在课程教学中实现教学目标？这是教师在授课前应考虑的首要问题，其实质就是实现如何教的问题，在教育学中的术语就是“教学设计”。美国著名教学设计专家瑞格鲁斯(Charles M. Reigeluth)提出：“教学设计是一门连接的科学，它是一种为达到最佳的预期教学目标，如成绩、效果，而对教学活动做出规范的知识体系。”

本课程的教学设计体现能力本位、行动导向的教学理念，课程目标符合专业人才培养目标的要求，课程内容充分反映课程目标的教学需要，课程教学方法适应课程教学内容要求，以利于因材施教，课程教学手段服务于教学方法，职业素质教育贯穿于整个课程教学过程。

1. “教学做考合一”教学模式提出的依据

- 陶行知先生提出的“教学做合一”教学论

陶行知先生提出：“教学内容及方式要实现学以致用，教的法子要根据学的法子；学的法子要根据做的法子。教法、学法、做法应当是合一的。”

- 教育部[16 号文件]精神
- 行业、企业对高职人才的要求

行业、企业要求高职培养的人才掌握基础理论和专业知识以及相关领域的新知识；具有解决实际问题的综合技术应用能力；具有创新与开拓精神。“教学做考合一”正是一种通过教与学结合、实训与职业素养的养成结合、考试与考证结合，培养学生综合职业能力的教学模式。

- 高职教育作为就业教育，必须与国家职业资格制度接轨。“教学做考合一”模式适应职业教育发展趋势的要求，例如我们把其中的“考”界定为三个层次：一是组织高职学生考取国家职业资格或技能等级证书；二是专业技术课程的标准与国家职业资格标准对接；三是教学内容和教学评价与企业认可、企业岗位标准结合。

2."教学做考合一"的教学设计

本课程应用"教学做考合一"的教学模式进行教学设计。我们以岗位的职业能力为依据,进行整体设计教学方案,全方位组合教学策略与资源,将教学目标、教学活动、教学方法与手段、教学评价集合在一起。通过教与学、学与考、主体与主导、学校考评与企业考评等有机结合,有效实施教学全过程,该模式的结构见图3-31。

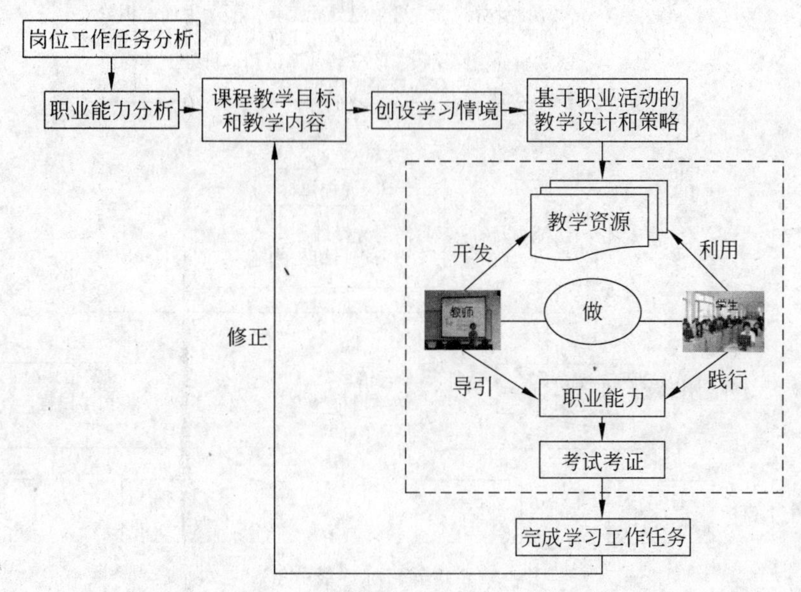

图3-31 应用于本课程的"教学做考合一"教学设计模式

(1)确定课程目标

根据专业人才培养目标的要求逐级细化分解,形成课程目标及课程学习单元的教学目标,保证课程目标与专业培养目标的一致性,如图3-32所示。根据课程目标再确定教学目标,规定学生学习的预期结果、教学内容的重点、难点,明确学生在学习过程中的知识、技能、情感等。

① 专业能力

- 根据光缆线路的日常维护周期,制订光缆线路维护作业计划。
- 能对路面、管道线路和架空光缆等线路进行维护。
- 能进行护线宣传活动策划与组织。
- 能够识别线路维护中的隐患,并采取正确方法处理线路维护中遇到的问题。
- 能正确使用光纤连接器、光时域反射仪(OTDR)和误码仪等常用测试仪器仪表对光纤性能进行测试,完成光缆线路的技术维护工作。
- 能正确规范使用光熔接机对光纤进行熔接。
- 能对典型的光缆线路故障判断、处理与抢修维护。
- 能运用SDH原理知识解释光传输设备的操作过程。
- 能描述光传输设备在网络中的地位和作用。
- 能按照设备手册规范对光传输设备软硬件进行操作。
- 能对光传输设备进行点对点、链形和环形的组网数据配置。
- 能对光传输设备进行设备的例行维护。

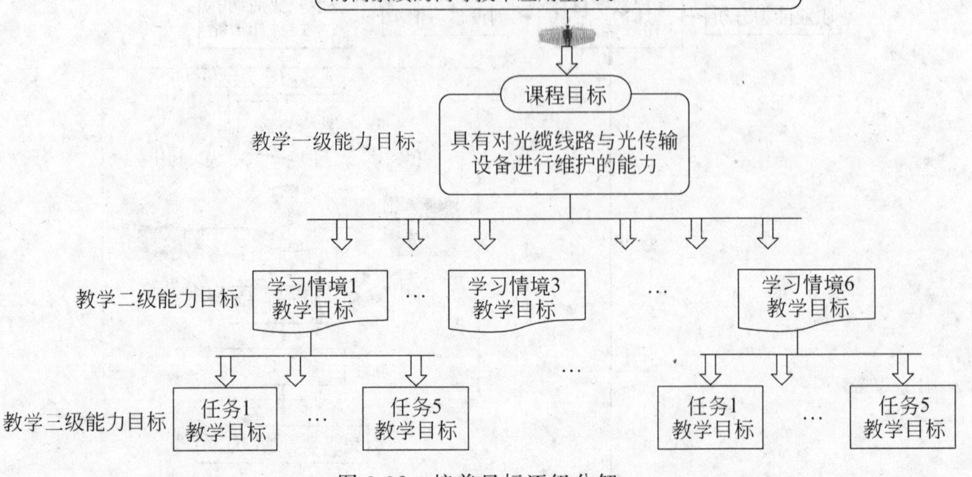

图 3-32　培养目标逐级分解

- 能对光传输设备网管进行初步的例行维护。
- 学会光传输设备告警查看，对设备的简单故障进行分析和处理。
- 能阅读光传输设备相关产品的技术手册。

② 方法能力

- 具有制订工作计划的能力。
- 具有查找资料的能力，具有对文献资料进行利用与筛查的能力。
- 具有初步的解决问题能力。
- 具有独立学习光纤通信新技术的初步能力。
- 具有评估工作结果的方式能力。
- 具有一定的分析与综合能力。

③ 社会能力

- 具有人际交往能力。
- 具有与同龄人相处的能力。
- 具有语言文字表达能力。
- 具有计划组织能力和团队协作能力。
- 遵守职业道德。

(2) 教学分析

确定上述教学目标后，进一步对教学目标分析，细化目标，确定知识(应知)、技能和方法技巧(应会)等，以及实践技能的操作过程或步骤。

(3) 学生学习特点分析

高职学生直观形象思维强于抽象逻辑思维,学习中以感性认识、行动把握为主,不善于对知识的产生、发展、形成进行逻辑推理。大多数学生对专业实践的兴趣很高,实践课的教学效率一般比理论课的教学效率要好。同时,还应分析学生当前掌握的知识、技能程度。

(4) 编写可操作目标

参照职业资格证书或技能等级的要求,对已确定的教学目标作进一步分解和细化。

(5) 确定教学策略

为有效实施教学,教师应确定教学准备、教学实施、教学评价等教学策略。

(6) 选择教学资料

合理选择和利用教学材料、学生学习指南、教学设备、多媒体教学课件等教学资料,这些都是“教学做一体化”教学对教学资源的要求。

(7) 考核评价

本学习领域课程以就业为导向,对照光传输线路与设备维护岗位技能要求,参照企业人员考核测评标准,构建适合行动导向教学的突出能力培养的评价体系。课程评价体系采用多维度考核评价方式,对学生做出整体性评价。课程评价体系由三个部分组成:学生自查自评、小组互评和教师评定。成绩评定先采取百分制,最后转化为5个等级(A、B、C、D和E),如表3-11所示。考核过程做到“两个结合”:

① 结果与过程结合。既重视结果的正确性,又重视以发现故障、排除故障为目的的考核,特别重视过程性考核。

② 专业成绩与能力测评结合。既有课程的成绩单(笔试),也有工作完成质量、个人素质和合作能力等的评价项目。

表3-11 成绩等级标准

No.	等级评定	分 数	No.	等级评定	分 数
1	A(优秀)	90～100	4	D(及格)	60～69
2	B(良好)	80～89	5	E(不及格)	0～59
3	C(中等)	70～79			

(8) 修正教学

根据考核评价的结果,可以发现教学中不足之处,从而修订教学方案。图中的“修正”表示对操作目标、教学策略、教学资料等进行复查或修改,进一步完善教学设计方案。

(二)“教学做一体化”的教学过程实践

多年来的教学改革我们发现:对于专业课程的教学,“教学做一体化”是一种高效率的教学方式。本课程的教学在校内生产性实训室里实施“教学做合一”的教学模式,我们把“教学做合一”教学的授课方法贯穿于整个授课过程之中,包括讲解、示范操作、指导操作练习、检查和评价等,总结的“教学做合一”的教学设计过程如图3-33所示。

我们在实施“光传输线路与设备维护”课程的教学时,按照以下步骤实施教学过程。

(1) 明确本项目(任务)的目的和要求。

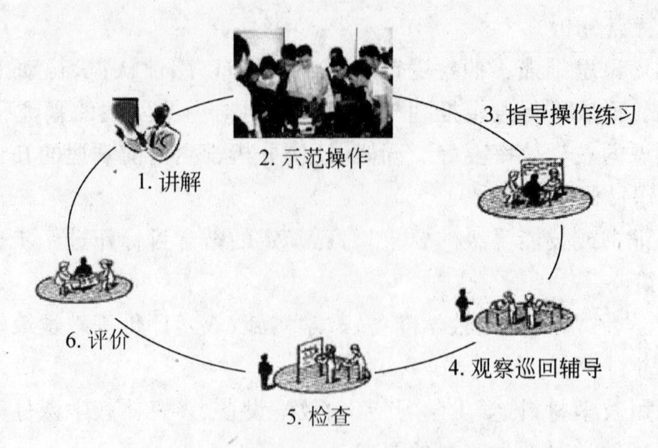

图 3-33 “教学做合一”的授课流程

(2) 熟悉任务实际操作所使用的器材。

(3) 结合多媒体课件和理论指导，学习相应的工作原理。

(4) 教师演示操作，并讲解工作原理。

(5) 学生观看教师演示操作。

(6) 学生进行操作训练，教师提供必要的指导，指导学生解决实际操作中出现的问题。

(7) 实践操作后，教师再把实践过程中遇到的共性问题，进行回顾和总结。

(8) 完成学习作业。

(9) 教师通过自身观察，学生自评、互评，以及学生作业进行评价。

(三) 学习情境教学设计简表

学习情境的教学设计以实现课程目标为宗旨，以实现完成典型工作任务的职业素养为教学目标，以真实的工作过程为引领设计课程的教学过程，用完整的工作过程的“咨询、计划、决策、实施、检查和评价”的六个步骤实施训练过程，这一抽象的工作过程结构加强对学生的思维过程训练，并随着教学过程的进行应逐步增强。

学习情境的数量以实现课程目标为目的，每一个学习情境都是独立，它们之间是按照工作任务为内在逻辑串联而成的，并且每个学习情境都是一个完整的工作过程，本课程所设计的学习情境属于同一个范畴的事物——维护任务。

本课程的一级学习情境教学设计简表，见表 3-12。

表 3-12 “光传输线路与设备维护”之子领域 2 一级学习情境教学设计简表

子学习领域 9.2(名称)： 光传输设备维护　　总学时： 118

学习情境 9.2.2(名称)： 光传输设备配置维护　　适用专业： 电子信息工程技术专业

授课教师	专业教师、企业兼职教师	授课学时(建议)	30
教学目标描述			
通过学习和实践，学生能对 SDH 光传输设备进行基本的配置和维护；能解释 SDH 基本原理，能描述设备组网的应用和各种接口的功能；根据工作任务单要求，制订作业计划，选择正确的配置方法，按照配置步骤，完成 Metro1000/3000 在不同组网情形下的配置；掌握 SDH 设备和网管例行维护任务和方法，正确填写维护日志，完成日常维护工作。			

续表

学习内容	教学载体	教学组织形式与方法建议
• SDH、DWDM 基本原理学习领会 • 接入网各种接口认知 • 华为 Metro1000/3000 设备技术手册识读 • Metro1000 设备结构和单板功能、信号流向 • Metro1000/3000 设备网管软件的基本操作 • Metro1000 设备基本配置(点对点、链形、环形组网) • Metro3000 设备结构和单板功能、信号流向 • Metro3000 设备基本配置(链形、环形组网) • Metro1000/3000 设备例行维护 • 华为 SDH 光传输设备以太网口 ET1 配置 • 华为 SDH 网络管理配置维护 • 光传输设备维护注意事项	Metro1000/3000设备 • T2000 网管软件 • 设备技术手册	• 软件使用实际操作 • 教师讲述 • 现场教学 • 录像(VCD)播放 • 引导文教学 • 任务驱动教学 • 案例教学 • 小组策划;合作学习 • 班级讨论 • 启发式教学

教学环境与媒体选择	学生已有的学习基础	教师应具备的能力	考核评价说明
• 光传输设备机房环境 • 白板、计算机、投影仪、PPT 课件 • Metro1000/3000 设备和网管系统 • 相关案例、设备技术手册、工作任务单	• 光纤通信系统基本知识 • 熟练使用计算机 • 数据通信基础知识 • 光传输基本维护知识	• 运用各种教学法实施教学的组织和控制能力 • 具有光传输组网配置技能 • 案例分析能力	• 自我评价 • 小组互评 • 教师评价

本课程的知识储备学习任务引导问题单见表 3-13。

表 3-13　知识储备学习任务引导问题单(编号：GCS-XGD-02)

课程名称	光传输线路与设备维护		
情境名称	光缆线路技术维护		
知识储备学习任务	光纤主要性能认知		
学时分配	4	教学方式	做中学、学中做
学生姓名		所在小组	
小组其他成员			

一、分配任务

1. 将学习工作单发给学生,学生按 6 人为一小组。课堂上每组针对你学习工作单中感兴趣的引导问题以小组形式进行汇报和解答。

2. 以小组为单位在网上查找某厂商生产的光纤产品,对产品的数据表单进行分析。注意,你可能不是对每个使用名词和数字熟悉,但是要尽最大努力对数据表单进行分析。

要求：课堂上以小组形式进行汇报,与同学们分享。

二、学习引导问题

请同学们认真阅读学习工作单中的引导问题，通过查阅资料、文献以及教师发放的相关资料，解答

续表

如下引导问题,目的是帮助理解本学习情境中学习工作任务的要求及其各部分之间的关联。这些引导问题主要是基于工作过程中涉及的知识来设计的。要实施任务过程,就必须系统的、逐步的完成每个引导性问题。在自主学习和老师的引导帮助下;请你完成下面引导问题单中的内容。

1. 描述 G. 651、G. 652、G. 653、G. 654 和 G. 655 的特点。

2. 为什么需要色散补偿?简单说明色散补偿光纤的工作原理。

3. 解释模间色散和模内色散的区别。

4. 光在包层中比在纤芯中传播得更快,为什么?

5. 给出并解释光纤中所有内部和外部损耗的来源。

6. 多模光纤和单模光纤哪一类光纤对宏弯损耗更敏感?为什么?

7. 什么样的波长最适合多模光纤?为什么?

8. 如果 A=0.2dB/km,P_{in}=0.029mW,P_{out}=0.001mW,其中 A 为光纤衰减,P_{in} 为发射到光纤中的光功率,P_{out} 为对光电二极管的耦合功率,计算因光纤损耗造成的在传输长度上的限制。

9. 因为已经存在商业上可用的色散偏移光纤(DSF),为什么还要用其他方式来克服色散?你知道还有哪些克服色散的方法吗?

续表

10. 画一个记忆图来总结你所学到的有关单模光纤的内容。 11. 查阅相关资料，归纳总结如骨干传输网、城域传输网等对光纤的选择。 三、计划决策 学生针对本学习任务，以小组方式工作，小组独立地寻找与任务相关的信息。小组讨论后，决定解答哪几个问题进行汇报。 四、实施检查 各组完成后，每组派一个代表陈述学习工作单上的问题。
作业小结

本课程的二级学习情境教学设计见表3-14和表3-15。

表3-14 "光传输线路与设备维护"课程二级学习情境——学习工作任务教学设计

学习工作任务2-1	光纤长度测量实践	学时	4	总学时	118
授课教师	专业教师、企业兼职教师	授课对象	电子信息工程技术专业学生		
教学目标描述					
知识目标： 了解光缆线路技术维护方案；熟知光缆线路技术维护主要指标；掌握光缆线路技术维护主要测试项目；熟知常用的光连接器件；熟悉光时域反射仪(OTDR)原理。 技能目标： 熟练操作光时域反射；会利用OTDR测量光纤长度。 情感目标： 遵守仪器仪表操作使用规程，培养合作意识。					
教学的重点与难点					
重点：OTDR操作使用 难点：OTDR原理					
学生学习特点分析			教学策略设计		
学生已具备光缆线路维护基础知识，对光传输系统有一定了解，但光通信理论学习还不深入，对理论学习不如动手实践兴趣大。通过实践教学和现场教学，尤其注重理论与实践相结合使学生获得相关的操作技能。通过小组合作学习、相互评价，可激发学生学习的主动性和积极性			从技术维护任务工作单分析入手，导入本情境学习的意义、目的和主要内容。分组时以4～6人为一小组，以小组合作形式在教师指导下完成任务。在教学过程中，通过视频、讲授结合讲解理论知识；教师示范仪表操作流程，学生通过边学边做完成利用OTDR测量光纤长度的测量，从而获得维护技能		

续表

教学过程设计					
行动过程（工作过程属性）	教学过程			教学媒体选择	教学方法运用
	行动内容(教学内容)	教师活动	学生活动		
咨询、计划（1学时）	• 分析工作任务单 • 光缆线路技术维护主要指标 • 光时域反射仪(OTDR)原理	• 下达工作任务单 • 向学生发放相关学习资料 • 讲解光缆线路技术维护指标 • 讲解维护光缆线路技术维护的主要工作内容和维护周期 • 讲授光时域反射仪(OTDR)原理 • 指导学生分组	• 在教师指导下分析工作任务单 • 学习光缆线路技术维护的指标 • 学习测试主要项目和维护周期 • 学习光时域反射仪(OTDR)原理 • 小组讨论工作任务分配	• 白板、计算机、投影仪、PPT课件 • 动画	• 教师讲述 • 动画演示 • 小组合作学习
决策、实施(2.8学时)	• 光连接器的使用和操作 • OTDR的操作使用 • 仪表使用安全注意事项 • 使用OTDR测量给定光纤长度	• 讲授、演示光连接器的使用和操作 • 讲授、演示OTDR的使用和操作 • 讲授仪表使用安全注意事项	• 练习光连接器的使用和操作 • 练习OTDR的使用和操作 • 按工作页要求在老师指导下完成光纤长度测量任务	• 白板、计算机、投影仪、PPT课件 • 视频录像 • 光连接器、OTDR仪表 • 光纤、光缆等实验用器材	• 录像播放 • 教师讲述 • 实践操作训练 • 合作学习
检查（与实施同步进行）	• 检查仪表操作使用是否符合安全要求 • 检查各项测试是否符合操作要领 • 检查测量结果	• 了解、检查、督促学生实践 • 组织学生小组内部检查	小组内部检查	检查项目及相应标准	师生互动
评价(0.2学时)	• 总结光纤长度测量工作任务完成情况 • 指出学生工作过程中的薄弱环节 • 提出建议和改进意见 • 给出小组评价成绩及个人评价成绩	• 组织学生进行讨论、分析总结 • 点评各小组测量工作 • 指出薄弱环节 • 提出改进意见 • 评定成绩	• 讨论、分析和总结 • 互相评价	• 自我评价表 • 小组互评表 • 任务完成评价表(教师提供)(含评价内容、评价标准等)	挑选优秀学生作为教师小助教

教学小结
以学生为主体，通过讲授、启发、演示、实践和班级讨论等多种教学方法激发学生学习的兴趣，突出理论与实践的结合，使学生在实际练习中掌握基本的仪器仪表使用和测试技能。由于采用多种行动导向的教学方法，学生边学边做，提供了实际动手机会，锻炼了学生实践技能；教学过程中采用合作学习，使学生具有合作意识，突出协调组织能力。应鼓励每个同学轮流完成测试，注意避免个别同学过分依赖他人

续表

备注
1. 教师应做好各项实训前的准备，尤其是在实训室光缆长度有限的情况下，利用废旧光缆熔接成一条具有一定距离的测试光缆。 2. 注意培养学习能力、方法能力，重点培养学生动手操作实践能力，提高职业技能。 3. 教学要以学生为主体，不主导学生学习的具体过程，但要调控、组织和管理动态教学过程。

表 3-15 "光传输线路与设备维护"课程二级学习情境——学习知识储备、学习任务教学设计

学习情境 9.1.1	光缆线路基本维护	总学时	118
任务学习单元	光缆故障处理入门认知	学时分配	2
授课对象	电子信息工程技术专业学生	教学方式	案例教学

教学目标描述

知识目标：

能叙述光缆线路障碍的定义；了解造成光缆线路障碍的原因；会光缆线路障碍的统计与计算；明确光缆线路障碍点测试的主要工具；能陈述光缆线路修复程序；初步了解光缆线路常见障碍现象及原因。

技能目标：

具有收集信息、选择和运用资料的学习能力与方法能力；能按照学习工作单要求，能按照学习工作单要求，正确解答任务单上的引导问题；能初步分析光缆线路障碍造成的原因。

情感目标：

学会团队协作解决问题的方法，增强学生的自信心与团队责任心；培养学生沟通能力。

教学的重点与难点	教 学 地 点
重点：光缆线路障碍现象及原因分析 难点：光缆线路障碍产生原因分析	通信综合实训中心（实验楼 304 室）

学生学习特征分析

学生已具备了有关光缆线路的基本维护和技术维护等的相关知识与专业技能，为后续工作奠定了一定的基础。本次任务通过"学中做"和案例教学的教学方式，激发学生学习光缆线路障碍处理的兴趣；通过小组合作学习、相互评价，提高学生学习的主动性和积极性。

教学策略设计

"光缆故障处理认知"这一学习内容是光缆线路维护人员处理光缆故障工作的基础。首先以一个"海底光缆大面积中断引发网络故障"的案例导入本学习内容，说明光缆维护的重要性，以此展开学习任务要求。通过教师事先设计的学习工作单，引导学生掌握必要的光缆维护方面的知识。采取案例教学，使学生在案例学习中初识光缆故障处理的方法和流程。教学活动以教师讲授案例为主，通过案例教学引出光缆维护的知识、方法及应掌握的技能，使学生了解光缆障碍处理要求，最后教师给出光缆线路障碍实例，学生以小组形式进行分析。在案例分析教学活动中，教师应鼓励学生与他人协作，共同完成案例分析学习任务

续表

教学过程设计				
行动过程	教学过程		教学媒体选择	教学方法运用
	教师活动	学生活动		
发放学习工作单(课外)	• 向学生提前下达本次任务的学习工作单 • 发放光缆维护和线路障碍处理的相关学习资料 • 教师激励学生独立查询资料完成	学生利用教师所给定的光缆维护和线路障碍处理相关学习资料,阅读和理解相关学习内容,对学习工作单上的引导问题作答	• 参考教材 • 光缆维护和线路障碍处理学习资料 • 电子讲义 • 学习工作单 • PPT 课件	学生独立自学
引入案例(15 分钟)	• 教师给出光缆线路障碍处理真实案例 • 提供与案例相关的光缆线路障碍处理背景资料	• 学生认真阅读光缆线路障碍处理案例 • 对教师提供的与案例相关的光缆线路障碍处理背景资料做学习讨论准备	• 学习指南 • 参考教材 • 学习工作单 • PPT 课件 • 学习指南	• 启发引导教学 • 小组讨论
案例分析(30 分钟)	• 教师讲解与本案例相关的光缆线路障碍处理知识 • 教师给出光缆线路的常见故障现象及可能原因分析,供学生学习参考 • 教师和学生一起研究本案例中光缆线路障碍处理可能产生的原因分析 • 提供障碍处理的思维方法	• 学生学习与本案例相关的光缆线路障碍处理知识 • 学生学习光缆线路障碍处理的方法和流程	• 参考教材 • 学习工作单 • PPT 课件 • 学习指南	• 案例教学 • 班级讨论 • 合作学习
小组讨论(35 分钟)	• 教师给出 4 个光缆线路障碍实例 • 组织学生讨论分析 • 教师发放评价表	• 学生认真研读光缆线路障碍实例 • 学生小组讨论分析案例	• 参考教材 • 学习工作单 • PPT 课件	• 小组讨论 • 合作学习
讨论评估(10 分钟)	• 教师复查评价表 • 组织学生案例分析汇报	• 学生提交自评自查表、小组互评表 • 学生案例分析汇报	• 学习工作单 • PPT 课件	• 教师讲授 • 班级讨论

教学案例
2001 年"五一"国际劳动节前夕,某有线电视光纤传输网突然告急:两个光纤节点的大量用户反映说他们的电视图像信号太差,"雪花点"非常明显。正值"五一"文艺节目和世界杯预选赛中国国家足球队的小组赛,如果这些比赛和文艺节目收看效果不佳,肯定会影响该有线电视网的声誉

（四）教学方法设计

本课程关注学生的实践或行动，以培养和提高职业能力。宏观上，本课程以体现工作过程特征的“咨询—计划—决策—实施—检查—评价”六个行动步骤引导教学过程。微观上，充分体现行动导向的教学设计理念，体现以学生为主体，教师作为教学的引导者，根据课程内容和学生特点，积极尝试和灵活运用四步法（或五步法）和任务驱动、案例教学、角色扮演、小组讨论、张贴板法等多种行动导向的教学方法组合实施教学，引导学生积极思考、勇于探索实践，师生互动提高学生的学习兴趣，调动学生学习的积极性，收到了良好的效果。

针对课程的不同内容，综合运用了不同的教学方法。积极探索与实践，总结了以下教学方法的实施流程。

1. 小组讨论教学

在讲授本课程的理论教学内容教学中，尝试运用讨论教学法。在实施讨论教学法的过程中，教师事先根据教学内容、教学目的，精心拟定富有启发性和思考性的讨论问题，在上课前向学生布置课题。课堂的讨论过程分小组进行，每小组一般 6 人，小组讨论之后，再由各组派代表向全班汇报讨论。最后，教师做讨论的总结工作。

【小组讨论教学案例】

例如在“SDH 光传输设备硬件认识”内容的教学实施中，教师首先讲授一个完整的单板后，然后布置其他单板认识任务，实施讨论教学。讨论过程分小组进行，每小组设置 5～6 人，小组讨论记录讨论结果，再由各小组指派代表讲述单板的工作原理、指示灯情况解释和操作测试等；最后将学生陈述过程中存在的不清晰问题或错误理解或不规范操作加以讲解、分析和总结；课后每小组提交“单板工作及测试任务报告”。

图 3-34　学生在进行小组讨论

图 3-35　学生在讲解设备

【结论】

讨论教学法的实施，使学生能积极参与到对学所专业知识的思考和讨论，既可以在互动中学习、相互启发，又可以培养团队精神；也使学生对所学的专业知识产生浓厚兴趣，促使学生在学习中激发灵感，培养创新思维。

2. 应用任务驱动的五步法教学流程

任务驱动把握“四个环节”，即创设情境，提出任务；分解任务，实施任务；解决任务，建构知识；巩固练习，考核评价。

在本课程的教学中,我们采用了任务驱动教学法实施教学。例如,在情境1的“路面维护主要工作实践”任务教学环节,教师课前向学生下达任务书,学生根据任务要求做好资料收集,对任务内容和要求有所了解。实施任务前,教师先传授与任务相关的知识体系,讲解其中的方法和注意事项;然后组织学生制订工作计划。实施任务时,学生以小组为单位(每小组5～6人)自主完成任务。在教学中,通过完成任务学习新知识,学习的过程是先动手再动脑,遵从“实践—理论—再实践—再认识提高”的认知规律,获得从具体到抽象的认识,将实践活动和后续的理论知识紧密地联系起来。任务驱动教学法的运用,使学生通过完成一系列由易到难的任务,通过实践学会蕴涵其中的抽象理论,自主地初步建构新的学习内容,培养学生从理论知识到应用的能力。

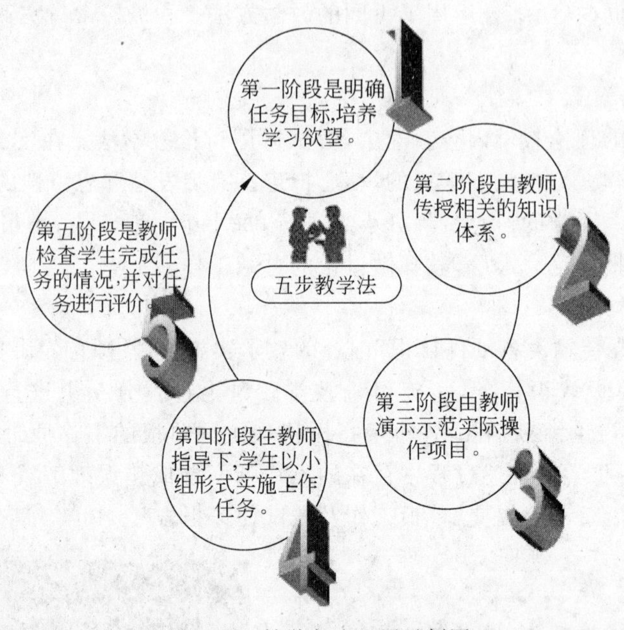

图3-36 教学方法运用示例图

【教学流程】

完成工作任务的行动过程可凝练为以下六个普适性的工作步骤。

咨询——获取与工作任务直接联系和间接联系的信息收集与分析,明确完成任务应达到的目的和应考虑的因素等。这一阶段的重点是描绘出工作目标,弄清楚存在的困难以及为达到目标所需做的工作、条件和应当满足的要求等。

计划——设想出解决工作任务进行的行动内容、程序、阶段计划、要求和所需条件。

决策——解决问题的工作方法或途径,一般要通过小组形式集体做出。

实施——按计划实施任务直至完成。

检查——检查工作任务是否得到完整的实施,工作的最终目标是否达到要求。

评价——任务完成过程的成效,找到原因做出相应的修正,以及明确今后应改进的方面。

基于以上六个方面,在各层次工作任务的教学实施过程中都体现这六个行动步骤的学习与训练。

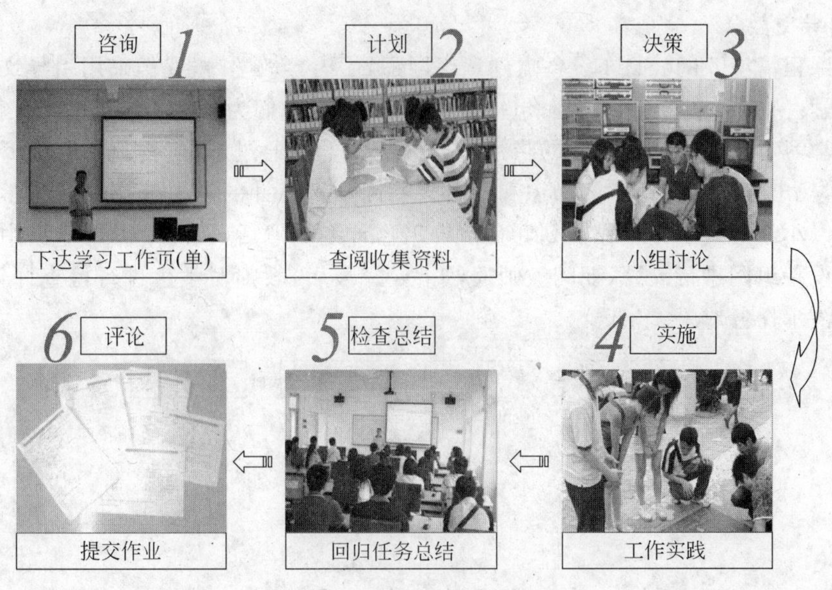

图 3-37　教学流程图解

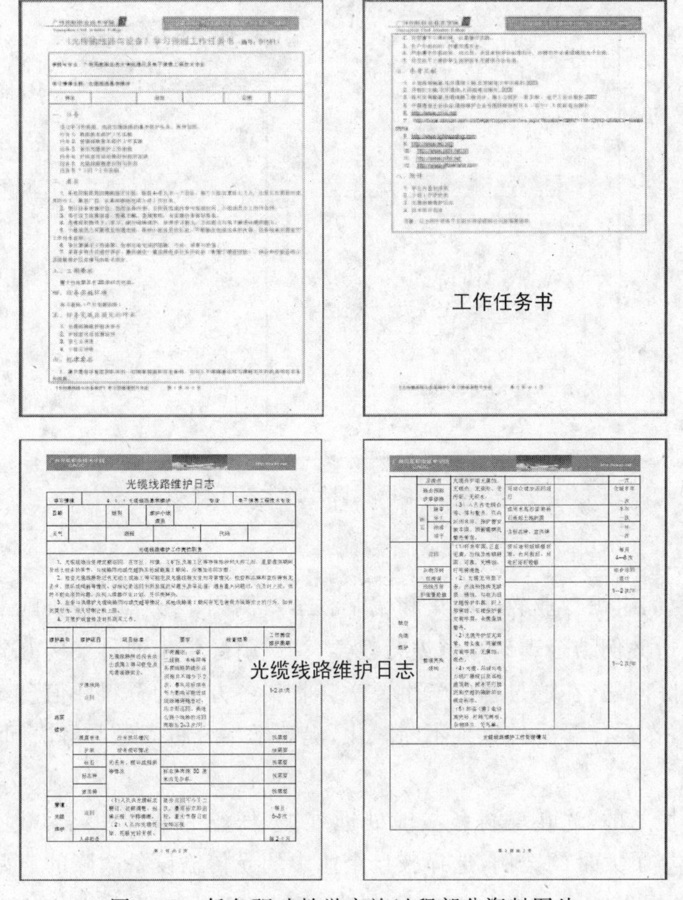

图 3-38　任务驱动教学实施过程部分资料图片

3. 引导文教学

在本课程情境5的"SDH设备点到点组网配置"内容教学时，我们采用引导文教学法组织实施教学。首先，介绍实际任务，包括一些引导问题，我们为学生编制了学习工作页，学生可以利用学习工作页中引导问题的指示完成任务。学生通过教师所提供的PPT课件和问题的引导，找出独立应对任务的知识和方法。我们预先设计的学习工作页可为学生提供信息。学生以小组形式制订工作计划并且执行工作计划。然后，按照学习工作页中详细的操作步骤对设备组网进行配置，期间教师巡回指导。最后，教师对学生进行检查评估，请做得好的同学演示任务成果。

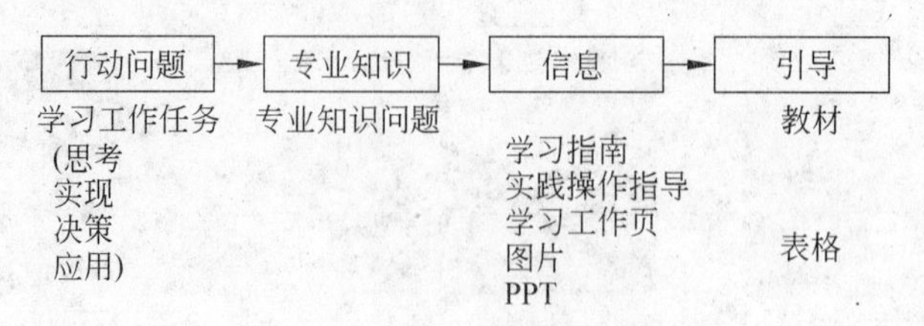

图3-39 引导文教学法

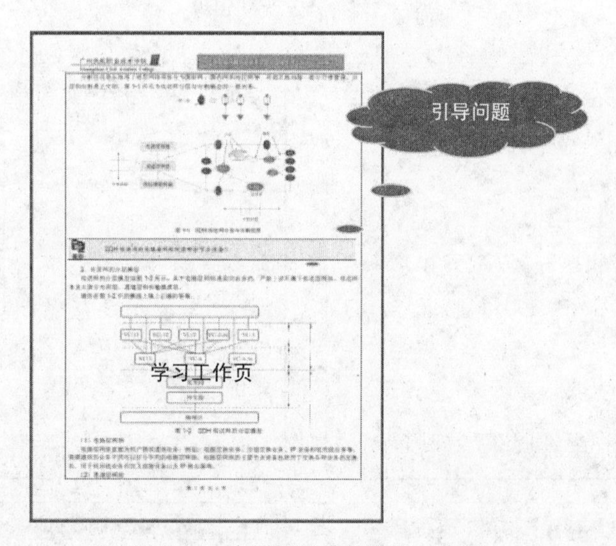

图3-40 本课程设计的学习工作页

4. 案例教学

在教学前，我们组织专业教师收集和编制教学案例用于教学。在实施案例教学时，根据教学目标选择合适案例结合理论知识进行教学，注重引导学生通过案例的分析推导、运用概念较好地解决实际问题，在这过程中学生要学会收集各方面的资料和信息，学会对已有的资料作多方面的分析，促使学生的思维不断深化，提高学生分析问题和解决问题的能力。

【案例教学】

在本课程情境6的"光传输设备故障处理维护"任务的教学中，尝试应用案例教学法。教师在企业中收集了大量的案例，选择来自企业中的光传输设备故障的典型案例，组织学生进行分析和讨论，提出解决问题的意见和办法。通过学习案例，积累更多的故障处理的经验；具备处理故障的思路、规律和方法。通过案例的分析和研究学习，使学生为今后从事相关的职业工作做准备。

案例五：设备温度过高导致B2误码

教学案例

图 3-41 案例教学部分资料图片

5. 现场教学

对于适合在真实工作环境中需要学习和体验的内容，开展现场教学。例如，光传输设备中涉及局内线缆敷设的内容，以及光传输设备的安装、调试和开通等相关内容，通过工学结合顶岗实习的形式完成，让学生在真实的工作环境中学习工作过程中隐含的知识，激发学生的学习和工作热情，提高学生的职业能力。

【现场教学案例】

本课程的最后一个学习项目是工学结合项目，我们与深圳讯方通信技术有限公司、广州市通信技术有限公司、广东长讯通信有限公司等合作签订了顶岗实习协议，安排学生到公司提供的岗位顶岗实习，在现场实施教学。首先，企业指导教师要先做出计划，准备现场要讲解的内容和具体教学实施方法；然后学生在企业指导教师的指导下，进行现场操作；最后，企业指导教师根据学生实习期间的表现给出评价，并填写学生实习鉴定意见。

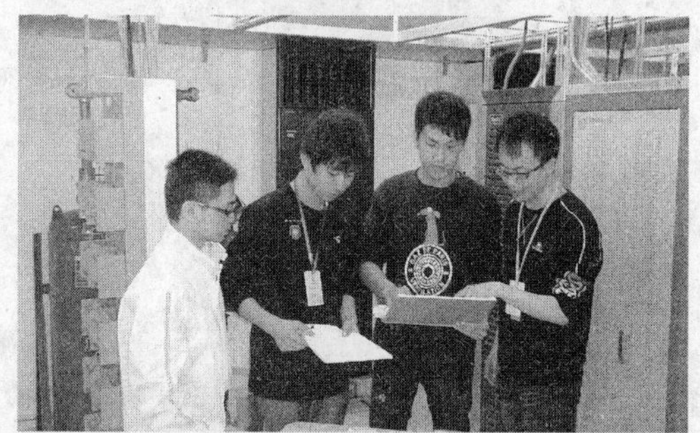

图 3-42 企业指导教师在岗位现场指导学生资料图片

（五）教学手段

除利用传统教学手段（如板书、胶片投影）外，主要应用多种现代化教学手段，充分利用多媒体功能，广泛开展多种教学手段相结合的方式进行教学。主要教学工具和方法列举如下：

- 课程开发、团队开发的多媒体网络课件。
- 教学案例。
- 设备图片和设备学习录像。
- 在课程建设过程中，收集和积累了大量的设备图片，拍摄了由企业技术人员讲解的设备讲解录像。
- 教学录像。
- 拍摄了来自岗位的真实工作任务的视频操作，以及实验操作录像等，使课程的教学更加形象、生动，取得了较好的教学效果。
- 利用丰富的网络资源，向学生推荐与课程相关的学习网站，如 www.c114.net 等网站，开拓学生学习课程的视野。
- 积极开展网络课程的开发，网络课程提供大量的课程资源，如学习指南、设备技术手册、课程作业、在线答疑等，学生通过网络课程学习更丰富的内容，扩大知识面。
- 自制教具(供张贴板教学使用)。

图 3-43　自制教具图示

四、教学实践条件

(一) 校内实训条件

本专业作为第二批国家示范性高等职业院校建设计划项目的重点专业建设项目，我们按照国家示范性高等职业院校项目建设任务书的要求，历时一年多。通信系组织相关教师进行了广泛的市场调研以及各高职院校实验实训室调研，深入细致地了解所要购置设备的情况以及环境布置要求等，全面实施了电子信息工程技术专业实验实训条件建设项目(本项目是我院国家示范性院校建设项目——电子信息工程技术专业及其专业群建设项目的子项目之一)，投资 746.4781 万元建成了通信综合实训中心和扩建电子基础实验室。

通信综合实训中心以职业岗位工作任务分析为基础，按照空间结构与工作现场相吻合的原则设计实验实训室，合理设计实训项目，确定实训设备、材料和工具，科学地划分实验实训区域，室内布局见图 3-44。

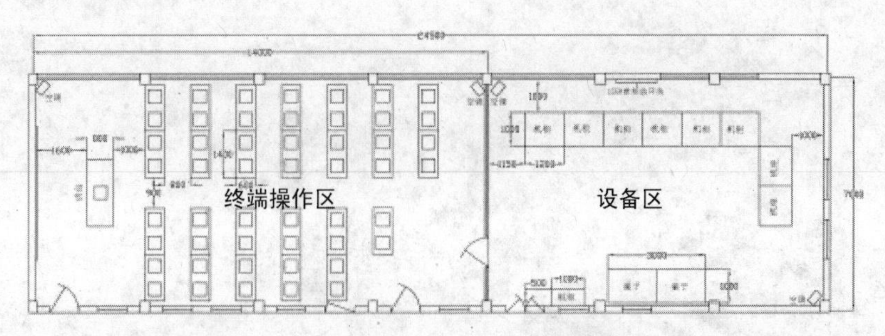

图 3-44　通信综合实训中心整体设计布局图

按照上述设计思路，我们建成了一个集“项目教学、任务教学、小组讨论、实践操作与综合技能训练”多功能一体化的通信综合实训中心，面积约为 200m²，可以开展项目导向、任务驱动、案例教学和设备培训等多种形式的教学。

图 3-45　通信综合实训中心的终端操作区

图 3-46　通信综合实训中心的设备区

通信综合实训中心是按照一个小型通信局（站）的规模建设，由光传输、程控交换、宽带综合接入、3G WCDMA 移动通信、电源等部分组成，设备包括接入层、汇聚层、核心交换层的各种通信设备，技术包含了程控交换、光传输、xDSL、数据通信、3G WCDMA 移动通信等主流通信技术，架构理念是以通信网络主流技术为核心，整合接入网、汇聚网、骨干网“全程全网”的通信综合实训架构，以 3G WCDMA 为主要架构，构建程控交换平台、光传输平台和 3G WCDMA 移动通信网络平台三个互通的平台，主要提供电话业务、3G 移动通信业务、光传输以及接入业务等，系统总体结构图见图 3-47。

建设的通信综合实训中心完成的具体功能如表 3-16 所示。

除此之外，先前投入专业教学及实验实训基地建设的经费达 872.19 万元。例如，在校内生产性实训基地建设中，一是积极争取调拨退役或更新下来的民航通信设备；二是积极争取教学经费投入，充实校内生产性实训基地的建设。目前，我们又对原有实验室进行改扩建，主要包括：直流与交流电路实验室、电子线路实验室和电子工艺实训室的扩建以及更新一批测量仪表、增加实验设备，扩大实验室面积。

到目前为止，本专业共有各类实验室 9 个，直接用于专业课程教学的计算机达 456 台，还设有金工实习车间和电子产品制作车间，所有实验实训室的总价值达 2000 多万元。实验室及校内实习基地能很好地满足学生进行各类基础实验、专业基本技能训练的需要。

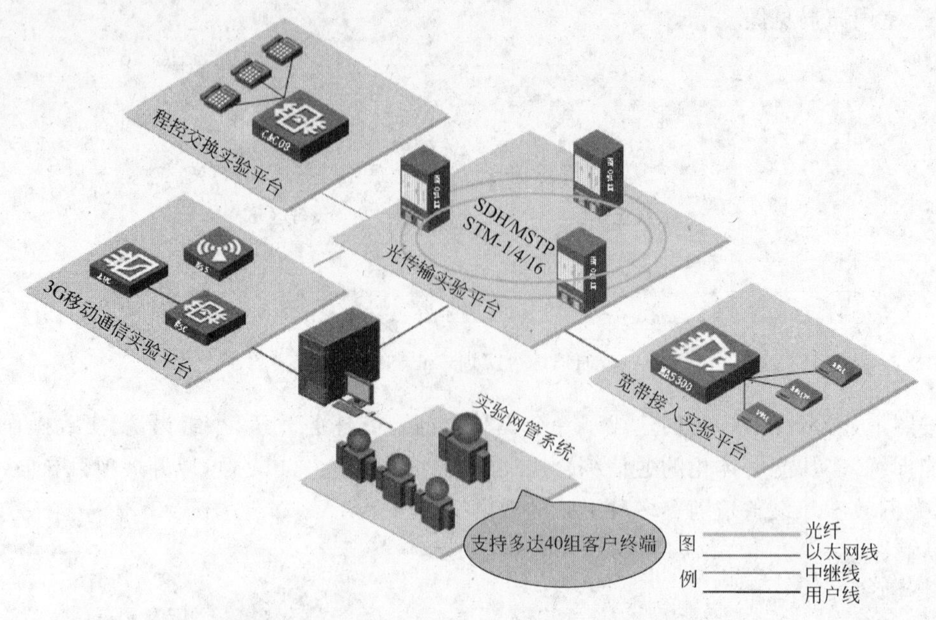

图 3-47　通信综合实训中心系统总体结构图

表 3-16　通信综合实训中心功能

平台功能	以3G移动通信系统为主要平台，搭建一个多业务平台，包括电话业务、3G移动业务、光传输以及宽带数据接入业务等，能实现几个平台的互联互通，可提供学生进行通信业务的实验实训。同时，也可以提供覆盖整个通信网络全程的课程培训体系，取得通信企业认证培训资格	
平台名称	功能描述	开设的实训项目
1. 光传输实验平台	光传输要求实现接入、汇聚、核心三个层次的设备配置，接入层以链形结构，汇聚层和核心层以自愈环结构搭建，实现多业务接入相应的实验实训	• 基本物理连线制作实验和串口调试实验 • SDH传输设备实验系统硬件介绍，包括硬件安装及相关专业知识 • SDH光电口测试 • SDH点对点组网配置实验 • SDH链形组网配置 • SDH环形组网配置 • SDH相切环组网配置 • SDH组网ET1配置 • HDB3码形观测 • PP环保护实验 • MSP环保护实验
2. 程控交换实验平台	程控交换设备按一个独立多模块局配置，同时实现与我院现有SP30交换机的对接，完成相应的实验实训	• 实验系统硬件介绍，包括硬件安装及相关专业知识 • 交换机硬件配置实验，包括主控部分、用户电路部分、中继电路部分 • 基础字冠数据部分设定实验，包括本局通话和局间通话 • 本地局点的整网调试实验 • 数字中继实验包括一号信令和七号信令 • 电路板BORSCHT七大功能实验 • 交换机新业务实验 • 交换机日常维护实验 • 与SP30交换机的对接实验

续表

平台名称	功能描述	开设的实训项目
3. 宽带接入实验平台	以综合接入设备为主要设备，实现语音和数据的综合接入实验实训	• 基本物理连线制作实验和串口调试实验 • 宽带系统硬件介绍，包括硬件安装及相关系统知识 • 宽带 ADSL 接入实验系统基本数据设定 • 宽带 ATM-PVC 通道设定实验 • 宽带 ADSL 终端设备调试实验
4. 3G 移动通信实验平台	实现 3G WCDMA 的电路子域（CS）和分组子域(PS)功能，实现移动电话与固定电话的互通等实验实训任务	• 硬件配置实验 • 客户端软件安装及操作实验 • 全局及设备数据配置实验 • RNC 设备接口数据配置实验 • 设备无线数据配置实验 • RNC 小区管理数据配置实验 • WCDMA 通信频点配置实验 • NodeB 功率控制实验 • MSC 本局数据配置实验 • MSC 接口数据配置实验 • MSC 到 HLR 数据配置实验 • MGW 媒体网关加载实验 • MGW 媒体网关 Mc 接口实验 • PS 软件加载及硬件数据配置实验 • PS 本局数据配置实验 • 固网与移动之间的通话建立实验 • 移动与核心软交换与固网之间的通话建立实验
对外技术培训	通信工程师技术培训与考证	

（二）校外实习环境

1. 积极探索校外实习基地有效途径

随着通信行业不断发展，对专业技术人员的需求不断增加，这就要求专业设置和建设必须紧紧围绕行业或企业的岗位实际需要。学生通过顶岗实习可以提高实践能力，获得工作经验，实现零距离上岗。近几年，我们在校企合作过程中，根据通信行业和企业特点，以“互惠双赢”作为校企合作的主导思想，探讨以工学结合为纽带，聘请行业、企业技术人员共同制订专业教学计划、实习计划，与企业共同培育学生。近三年来，我们与企业共同制订和修订了与校企合作相关的协议、制度和办法达 13 项，初步建立了校企合作的长效机制，规范了专业与企业的合作工作，推动了校企合作工作的全面发展和教育教学改革的不断深入。

2. 通信企业共建校外实习基地

（1）与民航通信企业共建校外实习基地

在进行校内生产性实训室建设的同时，积极与行业企业联系，在互惠互利的原则下，进行产学结合，成立专业顾问委员会，聘任兼职教师，在民航通信企业建立能定期集中安排学生到工作岗位进行生产实习的校外专业实习基地，目前已建立 11 个校外实习基地。

（2）与电信行业企业共建校外实习基地

在民航行业校外实习基地的基础上，我们选择了科技含量较高、效益较好、安全性较高

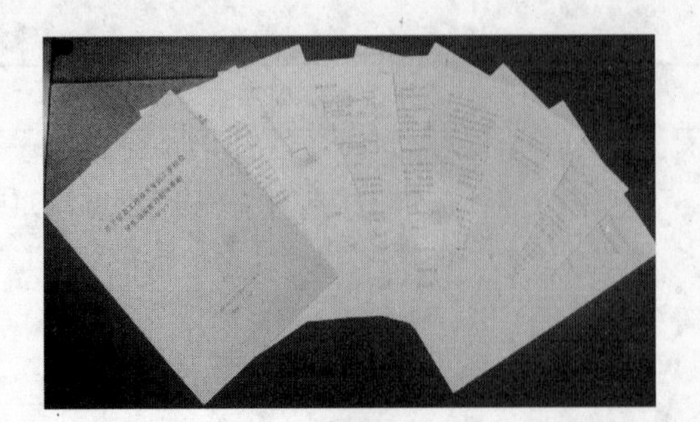

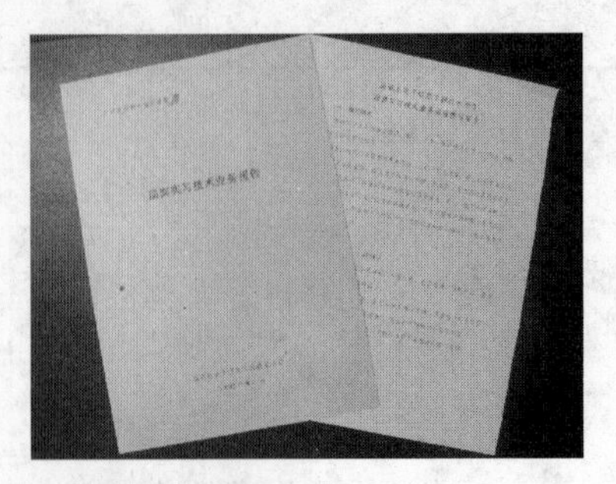

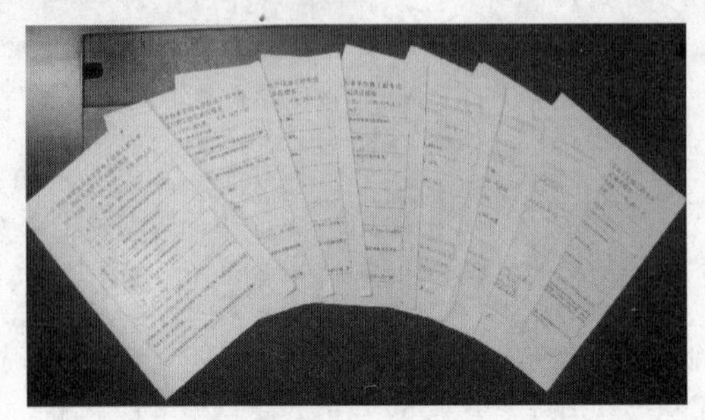

图 3-48　部分校企合作资料图片

图 3-49　校外实习基地合作单位图片

的相关通信企业建立紧密型和松散型的校外专业实习基地，为学生顶岗实习提供实习岗位。利用专业自身的教育资源优势，我们通过主动服务的方式与企业建立良好的合作关系，争取企业积极支持工学结合人才培养模式改革的实施，为实施工学结合的课程教学和学生顶岗实习提供保障。目前，本专业已与深圳讯方通信技术有限公司、中南空管局通信网络管理中心、广州市通信建设有限公司、广东盈通网络投资有限公司等 7 家企业建立了长期的校外实习基地，并从合作企业聘请了多名技术人员作为本课程的兼职教师和课程建设顾问，主要承担实训实习教学和顶岗实习指导。

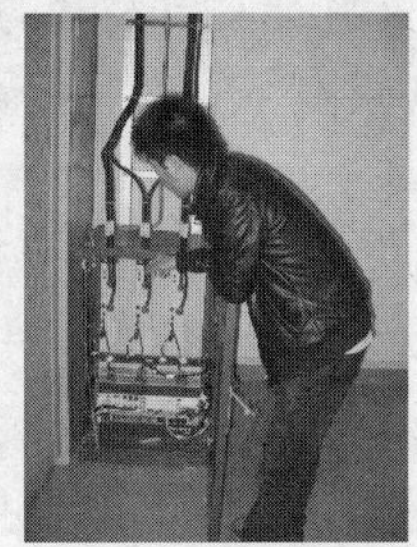

图 3-50　校外实习基地场景图片

(3) 学生顶岗实习后的收获

① 通过工学结合顶岗实习，真正培养了学生的独立生活能力、社会环境适应能力和艰苦奋斗的精神；学生与企业零距离接触，在企业文化的熏陶下，感受到了生存和工作的压力与竞争，同时也激发了他们的工作热情和积极性，增强了责任感。

② 在企业技术员工身上学到了关心他人，热情服务的精神，改变了待人处世的方式方法，学会了换位思考，培养了团队精神。

③ 从学校管理的角度，顶岗实习完成了预期的目标：一是在下企业之前给学生做好了充分的岗前培训和任务要求；二是在实习过程管理中，定期与学生保持联系，反馈学生的情况，充分发挥学生干部的作用；三是实习结束后，认真总结，写出书面报告。

本人在建总交换部实习期间，积极学习各种电信技术，配合同事完成广州各电信分局的扩容电信工程，创造一个良好、团结、积极向上的氛围，锻炼个人的意志，为打造积极向上的工作精神立下了坚实的基础。主要完成的工程以及各种电信技术应用有：①通信网及其分类，通信网的拓扑结构；②共用电话交换网(PSTN)，通信网中交换，信令及呼叫处理过程，程控交换原理，话务理论基本知识；③数据通信网，数据交换方式，帧中继网与DDN网ISDN，ATM技术的原理；④完成各终端接入网工程以及接入技术，XDSL技术，光纤接入网(OAN)，无线接入网等技术，接入网作为通信主网边缘部分，按业务要求不同而呈现各种不同形态，宽带接入技术为用户提供不同的资源。在实习期间积极工作，本人受到单位领导的表扬、鼓励，使个人的境界提高了一层，能为祖国电信事业的繁荣和发达作贡献而感到自豪。实习期间积极学习，从实践到理论的结合，阅读《新编电信技术概论》《通信原理》《思科网络教程》等书以及各软件交换技术。同时，与同事之间建立良好关系，在工作中营造了团结、积极向上的工作氛围。

(01电子信息工程技术学生　实习地点：广州通信技术建设总公司)

一个人的能力毕竟是有限的，要更好更快地完成任务要借助很多人的力量，这种团队精神也是我在这次实习中学到的。例如，上不去Internet了，首先检查软件方面的问题；然后检查硬件方面的问题，当然这只是小问题，需要合作，在大问题上更是如此。要完成一项大的工作，如果没有很多人的合作也许一个人一辈子都无法完成的。例如，实习单位思科网络技术学院，它的出资人是一位CCNP的老师。汤杰是一位职业经理人，管理着整个网络中心的运作。李阳负责网络日常维护和卫生。刘鹏正在为网络学院做自己的网站，汪启明是MCSE的老师。有了大家的合作才会有网络中心的发展和利润……

(01电子信息工程技术学生　实习地点：Cisco Systems Networking Academy)

时间过得真快，转眼间，在深圳讯方通信公司的实习已经结束了。在这段时间里，我学到了很多在学校里学不到的东西，也认识到了自己很多的不足，感觉受益匪浅。作为一个刚踏入社会的年轻人来说，什么都不懂，没有任何社会经验。不过，在师傅们的帮助下，我很快融入了这个新的环境。进入公司实习后，让我感触最深的是工作后不再像在学校里学习那样，有老师，有作业，有考试，而是一切要自己主动去学去做。只要你想学习，学习的机会还是很多的，老员工们从不吝惜自己的经验来指导你工作，让你少走弯路。像我这样没有工作经验的新人，更需要通过多做事情来积累经验。特别是现在实习工作并不像正式员工那样有明确的工作范围，如果工作态度不够积极就可能没有事情做，所以平时就更需要主动争取多做事，这样才能多积累多提高。后来，我还体会到工作往往不是一个人的事情，是一个团队在完成一个项目，在工作的过程中如何去保持和团队中其他同事的交流和沟通也是相当重要的。作为学生面对的无非是同学、老师、家长，而工作后就要面对更为复杂的关系。今后我会更加刻苦钻研知识，多谦虚请教，努力提高自己素质，努力成为对公司有用的一员。最后，非常感谢学校对我的信任和肯定，还有老师们的辛苦劳累，给我安排这么一个难得的实习机会。作为一个快要离开学校、进入社会的学生，今后一定要为学校和老师争光，谢谢老师们的苦心栽培了！

(05电子信息工程技术学生　实习地点：深圳讯方通信技术有限公司)

这次实习中我主要参加的工作是滁州移动关口局UMG8900的硬件建设。在这工作过程中，技术难点是网线、光纤以及机柜内走线的整齐、美观以及统一性。在指导老师的耐心带领和指导下，我学到了很多。硬件的建设讲究的是整齐、美观以及统一性。在组装的过程中需要很强的责任心、耐心以及细心，并且还要有吃苦耐劳的精神。在整个过程中虽然很辛苦，但辛苦中也充满了乐趣，因为导师的幽默时刻在逗着我们笑，在导师的身上我也学到了许多，对工作的负责，吃苦耐劳的精神，坚韧的耐心以及硬件建设的审美观。

在生活中，我们过的是集体生活，和企业工程师们住在一起。除了工作，工程师们对我生活的其他方面都给了关心，我也能融入他们的生活，和他们一起上下班、吃饭、娱乐……

（05 电子信息工程技术学生 实习地点：深圳讯方通信技术有限公司）

通过此次学习，让我学到了很多课堂上根本学不到的东西，仿佛自己一下子变成熟了，懂得了做人做事的道理，也懂得了学习的意义、时间的宝贵和人生的真谛。明白人世间一生不可能都是一帆风顺的，只能选择勇敢地去面对人生中的每个驿站！这让我更清楚地感受到了自己肩上的重任，看清了自己的方向，也让我认识到了从事通信专业应该保有仔细认真的工作态度，要有一种平和的心态和虚心向上的精神，不管遇到什么事都要多方面地去思考，多听别人的建议，不要太过急躁，要对自己所做的事情负责，承诺过的事情就要努力去兑现。单位也培养了我的实际动手能力，增加了我实际的操作经验，对电路组的工作有了一个新的开始，更好地为我今后的工作积累经验。我知道工作是一项需要热情的事业，并且需要持之以恒和吃苦耐劳的品质。我觉得最重要的是在这段时间里，我第一次真正的融入了社会，在实践中了解社会并且掌握了一些与人交往的技巧，并且在此期间，我注意观察了前辈怎样与上级交往，怎样处理之间的关系。利用这次难得的机会，也打开了我的视野，增长了见识，为我以后进一步走向社会打下坚实的基础。

实习期间，我从未出现无故缺勤。我勤奋好学，谦虚谨慎，认真听取老同志的指导，对于别人提出的工作建议虚心听取。并能够仔细观察、切身体验、独立思考、综合分析，并努力学到把学到的知识应用到实际工作中，尽力做到理论和实际相结合的最佳状态，培养了我执着的敬业精神和勤奋踏实的工作作风，也培养和增强了我的耐心和综合素质。能够确实做到服从指挥，与同事友好相处，尊重领导，工作认真负责，责任心强，能保质、保量完成工作任务。并始终坚持一条原则：要么不做，要做就要做最好。

（06 电子信息工程技术 2 学生 实习地点：广州市宜通世纪科技有限公司）

三个月实习时间不是太长，但也不是很短，从刚放寒假时进入公司到现在，不知不觉中已经过了三个月，三个月中有了很多的收获，有欢乐也有忧愁，当然学习就是这样的一个过程，只有经过了磨炼，才会懂得人生。我在这三个月学到了很多知识，在工作中学会了成长，学会了做事的方法，在与同事的交往中学会了与人相处的方法，最重要的是学会了怎样去面对挫折，而且学会了如何在失败中前进。

从学校到社会的大环境的转变，身边接触的人也完全换了角色，老师变成领导，同学变成同事，相处之道截然不同。在这巨大的转变中，我们或许会彷徨，迷茫，无法马上适应新的环境。也许是看不惯企业之间残酷的竞争，或者是无法忍受同事之间漠不关心的眼神和言语，但是我们公司现在还好，有很多同事是我在大学里的同学，大家都是在一起相处了差不多三年的，对彼此也是相当的了解，所以大家在一起工作时也就多了很多的欢声笑语。在公司里我们会面对各方面的压力，有领导的眼色、同事的压力甚至是家里人的“关心”。而在学校，有同学老师的关心和支持，每日上上课，课余的时间可以打篮球，真的过得很轻松。而现在就得面对上下班了，我们得按时上班，下班，而且做C网代维，要及时处理基站的故障，所以我们是24小时待命的，当然也就少不了有些人会抱怨了。在我工作的工程中，感觉到最刺激的事就是当基站出现防盗告警时，很多同事一起出发去捉偷盗的人，但是很多时候又可能只是错误的告警，所以会感觉到有点儿无奈，但只要捉到贼了就会有很大的成就感，最关键的是能为公司做出很"现实"的贡献。

（06电子信息工程技术2学生 实习地点：广州市通信建设有限公司）

记得我们第一周实习的时候，出去巡检维护基站从早晨忙到下午六点，结果却只完成3个基站巡检。回到公司之后发现同事回来的更早反而完成了4个，回到学校后我就反复想着如何才能以最短的时间获取最大的效率，后来我终于想通了，熟悉维护基站的基本流程就是获取最大效率的关键，在后来的日子里我每天完成的基站巡检都是名列第一。失败是成功之母，我从失败中总结经验与教训。

在实习两周后我开始学习维护基站，抢修故障。这是作为代维人员所应该学习的最重要知识，我很用心很积极地跟在师傅后面学，因为主动好学而且和师傅关系处理得不错所以师傅很乐意教我，为此我比其他同来的同学同事都先学会日常基本故障排除方法。记得当我第一次请求一个人去处理TMR分集线缆告警时，我心里带着很大压力，怕自己的所学无法搞定这个故障，但我还是主动请求一个人去，因为我想锻炼自己的独立自主能力，更加坚信自己的所学完全能够解决这个小小的故障，结果我真的成功了……我后来问师傅，这是侥幸吗，他说，不，不是，这是你主动好学敢于拼搏的结果……

经过一个多月的实习，我基本把在学校学习到的理论知识和在工作中接触到的知识都融入实践中来了，感觉自己受益匪浅，为了提高自己的综合水平，在下班闲余之际特地寻找了许多关于基站代维的资料，大大加强了自己在代维方面的综合知识，这让我在两个月之后的电信代维资格考试当中取得了第一名的好成绩……一分付出一分回报……

此次实习，让我学到了很多实实在在的东西，学会了自主能力，人际交流能力，处世能力等，对以前所学的零零碎碎知识有了综合的应用机会，我有幸来到广州市通信建设有限公司进行为期三个月的工作实习。我要特别感谢学校和领导给我这个实习的机会，这让我学到了许多书本以外的知识，受益匪浅。在部门领导和同事的指导帮助下，我慢慢了解了公司的组织机构、经营状况及管理体制，以及技术服务方面的基本业务，并学到了许多通信网络和系统基站维护的知识。

（06电子信息工程技术1学生 实习地点：广州市通信建设有限公司）

实习的第一天，我们的项目经理就告诉我们"在这里，有不懂的就问，问得多就学会了。只要你们肯问，我将会毫无保留地把我自己所有的东西都告诉你们"。在项目经理不厌其烦的教导下，和我的认真学习，经过这段实习期间，我更深刻地理解了光纤通信的基本原理，包括网络拓扑结构、自愈保护机理、二纤单向通道保护环、二纤双向复用段保护环的特性和倒换过程等，还有PDH、SDH体制的区别与比较，SDH的帧结构和复用步骤，开销字节作用，指针调整机理等，另外也熟悉了华为SDH传输设备（Optix 2.5G、Optix 10G、OSN3500、OSN7500、OSN9500）的硬件结构，工作原理和告警现象，并对网管系统T2000的使用和整个传输网络有了基本的了解，熟悉掌握了各种常见故障的含义和告警现象的识别，能进行故障分析和定位。在日常工作中我能完成对设备基本的维护,同时也能熟练地运用2M测试仪、光源、光功率计、OTDR测试仪器进行测试。在抢修的过程中我尽量多动手,独立思考分析告警产生的原因和解决故障的方法,这使得我逐渐熟悉了处理告警的流程,巩固了所学到的理论知识。工作期间我服从领导们的安排,逐步地了解学习光缆线路的一些基本维护工作,在完成好设备项目工作的同时也尽量挤出时间加入到公司承包的电信C网项目的工作中去,努力提升自己的技能水平。

(06电子信息工程技术2学生 实习地点:广东长讯通信有限公司)

(4) 与企业联合定制培养通信人才

从2009年开始,我们将与广州市通信建设有限公司联合定制培养通信服务人才,具体举措有以下几方面:第一,建立和主要企业用人单位的沟通合作机制,实施校企合作和订单式培养。第二,对用人单位的关键岗位和工种所需的技能进行了调研,制定出以就业能力为基础的联合定制培养方案,调整教学目标和教学方法,突出重点和实操性。第三,进一步加大到企业实习的比例,职业教育的课堂要从学校延伸到企业一线,充分发挥工学结合制度的优势,为学生提升实践能力提供充分机会。第四,打通一些相近专业的培养体系,增强相应的基础通识课和专业通识课,使不同专业毕业的学生能够有更大的适应性和选择面。第五,争取来自行业主管部门、企业单位和社会各界力量的资源支持,为提升学生就业能力提供良好的培养环境。

图3-51 与广州市通信建设有限公司联合定制培养部分图片资料

通过多年的校企合作,使专业教学与企业紧密结合,学生通过在企业锻炼技能,掌握了职业技能和工作方法,感受企业的管理和接受企业文化的熏陶,缩短或消除毕业后到企业工作的不适应期。同时通过实训,提高学生学习的积极性,使职业教育真正与企业融合。

五、本课程的特色与创新点

由专业教师和具有丰富实践经验的企业专家、技术人员以及专职培训人员共同组成课程开发团队,借鉴当代职业教育课程开发的最新理论与方法技术,进行基于工作过程的课程设计与开发,形成了以下特色。

课程特色之一:理论实践一体化的学习领域课程模式

本课程打破了传统的学科化的内容体系,重构了工作过程系统化的内容体系。根据光传输线路与设备维护实际工作岗位具有重要职业功能的典型工作任务,设计理论与实践一体化的学习情境,按照工作过程组织学习过程,依据人的职业成长规律化课程内容,强调"学习的内容是工作,通过工作实现学习",从而达到使学生"学会工作"的目的。

课程特色之二：工作过程系统化的教学组织

本学习领域课程的教学组织遵循工作过程系统化的教学原则，即在结构完整的工作过程中，使学生经历从明确工作任务、制订计划、工作实施、检查控制到评价反馈的整个过程，通过学习工作页在教师指导下自主学习，获得工作过程知识（包括理论和实践知识）并掌握光传输线路与设备维护的职业技能，学习包括工作对象、工具使用、工作方法、工作组织方式和工作要求等各种要素及其相互关系，体现了行动化的教学过程和学习过程。

课程特色之三：多元化的课程教学评价

课程评价（这里主要指学生学业评价）采取“考、评、鉴”相结合的多元化考核评价体系注重过程评价。课程评价以就业为导向，对照光传输线路与设备维护岗位技能要求，参照企业人员考核测评标准，构建适合行动导向教学的突出能力培养的评价体系。课程评价体系采用多元化的考核评价方式，对学生做出整体性评价。课程评价体系由三部分组成：学生自查自评、小组互评和教师评定，比例分别为20%、30%和50%。学生最终考核成绩由6个学习情境的平均成绩、实操考试和期末考试三部分成绩核算，比例分别为50%、20%和30%。成绩评定先采取百分制，最后转化为5个等级（A、B、C、D和E）。

六、本课程与国内外同类课程的比较

1. 目前，许多高职院校的通信技术、移动通信技术、电子信息工程技术等专业的课程设置中，都将“光传输线路与设备维护”（其他院校可能采用其他课程名称）列为必修课（属于专业课）。现代通信离不开传输设备，传输设备是通信网的重要组成部分，光传输网络已成为信息高速公路的重要传输平台。

2. 我院电信技术应用、电子信息工程技术专业（合作办学）开设了这门课程，其中电子信息工程技术专业作为教育部高职高专首批改革试点专业、广东省高职高专教育示范性专业、2007年度国家示范性高等职业院校建设计划单位中的重点建设专业的专业技术课程，在国内具有一定的示范性。本课程在同类高职院校的“光传输线路与设备维护”课程中走在前列。

广东省高职高专教育示范性专业相关链接（http://www.gdhed.edu.cn/msgshow.php?bk=hqfw&newsid=6312e36cf5e8b82ee13fc433578d2259）。

3. 本课程与深圳通信技术有限公司、广东盈通网络投资有限公司等行业企业深度合作，共同开发。课程中的设备选型为华为 Optix Metro1000/3000 设备，该设备在国内通信市场中占据非常大的市场份额。课程中融入华为技术有限公司的相应产品软件调试初级工程师认证体系。通过认证的学生，将获得华为颁发的“软件调试初级工程师”证书，取得证书的学生推荐为华为各分支机构、华为全国合作单位及其他通信/网络相关单位。

4. 课程开发组部分教师参加了“程控交换设备”的精品课程建设，该课程获得2008年国家精品课程，课程开发组成员具有较深厚的课程开发基础。

5. 本课程在学习情境设计、教学模式、教学方法、丰富的课程教学资源建设以及工学结合顶岗实习的细节建设等方面都有所创新，具有较高的推广应用价值。教师的教学改革成果显著，师德风范显现。本课程的实践指导老师（兼职教师）则来自通信企业的技术骨干，为本课程的实践教学提供了有力的师资保证。

6. 本学习领域课程的教学实施需要实训条件的支撑。历时一年，通信系组织相关教师进行了广泛的市场调研以及各高职院校实验实训室调研，深入细致地了解所要购置设备的情况以及环境布置要求等，建设了投资约 500 万元的通信综合实训中心，所有设备与电信运营商的设备是同步的。2008 年 12 月，召开了由民航通信部门、广东电信公司技术人员和学院内的同行组成的专家论证会，对该通信综合实训中心的实施方案给予了高度评价。通信综合实训中心的建成，为本课程的教学实施提供了重要的保障。

下篇参考文献

[1] 姜大源. 当代德国职业教育主流教学思想研究. 北京：清华大学出版社，2007.
[2] 石伟平等. 职业教育课程开发技术. 上海：上海教育出版社，2006.
[3] 赵志群. 职业教育工学结合一体化课程开发指南. 北京：清华大学出版社，2009.
[4] 王加强等. 光纤通信工程. 北京：北京邮电大学出版社，2003.
[5] 刘强，段景汉. 通信光缆线路工程与维护. 西安：西安电子科技大学出版社，2003.
[6] 胡先志，刘泽恒. 光纤光缆工程测试. 北京：人民邮电出版社，2001.
[7] 张引发等. 光缆线路工程设计、施工与维护. 第2版. 北京：电子工业出版社，2007.
[8] 中国通信企业协会. 通信维护企业光缆线路规程范本(试行). 北京：人民邮电出版社，2009.